CARTOGRAFIA ESCOLAR

Rosângela Doin de Almeida
(organizadora)

CARTOGRAFIA ESCOLAR

Capa e diagramação
Gustavo S. Vilas Boas

Revisão
Cássio Dias Pelin
Lilian Aquino
Juliana Ramos Gonçalves

Dados Internacionais de Catalogação na Publicação (CIP)
(Câmara Brasileira do Livro, SP, Brasil)

Cartografia escolar / Rosângela Doin de Almeida,
(organizadora). – 2. ed., 4ª reimpressão . – São Paulo :
Contexto, 2023.

Vários autores
ISBN 978-85-7244-374-6

1. Cartografia 2. Cartografia – Métodos gráficos
3. Geografia (Ensino fundamental) 4. Mapas 5. Metodologia
6. Percepção espacial I. Almeida, Rosângela Doin de.

07-7028 CDD-526

Índice para catálogo sistemático:
1. Cartografia geográfica 526

2023

EDITORA CONTEXTO
Diretor editorial: *Jaime Pinsky*

Rua Dr. José Elias, 520 – Alto da Lapa
05083-030 – São Paulo – SP
PABX: (11) 3832 5838
contato@editoracontexto.com.br
www.editoracontexto.com.br

SUMÁRIO

APRESENTAÇÃO

A cartografia escolar, ao se constituir em área de ensino, estabelece-se também como área de pesquisa, como um saber que está em construção no contexto histórico-cultural atual, momento em que a tecnologia permeia as práticas sociais, entre elas, aquelas realizadas nas escolas e nas universidades. Considerando que se trata de *constructo social*, esse saber está submetido às constantes transformações das funções e valores dados ao conhecimento por uma sociedade complexa e contraditória.

A *cartografia escolar* vem se estabelecendo na interface entre cartografia, educação e geografia (ver esquema a seguir), de maneira que os conceitos cartográficos tomam lugar no currículo e nos conteúdos de disciplinas voltadas para a formação de professores.

Este livro procura chamar a atenção para pesquisas que, como produções acadêmicas, ao serem abertas para a leitura e crítica da comunidade interessada nessa temática, colocam-se também como constitutivas de conhecimentos em cartografia escolar.

O texto de abertura "Estudo metodológico e cognitivo do mapa", de Lívia de Oliveira, foi condensado de sua tese de livre-docência, publicada em 1978 na série Teses e Monografias (n. 32) do IG-USP, já esgotada. Essa tese é o trabalho mais antigo que encontramos entre os pesquisadores brasileiros. Um de seus pontos principais consiste em salientar a necessidade do preparo do aluno para entender mapas; a autora propõe que o mapeamento deva ser solidário com todo o desenvolvimento do indivíduo. Ao tratar dos mapas infantis, a autora comenta a necessidade de se pesquisar a capacidade de mapear, isto é, os mecanismos perceptivos e cognitivos aos quais a criança recorre ao mapear. E, sobre esse ponto, seu trabalho representa uma contribuição porque analisa uma bibliografia de autores norte-americanos e europeus que não eram acessíveis aos professores brasileiros.

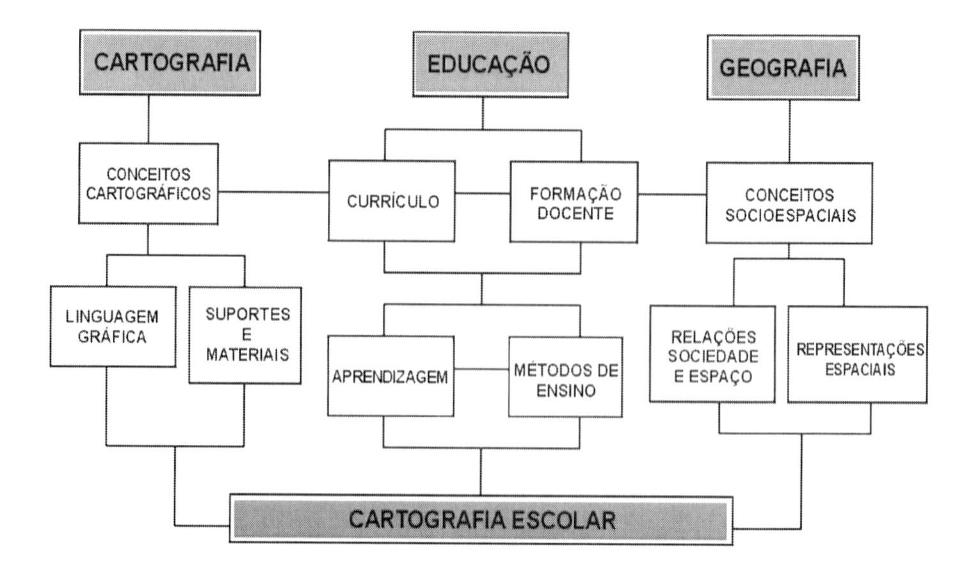

Os resultados dessa pesquisa confirmaram a suposição de que existe uma associação entre as noções de direita-esquerda e de leste-oeste, e entre as noções de acima-abaixo e de norte-sul, indicando a importância da *lateralidade* na *orientação geográfica*. Esse trabalho acabou orientando vários pesquisadores iniciantes quanto ao delineamento metodológico e ao aporte teórico de suas investigações.

Ao concluir sua tese, Lívia de Oliveira apresenta alguns pontos entre decorrências e proposições, sendo que todos apontam importantes implicações pedagógicas oriundas de sua reflexão. Entre eles, cita a necessidade de organizar uma cartografia infantil como "decorrência natural de uma metodologia do mapa". Os demais capítulos deste livro, oriundos de pesquisas realizadas mais tarde, certamente dão existência ao que pode ser considerado um início à realização do propósito da autora.

O segundo capítulo, de autoria de Tomoko Iyda Paganelli, foi condensado de sua dissertação de mestrado: "Para a construção do espaço geográfico na criança", defendida em 1982, no Instituto de Estudos Avançados em Educação da Fundação Getúlio Vargas (Rio de Janeiro). Seu objetivo consistiu em analisar o papel da percepção e da locomoção no espaço geográfico local no processo de operacionalização das relações espaciais. Pretendeu diagnosticar o tipo de conhecimento e domínio desse espaço por crianças em faixa etária em que se pressupõe a equilibração das relações espaciais a nível concreto.

O capítulo de Paganelli é aquele que apresenta uma revisão mais completa do aporte piagetiano sobre a representação do espaço, embora, neste livro, outros autores também tomem esse aporte como fundamentação teórico-metodológica.

Paganelli partiu de três hipóteses, a saber: 1) há diferença entre a operacionalização de relações espaciais de uma área urbana e de um modelo reduzido da mesma área (espera-se um melhor desempenho no modelo reduzido, por possibilitar a visão global da área); 2) o espaço urbano interfere na operacionalização das relações espaciais; 3) alunos de escola pública e escola particular apresentam diferença qualitativa nos níveis de operacionalização e de representação gráfica.

As hipóteses foram testadas através da reprodução de experimentos já realizados por Piaget e seus colaboradores. Os resultados dos testes aplicados demonstraram que a simples locomoção no espaço "não permite aos alunos coordenar as diferentes referências em relação a um ponto de vista como de vários pontos de vista em relação a uma referência". Além disso, a locomoção no espaço urbano parece interferir na identificação de locais de conhecimento que permitem a correspondência entre o local e a maquete, no entanto, a falta de coordenação das direções direita-esquerda, frente-atrás gera insegurança na operacionalização das relações espaciais.

Ao comentar os resultados, Paganelli afirma que a falta, na escola, de experiências no espaço urbano local com atividades de localização, bem como do uso da planta da cidade prejudicou o desempenho dos alunos.

O terceiro capítulo apresenta a contribuição de uma autora conhecida por suas publicações didáticas: Maria Elena Simielli, que condensa sua tese de doutorado, *O mapa como meio de comunicação: implicações no ensino de Geografia no 1º Grau*, defendida em 1986, e sua tese de livre-docência *Cartografia e ensino: proposta e contraponto de uma obra didática*, em 1997. Em seu experimento submeteu alunos de 5ª a 8ª séries a um teste de identificação, usando mapas de relevo e hidrografia do Brasil. Primeiro, usou um único mapa com as duas informações que foi submetido a um grupo de alunos; depois usou dois mapas, um para relevo e outro para hidrografia, submetidos a outro grupo de alunos. Os resultados apontaram maior índice de acerto pelos alunos solicitados a ler mapas separados para relevo e hidrografia. A autora comenta que mapas separados facilitam a decodificação da informação, porém não favorecem que o aluno faça correlações entre a dinâmica do relevo e o traçado da hidrografia. Na continuidade de sua pesquisa ela trabalhou com alfabetização cartográfica, enfocando a visão oblíqua e vertical, a imagem tridimensional e bidimensional, o alfabeto cartográfico, a legenda, a proporção e a escala e, finalmente, lateralidade e orientação espacial.

Janine G. Le Sann assina o quarto capítulo "Metodologia para introduzir a Geografia no ensino fundamental", resultante de sua tese de doutorado defendida em 1989. A aplicação experimental de sua proposta didática foi feita em Belo Horizonte. Janine apresenta um material pedagógico composto por fichas com orientações metodológicas direcionadas aos professores, para os alunos desenvolverem atividades sobre noções e conceitos geográficos. As fichas destinam-se ao ensino de Geografia de 1ª a 4ª séries. Essa proposta nasceu de sua preocupação com o baixo nível de conhecimentos geográficos dos estudantes brasileiros. A partir de constatações sobre as condições de ensino em escolas públicas, dos pressupostos da psicologia genética de Jean Piaget, de estudos de pedagogos como Antoine de la Garanderie, e, da semiologia gráfica de Jacques Bertin, a autora elaborou um encadeamento de 182 fichas contendo exercícios interativos (não são apresentadas respostas prontas, mas devem ser construídas na turma, pela turma) distribuídos segundo os temas escala, espaço1, localização e quantidade. Esse programa foi aplicado em três escolas, com o objetivo de testar as fichas quanto à linguagem, apresentação, sequência e adequação. Sua contribuição é muito significativa no sentido de trazer uma experiência concreta para a sala de aula. Por muito tempo o acesso a esse trabalho ficou restrito, pois foi defendido na França e pouco divulgado no Brasil.

No quinto capítulo, encontra-se condensada a tese de Regina Araújo de Almeida, defendida em 1993, intitulada *A cartografia tátil e o deficiente visual: uma avaliação das etapas de produção e uso do mapa*. Nesse trabalho, as preocupações educacionais da autora levaram-na a fazer um estudo pioneiro no Brasil sobre ensino de Geografia para deficientes visuais. O foco de seu trabalho foi a criação e adaptação de materiais para o ensino de cartografia e de conceitos geográficos. Esses materiais foram avaliados por meio de sua aplicação em situações de ensino, o que lhe possibilitou delinear uma metodologia de produção e ensino de mapas para deficientes visuais.

No capítulo seguinte, apresento um apanhado de minha tese de doutorado: *Uma proposta metodológica para a compreensão de mapas geográficos*, defendida na Faculdade de Educação da Universidade de São Paulo, em 1994. Extraí desse texto itens ainda não publicados, procurando dar destaque para a abordagem teórico-metodológica que segui, com a intenção de que, uma vez aberta à leitura de outros pesquisadores, venha sinalizar as possibilidades e as limitações dessa opção.

Com a mesma linha de preocupação, Elza Yasuko Passini escreve, no sétimo capítulo, uma contribuição que incide sobre o ensino de gráficos, tema de sua tese de doutoramento intitulada *Os gráficos em livros didáticos de Geografia de 5ª série: seu significado para alunos e professores*, defendida em 1996 também na Faculdade de Educação da Universidade de São Paulo. Elza partiu do aporte piagetiano para estudar como alunos de 5ª série lidam com gráficos: produção, leitura e compreensão. Ao tratar do ensino de gráficos, ampliou o leque da cartografia escolar para além dos mapas. O enfoque de sua investigação esteve nas coordenações sujeito-objeto, aproximando as teorias de Jean Piaget e Jacques Bertin.

Fechando as investigações apresentadas neste livro, Marcello Martinelli escreve, no oitavo capítulo, um denso resumo de sua tese de livre-docência: *As representações gráficas da Geografia: os mapas temáticos*, defendida em 1999. Em sua tese, Martinelli faz um estudo detalhado da história da cartografia temática, argumentando que seu desenvolvimento ocorre a partir do final do século XVIII e início do século XIX, com a sistematização das diferentes áreas científicas, de modo que os tipos de mapas de cada época correspondem não só à visão que se tinha da sociedade e suas relações com a natureza, mas às necessidades e interesses daqueles que produziam os mapas. O conhecimento da linguagem dos mapas e sua transformação histórica permitem que professores e alunos entendam os mapas geográficos usualmente presentes nos livros e atlas escolares.

As pesquisas incluídas neste livro foram realizadas entre a década de 1980 e a de 1990; acreditamos que isso explica, em parte, terem quase que um mesmo aporte teórico e metodológico. A teoria da psicologia genética de Jean Piaget fundamenta as pesquisas de cinco dos oito capítulos, todas voltadas para questões relativas ao ensino-aprendizagem de conceitos cartográficos. Uma razão pode estar na própria teoria de Piaget, por possibilitar amplas interpretações sobre o processo de aprendizagem das representações espaciais por crianças. Outra razão seria o momento em que foram produzidas, quando a visão piagetiana consistia em forte paradigma para a pesquisa em educação no Brasil.

Os capítulos foram organizados em ordem cronológica da defesa das teses. Cada um mantém a proposta do autor para sua apresentação, de maneira que não seguem um roteiro único, porém em todos foram abordados o problema investigado, os fundamentos teóricos, a metodologia da pesquisa e os resultados.

Uma vez divulgadas, é nossa intenção que essas investigações suscitem tanto críticas quanto outros trabalhos em continuidade, de maneira a ampliar os conhecimentos em cartografia escolar. Podemos dizer que os autores têm publicações que trazem reflexões diversas, sob outros paradigmas. E dizer também que continuidade não significa apenas continuar na mesma direção, mas tomar outro rumo, no desafio de buscar, de conhecer melhor, de levantar outras questões.

A organizadora

Nota

[1] Os Parâmetros Curriculares Nacionais de Geografia (5ª a 8ª série) indicam um eixo do terceiro ciclo "A cartografia como instrumento na aproximação dos lugares e do mundo", destacando como "alfabetização cartográfica" o ensino de mapas.

ESTUDO METODOLÓGICO E COGNITIVO DO MAPA

Lívia de Oliveira

> "Tú, mapa mundi,
> objeto,
> eres bello como
> una paloma verde opulenta,
> o como una
> transcendente cebolla,
> pero
> no
> eres
> la tierra, no
> tienes
> frío, sangre,
> fuego, fertilidades."
>
> Pablo Neruda,
> *Oda al Globo Terráqueo.*

Este capítulo* aborda o mapa do ponto de vista metodológico e cognitivo. Foi concebido, portanto, com a finalidade de contribuir para as bases de uma metodologia do mapa. Em primeiro lugar, não é um trabalho de cartografia; versa sobre os fundamentos psicológicos e geográficos do mapa como um meio de comunicação espacial. Em segundo lugar, não é um estudo dos procedimentos da representação geográfica; ao contrário: a abordagem é metodológica e cognitiva. O objetivo é propiciar uma compreensão das bases do mapa e incentivar uma forma de pensar sobre os problemas didáticos a ele concernentes. Esse objetivo representa a nossa convicção profunda de que somente assim se pode preparar o professor para crescer intelectualmente e desenvolver métodos para transformar o ensino *pelo mapa* no ensino *do mapa*.

O mapa sempre foi um instrumento usado pelos homens para se orientarem, se localizarem, se informarem, enfim, para se comunicarem. O mapa é usado pelo cientista e pelo leigo, tanto em atividades profissionais como sociais, culturais e turísticas. O mapa é empregado pelo administrador, pelo planejador, pelo viajante e pelo professor. Todos, de alguma maneira, em algum momento, com maior ou menor frequência, com as mais variadas finalidades, recorrem ao mapa para se expressarem espacialmente.

Os geógrafos das mais diversas origens provavelmente são os responsáveis, desde as mais recônditas épocas, pela criação, produção e interpretação dos mapas. O mapa ocupa um lugar de destaque na Geografia, porque é ao mesmo tempo instrumento de trabalho, registro e armazenamento de informação, além de um modo de expressão e comunicação, uma linguagem gráfica.

O mapa é uma forma de linguagem mais antiga que a própria escrita. Povos pré-históricos, que não foram capazes de registrar os acontecimentos em expressões escritas, o fizeram em expressões gráficas, recorrendo ao mapa como modo de comunicação. O mesmo acontece na atualidade com povos primitivos que não contam com um sistema de escrita, mas possuem mapas de suas aldeias e vizinhanças.

O homem sempre desenvolveu uma atividade exploratória do espaço circundante e sempre procurou representar esse espaço para os mais diversos fins. Para movimentar-se no espaço terrestre, mesmo em trajetos curtos, houve necessidade de registrar os pontos de referência e armazenar o conhecimento adquirido da região. O mapa surge, então, como uma forma de expressão e comunicação entre os homens. Esse sistema de comunicação exigiu, desde o início, uma "escrita" e, consequentemente, uma "leitura" dos significantes expressos.

Entre o primeiro mapa de que temos conhecimento e os atuais, altamente sofisticados, há toda uma evolução de métodos, técnicas, materiais e teorias, que estão em acordo com o próprio desenvolvimento e progresso da ciência e da tecnologia. Apesar de ser uma forma de expressão primária, ou talvez por isso mesmo, e por ter surgido há milênios, o mapa atingiu um desenvolvimento não alcançado pela própria escrita. Esse nível altamente sofisticado exige um preparo do leitor para usufruir desse meio de comunicação.

Enquanto a alfabetização sempre foi um problema que chamou a atenção dos educadores, não se inclui nela o problema da leitura e escrita da linguagem gráfica, particularmente do mapa: os professores não são preparados para "alfabetizar" as crianças no que se refere ao mapeamento. O que queremos dizer é que não há uma metodologia do mapa, que não tem sido aproveitado como um modo de expressão e comunicação, como poderia e mesmo deveria ser.

O objetivo do capítulo é o de colocar o problema didático do mapa não como um recurso visual ou um material didático empregado pelo professor de Geografia, ou de outras disciplinas escolares, para ilustrar suas exposições ou como material para atividades de experiência dos alunos, quando necessitam trabalhar com o espaço geográfico. Em outras palavras, não é analisar o ensino *pelo mapa*; mas, sim, propor o problema do processo de ensino/aprendizagem *do mapa*.

Como consequência das propostas apresentadas, lançamos as bases para uma metodologia do mapa. Para isso, procurou-se examinar a teoria de Piaget em relação à construção do espaço pela criança, incluindo a percepção e a representação espaciais. Concordando com Piaget[1] quando preconiza que a noção de espaço e a sua *representação* não derivam simplesmente da *percepção*: é o sujeito, mediante a inteligência, que atribui significado aos objetos percebidos, enriquecendo e desenvolvendo a atividade perceptiva. Da mesma forma, foi aceita a explicação piagetiana do desenvolvimento intelectual do espaço, que afirma que as *relações espaciais topológicas* são as primeiras a serem estabelecidas pela criança, tanto no plano perceptivo como no representativo; e é a partir das relações topológicas que serão elaboradas as *relações projetivas* e *euclidianas*.

Uma metodologia do mapa não pode se prender unicamente ao processo perceptivo; também é preciso compreender e explicar o processo representativo, ou seja, é necessário que o mapa, que é uma representação espacial, seja abordado de um ângulo que se permita explicar a percepção e a representação da realidade geográfica como parte de um conjunto maior, que é o próprio pensamento do sujeito. O processo de mapear não pode se desenvolver isoladamente, mas deve, sim, ser solidário com todo o desenvolvimento mental do indivíduo.

Ainda como contribuição para as bases de uma metodologia do mapa, é apresentado um estudo experimental sobre a transformação da orientação corporal em orientação geográfica. Partiu-se do pressuposto de que é necessário que a criança tenha adquirido a noção das relações projetivas de ordem espacial para iniciar o trabalho com o mapa. Acredita-se que a criança precisa ser capaz de estabelecer as relações de direita-esquerda e acima-abaixo, em seu próprio corpo, no corpo de um interlocutor colocado de frente e entre três objetos em posição horizontal e vertical, para começar a estabelecer as direções de leste-oeste e norte-sul em uma superfície plana como o mapa. É preciso que ela seja capaz de conceituar as direções geográficas de maneira relativa, para poder ler e interpretar o mapa.

Espera-se que o conteúdo aqui exposto possa contribuir para que geógrafos e educadores reflitam sobre uma metodologia de ensino do mapa.

O problema didático do mapa

O mapa sempre foi utilizado pelo geógrafo como um modelo da realidade, uma representação da superfície terrestre. Como documento, o mapa também é empregado pelos professores, principalmente de Geografia, como um recurso em sala de aula.

Os estudos educacionais em geral se prendem ao uso dos mapas e do globo terrestre no processo ensino/aprendizagem. A preocupação principal é com a confecção dos contornos ou a localização de lugares ou produtos no mapa. Todos os educadores concordam que aprender a ler o mapa é necessário para a formação básica dos educandos; todas as escolas, com raras exceções, possuem mapas, mesmo que sejam aqueles dos cadernos e livros dos alunos. Mas poucos são os estudos sobre o que seria uma "alfabetização" cartográfica.

O que geralmente se observa é o emprego direto do mapa usado pelo geógrafo, ou o extremo oposto: o uso de mapas excessivamente simplificados para a criança. Os mapas escolares são reproduções dos mapas geográficos. O que ocorre é que os pequenos "leem" os mapas dos grandes, os quais são generalizações da realidade que implicam uma escala, uma projeção e uma simbologia espaciais e que não têm significação para as crianças.

O problema didático do mapa é aqui colocado no que se refere ao uso do mapa pelo professor e pelo aluno. Não queremos nos referir à famosa atividade de "fazer" mapas, tão enfatizada na didática tradicional, em que os alunos trabalhavam copiando, decalcando, elaborando com diagramas os contornos de várias partes do globo.

Parece que um problema didático do mapa está no fato de o professor utilizá-lo como um recurso visual, com o objetivo de ilustrar e mesmo "concretizar" a realidade; ele recorre ao mapa, que já é uma representação e uma abstração em alto grau do mundo real. Ao apresentar o mapa ao aluno, o professor geralmente não considera o desenvolvimento mental da criança, especialmente em termos de construção do espaço.

Ao aceitar o trabalho de Piaget e seus colaboradores acerca da construção do espaço, é possível delinear o problema didático do mapa. Há necessidade de estabelecer correspondência entre a aprendizagem e o ensino do mapa e o desenvolvimento do aluno. Se as relações espaciais topológicas são as primeiras a serem estabelecidas, tanto no plano perceptivo como no representativo, e a partir delas é que são engendradas as relações espaciais projetivas e euclidianas, claro está que os primeiros mapas que as crianças deveriam aprender a manipular seriam os topológicos, e não os projetivos e euclidianos. Há poucas informações sobre como a criança se conduz diante do processo de mapeamento, tão sofisticado, porque, na verdade, os estudos sobre os usuários de mapas em geral são poucos e, no tocante aos consumidores mirins, são mais escassos ainda.

Do ponto de vista da ação didática, justifica-se uma análise qualitativa do mapa em uma perspectiva cognitiva. O professor em de sala de aula necessita de orientações didáticas flexíveis e que sejam de fácil manejo e baixo custo.

Os mapas na sala de aula

Os mapas constituem, sem dúvida, um dos mais valiosos recursos do professor de Geografia. Eles ocupam um lugar definido na educação geográfica de crianças e de adolescentes, integrando as atividades, áreas de estudos ou disciplinas, porque atendem a uma variedade de propósitos e são usados em quase todas as disciplinas escolares. Mas é somente o professor de Geografia que tem formação básica para propiciar as condições didáticas para o aluno manipular o mapa. Como parte inerente de todos os programas de Geografia, qualquer que seja o assunto tratado ou a série considerada, o mapa ocupa um lugar de destaque.

Quando fazemos uma revisão da literatura sobre didática da Geografia, verificamos que quase todas as obras incluem um capítulo sobre mapas e globos. As revistas educacionais, especialmente as dirigidas ao campo do ensino da Geografia, publicam continuamente resultados de pesquisas dedicadas ao problema dos mapas; essa constatação evidencia o interesse da questão.

De modo geral, os artigos que tratam dos mapas, no setor educacional, voltam-se mais para as finalidades e o seu uso pelos professores e pelas crianças em situações escolares. Os mapas considerados nesses estudos são os mapas do adulto. Sobre os mapas da criança, a bibliografia é nitidamente escassa.

Os mapas da criança

O estudo de como são os mapas da criança constitui um problema psicológico. O processo de mapeamento do espaço pelas crianças está inserido no processo geral do desenvolvimento, e em especial na construção do espaço. Um exame da literatura revela explicações e experimentos sobre representação em geral, e em particular sobre a representação espacial. O mapa é definido, em educação, como um recurso visual a que o professor deve recorrer para ensinar Geografia e que o aluno deve manipular para aprender os fenômenos geográficos; ele não é concebido como um meio de comunicação, nem como uma linguagem que permite ao aluno expressar espacialmente um conjunto de fatos; não é apresentado ao aluno com uma solução alternativa de representação espacial de variáveis que possam ser manipuladas na tomada de decisões e na resolução de problemas.

Para que o mapa seja encarado como representação espacial, torna-se necessário realizar investigações sobre como as crianças constroem seus mapas. Pode-se perguntar: mapear resulta simplesmente da atividade perceptiva ou também da sensório-motora? Ou, mais ainda, de uma atividade operatória? Apesar de ser um campo fecundo, os mapas da criança ainda permanecem quase inexplorados e à espera de investigações que esclareçam o assunto, tanto para psicólogos como para educadores, e principalmente para os professores.

O mapa é uma forma de comunicação gráfica que precede historicamente a escrita, podemos inferir que também as crianças se comunicam entre si através de representações gráficas, as quais podem *grosso modo* ser consideradas mapas. Ainda mais, se a *graficacia* é o primeiro modo de comunicação entre os seres humanos, justifica-se plenamente o estudo dessa comunicação entre as crianças, através da evolução da noção de mapa. Essa comunicação gráfica forçosamente estará em um contexto intelectual, mais amplo. E, como a história do desenvolvimento intelectual da criança é acompanhada pela história da socialização progressiva do pensamento individual da própria criança, a representação espacial gráfica aparece desde os primórdios de suas atividades sociais. Quando observamos os brinquedos das crianças, isto é, quando elas jogam em grupos, podemos constatar que traçam linhas imaginárias ou concretas para delimitar e separar as suas atividades e os seus territórios.

O jogo é uma das ações concretas pelas quais se processa o desenvolvimento da criança em seu sentido mais amplo. A atividade lúdica se apresenta na conduta humana como manifestação espontânea.

O jogo e a imitação, como bem estudou Piaget (1973), são os polos do equilíbrio intelectual, que implica uma coordenação entre a *acomodação*, fonte da *imitação*, e a *assimilação* lúdica. A conduta humana se apresenta sempre como uma adaptação ou mesmo como uma contínua readaptação. Essa adaptação da criança ao mundo externo é realizada através dos processos de assimilação do meio e acomodação a ele. Na perspectiva piagetiana do desenvolvimento mental da criança, o jogo e a imitação desempenham papel relevante, pois são atividades espontâneas e que perduram por toda a vida do indivíduo.

O jogo e a imitação são atividades praticamente inseparáveis: a criança joga imitando e imita jogando. Para compreender os mapas da criança, seria recomendável estudar principalmente os jogos que incluem atividades espaciais, observando os jogos usuais que as crianças praticam e as relações ou noções espaciais por elas estabelecidas.

Os jogos infantis, como amarelinha, roda, bola, esconde-esconde, casinha, ou "cavernas", são universais. Essas brincadeiras são atividades que exigem uma série de requisitos espaciais: representação gráfica concreta ou imaginária; localização absoluta ou relativa; orientação em termos de distância e direção; estabelecimento de relações espaciais, tanto topológicas como projetivas ou euclidianas; enfim, um processo e um padrão espacial de conduta.

Blaut (1969: 50) considera que as crianças necessitam desenvolver três habilidades fundamentais que envolvem perceptos ambientais: constância de forma, de tamanho e padrão de reconhecimento, ou generalização de significado. Ele acrescenta ainda que, para preparar os mapas mais sofisticados, o cartógrafo também necessita dessas mesmas habilidades. Por conseguinte, a constância da forma, através da rotação, é homóloga ao controle da *projeção*; a constância do tamanho, através da redução, é homóloga ao controle da escala; e o padrão de reconhecimento ou *generalização* de significado, através da *abstração*, é homólogo ao sistema simbólico ou legenda do mapa. Por um lado, escala, projeção e sistema simbólico são propriedades do mapa, e por outro, a redução, rotação e abstração correspondem às operações cognitivas. Essas operações são empregadas universalmente no mapeamento.

Bloom (1969: 29-44) observou padrões de jogos infantis de crianças com quatro anos de idade em um ambiente microgeográfico, durante um determinado período de tempo. A área de brinquedo correspondia ao playground de um jardim de infância em Worcester, EUA.

O estudo incluiu quatro elementos que as crianças utilizam para organizar seu espaço de brinquedo: a) padrões espaciais, compreendendo distribuição espacial, padrões de agrupamento e organização de *leader-follower* – funcionando como a "patota"; b) padrões de exploração, isto é, pontos de maior atividade, métodos de exploração espacial de territórios desconhecidos ou novas maneiras de explorar territórios familiares, que se referem aos aspectos fantasiosos do território; c) difusão da atividade, implicando dispersão de interesse, sempre que estejam presentes pessoas com capacidade para inovar e que disponham de objetos que facilitem a inovação; e d) instrumentos que funcionem como brinquedos, quer sejam aqueles que são encontrados prontos no comércio ou aqueles preparados pelas crianças.

Os resultados dessas observações permitiram aventar as seguintes conclusões: a) em termos de criatividade, uma área de brinquedo com árvores, elevações, esconderijos naturais e arbustos satisfaz muito mais a organização do espaço da criança; b) as crianças tendem a se organizar em grupos de acordo com o brinquedo que realizam; esses grupos são dinâmicos, transformando-se continuamente, ou às vezes as crianças brincam individualmente; c) os recursos são usados pelas crianças para serem aplicados no momento ao brinquedo, não apresentando outro valor senão o temporal; o uso do espaço e o uso de implementos são quase inconscientes na perseguição dos objetivos; além disso, cada recurso pode ser usado de várias maneiras, de acordo com o aspecto-fantasia em que a criança está envolvida; e d) as crianças, na área disponível para brincar, descrevem trajetos e movimentos, traçam linhas, enfim, expressam espacialmente seus padrões de comportamento.

Os trabalhos do grupo da Clark University são tão variados e sugestivos que poderíamos continuar enumerando-os e descrevendo-os.

Queremos destacar ainda mais um trabalho, o de Garside e Soergel (1969: 53-85); o objetivo desse estudo foi conhecer como as crianças percebem e se comportam em um parque público. Os procedimentos seguidos durante a pesquisa foram os seguintes: observação de crianças de várias idades durante as atividades de brinquedo, em um parque público na cidade de Worcester, EUA, e entrevistas informais com as crianças, durante os períodos de observação. Desde a entrada da criança no parque até a sua saída foram registradas todas as suas atividades e as respostas dadas às questões da entrevista.

Os resultados foram os seguintes: a) os períodos de pico durante a semana, comparados com os fins de semana, não revelaram diferença. Durante a semana predominam as crianças mais velhas, geralmente desacompanhadas, tagarelando mais e jogando bola, e nos fins de semana aparecem mais as crianças menores acompanhadas dos pais, as quais se dedicam a alimentar os patos e se concentram na área do *playground*; b) quanto aos padrões de atividade, foram encontrados os seguintes: as crianças de idade entre 5 e 7 anos procuram mais brincar na balança, no escorregador, no terreno com areia, correr com os adultos e alimentar os patos; as de idade entre 8 e 14 anos dedicam-se a andar de bicicleta ao redor do lago, a concentrar-se em determinadas áreas, a caminhar, a alimentar os patos, a pescar e a fantasias sem estruturações, como, por exemplo, Robinson Crusoé na ilha. Observou-se que as crianças mais novas procuram as balanças e os escorregadores, enquanto característica dos pequenos, procurando realizar atividades mais espontâneas e improvisadas; c) quanto às atividades peculiares a grupos particulares de idade, pôde-se verificar que as crianças de 5 a 7 anos usualmente vêm acompanhadas dos pais e desenvolvem atividades seguindo as sugestões dos adultos, ao passo que as crianças entre 8 e 14 anos realizam atividades sem estruturações, inventando brinquedos, desfrutando muito mais do parque, encontrando-se com outras crianças e formando grupos de brinquedo; d) os lugares de interação dos grupos foram, em ordem decrescente: o lugar onde os patos são alimentados, o ponto mais distante do lugar onde os patos são alimentados, a maior ponte sobre o lago, e a entrada principal do parque. O parque, de uma maneira geral, é percebido pelas crianças como árvores, gramados, lago, patos, amigos, brinquedos. Os resultados foram analisados em termos espaciais, através dos pontos ocupados pelas crianças, das linhas traçadas, e das áreas descritas em todas as atividades realizadas.

Essa série de pesquisas do grupo da Clark University é rica em sugestões e principalmente é uma tentativa para elaborar uma teoria que possa explicar as atividades espaciais da criança.

Diante disso, mas procurando maior clareza e mais detalhes, vamos focalizar o problema didático do mapa desdobrando-o em suas duas dimensões: o ensino e a aprendizagem.

O ensino do mapa

É difícil separar o ensino da aprendizagem, pois, sendo fases de um mesmo processo, a um se segue o outro e um precede sempre o outro. Isso equivale a dizer que não haverá ensino sem aprendizagem, nem esta sem aquele. Acrescenta-se ainda que o ensino/aprendizagem sempre se refere a algum conteúdo.

Inicialmente, podemos descrever os mapas escolares como aqueles que os professores e os alunos têm possibilidade de manipular. Dentro dessa concepção ampla, estão incluídos: os mapas murais, os mapas dos atlas escolares, o próprio globo terrestre e todos os materiais cartográficos.

Como bem acentua Edwards (1968: 87-88), os alunos, quando consultam os mapas murais, muitas vezes necessitam de assistência do professor, através de perguntas em uma ordem sequencial predeterminada. O exemplo citado no artigo é sobre localizações das correntes fluviais: o aluno, para encontrar no mapa a direção de um determinado rio, necessita de que o professor lhe explique os termos "nascente" e "foz", "terras altas" e "terras baixas", onde em geral os rios deságuam. Na verdade, o que o professor faz, pode-se acrescentar, é guiar as respostas das crianças mediante a divisão do tema em pequenas partes – e, como professora, sei muito bem que dirigir as respostas dos alunos não é o melhor processo de aprendizagem. Um professor que utiliza o mapa mural esperando que a criança vá "concretizar" a ideia de rio ou de cidade, e mesmo de cordilheira (nos mapas em alto relevo), revela ter um otimismo exagerado sobre aprendizagem em geral, e sobre mapas em particular. Não se compartilha tal otimismo.

O mesmo se pode afirmar sobre os mapas dos atlas e os cartogramas temáticos. O mapa é uma representação gráfica da Terra ou de parte dela, em uma superfície plana. Mas não podemos confundir o mapa, objeto concreto, com a representação nele contida, que é uma abstração. No caso do rio, é preciso esclarecer que a criança irá localizar uma linha que representa um determinado rio e que o mapa não poderá fornecer informações para que a criança experiencie a noção de rio.

O globo terrestre apresenta a forma como uma qualidade básica, pois é a melhor e mais correta representação da Terra. Não importa o seu tamanho, ele sempre representará a superfície toda do planeta: continentes e oceanos em proporções corretas. Talvez a função mais importante do globo seja ilustrar os movimentos da Terra e iniciar, desse modo, o ensino do tempo, da alternância do dia e da noite e das mudanças de estações.

Além dos vários tipos de mapa e globo, devem ser lembrados os materiais cartográficos que precisam ser incluídos no ensino do mapa.

Esses materiais são aqueles que ou o professor ou os alunos utilizam quando trabalham com as representações espaciais gráficas. Pode-se citar, entre alguns desses materiais: os mapas mudos; os contornos de mapas de diversos materiais, principalmente os plásticos; as transparências para retroprojetor; os moldes para contornos de mapas; os blocos-diagramas; os mapas em relevo etc.

As funções e finalidades do uso do mapa na sala de aula são sempre relativas ao ensino pelo mapa. Dentro dessa abordagem, Thralls (1965) aponta como objetivos do ensino pelo mapa o desenvolvimento de habilidades e compreensões, tais como: a) visualizar a paisagem representada pelos símbolos do mapa; b) compreender os diferentes tipos de informações; c) estabelecer relações de fatos revelados no mapa; e d) traduzir para a linguagem dos mapas informações obtidas em pesquisas. Esses objetivos são tão amplos e vagos que pouco podem auxiliar o professor em sala de aula.

Como Mettenet (1968: 53-55) bem coloca, todo mapa é quase sempre uma frustração para aqueles que desconhecem o processo de mapeamento. Haverá sempre uma distorção no mapa, pois é impossível mostrar ou desenrolar uma superfície esférica em uma superfície plana; o mapa pode mostrar as várias combinações entre distância, direção, forma e área, mas não pode representar os quatro aspectos corretamente ao mesmo tempo. Como consequência, a função do mapa depende do uso que o professor quer do mesmo; se o professor não sabe o que quer que o mapa mostre, nenhum mapa se apresenta como bom: todos serão *distorções da realidade*. O valor do mapa está naquilo que o professor se propõe a fazer com ele. Portanto, o mapa é um instrumento na mão do professor; é um modelo da realidade que ele aplicará e adaptará às diversas situações e necessidades que se apresentem durante as suas aulas, durante as suas relações didáticas com os alunos.

Basicamente, o mapa pode ser usado em sala de aula para atingir os seguintes objetivos: localizar lugares e aspectos naturais e culturais na superfície terrestre, tanto em termos absolutos como relativos; mostrar e comparar as localizações; mostrar tamanhos e formas de aspectos da Terra; encontrar distância e direções entre lugares; mostrar elevações e escarpas; visualizar padrões e áreas de distribuição; permitir inferências dos dados representados; mostrar fluxos, movimentos e difusões de pessoas, mercadorias e informações; apresentar distribuição dos eventos naturais e humanos que ocorrem na Terra. Diante desses objetivos, conclui-se que o mapa não deverá ser planejado para ser usado uma vez ou duas, como em geral acontece com os cartazes, gravuras ou slides durante o período letivo, mas para ser usado constantemente.

Nas escolas, mais precisamente no estado de São Paulo, observa-se uma carência de materiais didáticos, entre eles a de mapas. Quando a escola dispõe de coleções de mapas, nem sempre os professores as utilizam em suas aulas. As razões pelas quais não se usam os mapas se prendem a fatores de várias ordens: a) econômico (a escola não conta com recursos financeiros suficientes); b) material (a sala de aula não oferece condições para a exposição dos mapas e os alunos não têm meios para adquirir atlas); c) tempo (o professor não dispõe de tempo para retirar o material a ser usado, pois este se encontra guardado em lugares de difícil acesso); d) administrativo (o diretor não permite o uso porque danifica o mapa, e proíbe colocar pregos nas paredes); e outros semelhantes.

Todos os autores consultados apresentam as características que devem reunir um bom mapa para ser usado em sala de aula. Essas características podem ser resumidas em uma frase: o bom mapa é aquele que apresenta corretamente o que queremos mostrar. Os critérios básicos para selecionar um bom mapa são os seguintes: legibilidade, simplicidade e utilidade do conteúdo ou dos dados. Mas pode-se acrescentar que o mapa, como forma de comunicação gráfica, precisa transmitir sua mensagem de maneira clara, rápida e efetiva. Mais importante ainda é que os receptores dessa mensagem, quando emitida em uma sala de aula, são crianças e adolescentes que se encontram em diversas etapas de seu desenvolvimento intelectual.

O problema didático do ensino do mapa, como não poderia deixa de ser, recai sobre a formação básica do professor. É um truísmo afirmar que o ensino depende do professor, mas queremos destacar que no tocante ao mapa é preciso examinar mais de perto a questão.

Por conseguinte, é necessário que se inclua no currículo de formação do professor a disciplina Cartografia Escolar. Essa cartografia deverá ser mais voltada para a geografia do que para a matemática. Paralelamente, deverá o professor contar em sua bagagem profissional com conhecimentos sobre o desenvolvimento da criança e do adolescente. Para os professores que trabalham com as classes iniciais, o preparo deveria ser mais cuidadoso; uma metodologia do ensino do mapa deveria ser desenvolvida ao lado da Metodologia Geral, tratando o mapa como uma forma de comunicação e de expressão.

A aprendizagem do mapa

O processo de aprendizagem exige uma participação do sujeito no meio externo, mediante experiência. Essa experiência pode ser diretamente sobre os objetos – experiência física –, o que implica uma ação do sujeito no sentido de descobrir as propriedades de tais objetos. A abstração, aqui, está presa às propriedades do objeto. A experiência pode ser, também, indiretamente sobre os objetos – experiência matemática –, o que implica agir sobre as ações exercidas pelos sujeitos. A abstração, nesse caso, prende-se não mais às propriedades dos objetos, mas às ações exercidas sobre eles, isto é, às coordenações das ações, ou ainda às estruturas mentais do sujeito.

A aprendizagem do mapa depende tanto de experiência física como da experiência matemática. Na prática, é impossível, em relação ao mapa, separar o objeto (mapa) da ação exercida pelo sujeito sobre o objeto (representação espacial). Consequentemente, a aprendizagem do mapa é um tipo diferente de aprendizagem, em muitos aspectos. O mapa, em sentido psicológico, apresenta três atributos indissociáveis – redução, rotação e abstração, que se traduzem na representação.

O representável no mapa caracteriza-se sempre: a) pelo seu tamanho, que é grande em relação ao organismo daquele que aprende – e mais nítida ainda é a diferença, considerando-se a criança; b) pela sua forma: pelo fato de ser curva a superfície da Terra e pela complexidade das formas dos objetos a serem incluídos na representação – o que se estende a todas as formas de objetos perceptíveis, eventos, pessoas e relações entre esses objetos; e c) pelo fato de que os objetos, dada a sua complexidade de tamanho e forma, não permitem que o sujeito os perceba de uma só vez, pois o seu organismo encontra-se mergulhado no mundo e não flutuando sobre ele, exigindo, para aprender sobre o espaço terrestre como um todo, trabalhar com a sua representação.

A criança, para conhecer um objeto e apreender as suas propriedades, manipula-o mediante a experiência – tocando, vendo, ouvindo, sacudindo, enfim, agindo sobre o mesmo. Mas para conhecer o espaço, a criança precisa movimentar-se dentro dele, locomover-se através dele – espaço esse que inclui, por sua vez, entidades animadas e inanimadas, e de muitos tipos. A aprendizagem do espaço é fundamental para a sobrevivência do organismo humano e, dadas as proporções do espaço terrestre, o homem necessita manipular esse espaço de forma vicária ou simulada. A conduta espacial também é diferente. Os eventos que ocorrem no espaço terrestre exigem esquemas de ação e estratégias comportamentais diferentes das experiências interpessoais. Eventos como incêndios, chuvas, terremotos ou desorientação espacial são tão traumáticos quanto as relações humanas que ocorrem entre grupos de pessoas.

Como mecanismo de sobrevivência, o indivíduo lança mão daquilo que autores vêm denominando de *mapeamento cognitivo*. Para Blaut e Stea (1971: 9-10), o mapa cognitivo é nitidamente mental e é pouco conhecido do ponto de vista neurofisiológico, enquanto o mapeamento cognitivo é um conjunto de observáveis de processos mensuráveis.

São reconhecidos dois tipos de mapeamento cognitivo: o icônico e o linguístico. O mapeamento icônico ocorre em contextos nos quais o *map reader* compreende os significados convencionais pelo sistema-sinal, sem necessidade de tradução especial para outro sistema-sinal, como, por exemplo, a linguagem escrita. A necessidade dessa tradução é o que identifica o tipo linguístico. No mapeamento linguístico, o *map reader* faz uso de sinais e regras que lhe são significantes somente se ele aprende os significados convencionais e usa uma legenda, que funciona como um dicionário.

Em geral, na aprendizagem geográfica de conceitos, o professor segue dois caminhos: a) através do aumento sucessivo da escala, partindo da sala de aula para a vizinhança, e daí para o bairro, a cidade, o estado ou a nação, e assim por diante; ou b) mediante aprendizagem direta de conceitos não familiares e não percebidos, através de habilidades no manuseio com mapas e globos.

Ambos os modos têm-se mostrado como caminhos difíceis para as crianças percorrerem. Assim, a barreira do horizonte entre a percepção do mundo cotidiano e a representação do mundo geográfico continua como sério obstáculo para a aprendizagem geral da Geografia, e em particular do mapa. Na verdade, o obstáculo perceptual no tocante a fato tão óbvio, mas cuja significação poucos professores consideram, é que a única maneira de perceber qualquer área geográfica como um todo é vê-la de uma posição mais alta, e essa perspectiva não é familiar para a criança, nem, talvez, para muitos professores. Não se pode esquecer que somente no século XX a humanidade pôde ver áreas da superfície terrestre de posições mais elevadas, e que a oportunidade de observar a Terra como um todo ainda está reservada aos tripulantes das viagens espaciais, que se iniciaram a partir dos anos 1960.

A imagem que os homens tinham da Terra não era construída a partir de uma percepção física direta, mas sim mediante uma representação deduzida matematicamente.

E as crianças, além de se defrontarem com esses problemas humanos, têm outras dificuldades, inerentes ao seu desenvolvimento, ao manipularem a representação da Terra – fotografias vistas de satélites, fotografias aéreas de porções terrestres, mapas e globos. A aprendizagem do mapa repousa, consequentemente, entre a percepção dos observáveis geográficos e a representação gráfica dos mesmos – entre o mapeamento icônico e o linguístico.

O enfoque piagetiano pode contribuir em muito para resolver o problema didático do mapa, principalmente em sala de aula. É na sala de aula que se pode começar a investigar experimentalmente como as crianças manipulam os mapas e quais os mecanismos por elas utilizados para trabalhar com eles.

As bases para uma metodologia do mapa

Os mapas sempre fizeram parte dos equipamentos pedagógicos das escolas. Do mesmo modo como o professor em sala de aula emprega o quadro negro e o giz, também recorre aos mapas para ilustrar as suas aulas. Tais recursos pedagógicos geralmente são empregados de maneira empírica e para alcançar objetivos imediatos; esse uso empírico se refere ao mapa como recurso visual, quando o mapa poderia ser usado pelo professor de maneira racional, como forma de comunicação e expressão. Em outras palavras, é o ensino *pelo mapa* e não o ensino *do mapa*.

O professor frequentemente – dada a necessidade de resolver no momento da aula o problema didático do mapa – toma decisões sem se preocupar com a validade das informações. Assim, o mapa é usado sem a preocupação de averiguar se a criança está em condições de realizar a sua interpretação, ou mesmo se o mapa disponível é o mais apropriado. Em parte, o professor é forçado a adotar essas práticas porque o assunto não tem sido investigado como deveria e, além disso, os resultados das poucas pesquisas sobre o mapa dificilmente chegam à sala de aula e não se transformam automaticamente em inovações aplicáveis ao trabalho didático. Ao contrário, a aplicação de resultados de pesquisas requer decisões administrativas complexas e nem sempre fáceis de ser tomadas.

Por outro lado, a pesquisa como atividade profissional até há pouco tempo era apenas do domínio de certas profissões e limitada a determinadas áreas do conhecimento humano. A pesquisa não está incluída entre as funções dos professores, com exceção do universitário, e assim mesmo somente aqueles que trabalham no magistério oficial em tempo integral a ela dedicam parte do seu tempo. Quanto aos professores do ensino fundamental e médio a carga horária é prevista somente para ministrarem aulas ou atividades diretamente ligadas ao magistério. Em outras palavras, aos professores, de um modo geral, não são atribuídas atividades de pesquisa, nem é previsto tempo para exercer essas atividades. Como consequência, não integram a formação profissional dos professores disciplinas básicas sobre pesquisa científica.

As pesquisas sobre o ensino do mapa apresentam dificuldades que não lhes são próprias, e que existem em outras áreas da Didática. Parece-nos oportuno mencionar a opinião de Castro (1969: 68) sobre a dificuldade de realização de pesquisa em Didática. Segundo a autora, o problema tem duas faces: de um lado, os professores que trabalham diretamente com crianças em salas de aula não têm o preparo necessário para planejar e desenvolver pesquisas, nem domínio das técnicas estatísticas para inferir aplicações; mas são esses professores que sentem o impacto primeiro e, portanto, mais forte do problema didático, e por essa razão sentem necessidade premente de encontrar soluções imediatas. Não podem esperar o dia seguinte ou o próximo mês para consultar livros ou solicitar assessoramento, pois o problema didático, quando se apresenta, exige uma solução no momento – mesmo que seja apenas uma solução parcial. Os primeiros cuidados pedagógicos prestados às crianças são sempre os professores que ministram, lançando mão de recursos disponíveis no momento e baseados nos conhecimentos teóricos adquiridos até aquele instante. Muitas vezes, os recursos são insuficientes e os conhecimentos teóricos nunca foram testados, e o que acontece é que os professores se defrontam com problemas que não chegam mesmo a se configurar como tais. Por outro lado, os pesquisadores educacionais que planejam e desenvolvem as investigações não veem o problema didático com as mesmas cores com que ele se apresenta ao professor na prática escolar. Os técnicos em educação, quando solicitados para assessorar nos primeiros cuidados pedagógicos, fazem-no muitas vezes quando o problema já ultrapassou a fase aguda e está sendo vivenciado pelos professores como um caso crônico. As soluções, desse modo, quase sempre perdem o caráter de atualidade e de necessidade.

Até o momento, tratou-se dos problemas de realização e de aplicação dos resultados das pesquisas. Agora, será analisado outro aspecto concernente à pesquisa: a necessidade de inserir o problema a ser pesquisado dentro de um contexto teórico que lhe sirva de arcabouço. São poucos os estudos publicados que relatam aplicações da teoria de Piaget à Geografia em geral, e à representação geográfica em especial.

Só foi possível chegar a uma formulação conceitual do problema do ensino/aprendizagem do mapa ao se tornarem conhecidas as explicações gerais de Piaget, particularmente o que diz respeito à construção do espaço. O conhecimento da teoria de Piaget tem sido através da leitura de suas obras, de réplicas de suas pesquisas e do contato direto com alguns de seus colaboradores.[2]

A conceituação do problema do ensino/aprendizagem do mapa baseada na teoria de Piaget permitiu planejar uma pesquisa com o fim de verificar o desenvolvimento das crianças quanto à orientação corporal relacionada com a orientação geográfica.

As relações projetivas de ordem espacial na leitura do mapa

Este estudo foi realizado com a finalidade de aplicar os conceitos teóricos referentes às relações projetivas de ordem espacial.

A ordem espacial de direita/esquerda, frente/atrás e acima/abaixo é estabelecida pelos indivíduos a partir de uma orientação corporal. É a postura ereta, compreendendo o conjunto formado pelo tronco, membros, cabeça e pés, que fornece um eixo corporal determinante de um sistema referencial orgânico; assim, o homem fixa três direções básicas em relação ao seu próprio corpo; essas três direções orgânicas correspondem às três dimensões do espaço físico (largura, comprimento e altura). A orientação do homem no espaço geográfico baseou-se em um sistema objetivo de referências, para isso procurou no mundo exterior pontos fixos ou que poderiam assim ser considerados. O Sol, com sua presença constante e sua marcha aparente, foi o primeiro ponto referencial a ser estabelecido, e permitiu fixar um ponto que correspondesse à direção de sua nascente e outro à de seu poente. Desse modo, foram estabelecidos os primeiros pontos cardeais (leste e oeste), para indicar as direções e tornar possível a orientação geográfica. No Hemisfério Setentrional, a estrela Polar, da constelação da Ursa Menor, foi tomada como ponto fixo para indicar o norte e por oposição o ponto cardeal sul. No Hemisfério Meridional, o ponto considerado como fixo foi o indicado pela estrela de Magalhães, da constelação do Cruzeiro do Sul, e o norte foi tomado como o ponto oposto. Na verdade, os pontos cardeais norte e sul são encontrados através da projeção dos pontos celestiais dessas estrelas na linha do horizonte.

A transformação de um referencial corporal em um geográfico é psicológica e exige que o indivíduo disponha dos sistemas de conjunto das coordenadas euclidianas e das perspectivas projetivas.

Piaget (1967: 98-114), tendo estudado a evolução das relações de direita e esquerda com crianças de Genebra, constatou que essas noções são tão complexas quanto as demais noções de relação e obedecem às mesmas leis. Piaget distingue nitidamente três estágios na evolução da relação direita/esquerda. Em um primeiro estágio, a criança estabelece relações a partir do próprio ponto de vista, julgando as posições dos objetos simplesmente em relação a si mesma; essa primeira fase foi encontrada em crianças entre 5 e 8 anos. Durante o segundo estágio, a criança considera as relações de direita/esquerda do ponto de vista das outras pessoas e do interlocutor; nessa fase as crianças estão na faixa de 8 a 11 anos. Por fim, em um terceiro estágio, por volta dos 11 ou 12 anos, a criança considera a direita/esquerda, além do seu, do ponto de vista das outras crianças, como também do ponto de vista dos objetos.

O processo da evolução das noções de direita/esquerda ocorre da mesma maneira que o da socialização do pensamento – de um egocentrismo puro, a criança passa para a socialização, e finalmente para a objetivação completa. Esses três estágios marcam também as três etapas do raciocínio: transdução, dedução primitiva e dedução completa. Piaget (1967: 114) adverte que: "Mesmo que estas idades venham a ser modificadas no decorrer das pesquisas, a ordem dos estágios continuará a mesma: esta ordem, aliás, é a única que importa à psicologia geral".

Os estudos de Piaget sobre a lógica das relações tratam das noções de direita e esquerda, sobre a noção de parentesco, que é uma noção relativa, e sobre as noções de país, cidade etc., que consistem em uma relação entre todo e parte. Esses estudos foram realizados na década de 1920 e estão entre os primeiros do mestre genebrino.

O estudo mais amplo e mais profundo sobre as noções espaciais nas crianças talvez seja o trabalho de Laurendeau e Pinard (1968). Esses autores desenvolveram uma réplica sistematizada das principais experiências de Piaget. Os estudos sobre o pensamento causal foram realizados para verificar a existência de um pensamento pré-causal, controlar a sucessão dos estádios descritos por Piaget e determinar a idade de acesso a cada um deles. Os autores justificam a inclusão das provas sobre as noções de direita e esquerda entre os estudos sobre o espaço porque essas noções são partes integrantes das representações projetivas espaciais. Como os autores estavam preocupados em estudar a gênese das noções fundamentais do espaço projetivo, isto é, a construção e a coordenação progressivas das dimensões desse espaço pela criança, tinham de considerar as noções de ordem espacial. Chamam a atenção para o fato de que a prova por eles estudada é ainda parcial, pois examinaram apenas a dimensão direita/esquerda, e não experimentaram outras dimensões de ordem espacial: frente/atrás e acima/abaixo.

Laurendeau e Pinard introduziram algumas modificações nas provas de direita/esquerda construídas por Piaget. Essas modificações foram as seguintes: uniformidade no número de itens e questões; alternação das solicitações feitas às crianças; fusão de itens que verificavam as mesmas proposições.

Em Geografia, são poucos os estudos que se referem à representação espacial em termos piagetianos. Os trabalhos que procuram aplicar a teoria de Piaget têm sido sobre as noções de pátria, país ou então tentativas de relacionar a aprendizagem de Geografia com o desenvolvimento mental.

O estudo desenvolvido por Oliveira e Machado (1975: 33-62) com adolescentes da cidade de Rio Claro revelou que existem diferenças significantes na percepção geográfica das relações espaciais topológicas e euclidianas. Os materiais utilizados incluíram a fotografia aérea e um cartão-postal de Rio Claro. A atividade perceptiva, principalmente a que consistiu em explorar o espaço urbano através de pré-mapas, constituiu a base da pesquisa. As dimensões espaciais topológicas e euclidianas foram traduzidas em propriedades geográficas, tais como: direções paralelas de ruas, localização relativa de edifícios, orientação através dos pontos cardeais, localização em relação a quarteirões etc. As propriedades espaciais consideradas foram: forma, tamanho e distância.

Realização do estudo

O propósito da pesquisa sobre as relações projetivas de ordem espacial foi estudar as suas aplicações à leitura do mapa, admitindo que, se historicamente há evidências de que o homem tenha relacionado a sua orientação corporal com referenciais externos para obter uma orientação geográfica que lhe permitisse sobreviver no passado e viver de maneira participante no presente, também deveria haver evidências psicológicas dessa transformação. Além disso, supôs-se que essa transformação psicológica ocorresse de maneira progressiva, por etapas, acompanhando o desenvolvimento intelectual da construção do espaço pela criança, além de que também haveria uma correlação entre as noções de direita/esquerda e leste/oeste, e das noções de acima/abaixo e norte/sul; e essa correlação permitiria à criança aprender a leitura de mapas.

O estudo foi realizado, em 1974/75, na cidade de Rio Claro. Todas as crianças matriculadas no antigo primeiro grau dos 15 estabelecimentos de ensino pertencentes à rede estadual oficial constituíram inicialmente a população do estudo. Essas 15 escolas englobavam os antigos grupos escolares, ginásios e o Instituto de Educação. Este último, dadas as características originais, foi excluído da população da pesquisa.

Procedimentos

A população incluiu os 9.384 alunos do período diurno que frequentavam as 14 escolas, da primeira à oitava série, e com idades variando entre 6 e 23 anos. Todas essas escolas tinham traços comuns, por serem públicas: formação básica do corpo docente, programas de ensino, calendário escolar, estrutura administrativa e, além disso, estudos locais revelaram que existia certa homogeneidade na população escolar da cidade de Rio Claro, no sentido de que a distribuição dos alunos quanto ao sexo e idade não oferecia diferenças significativas entre as diversas escolas; a mesma observação é válida em relação ao nível socioeconômico. Essa homogeneidade das unidades da população – alunos em cada grupo de idade – permitiu trabalhar com uma amostra relativamente pequena e conservar sua representatividade. Foi adotada também a seleção randômica dos sujeitos, bem como uma listagem precisa e detalhada da população. As informações necessárias sobre as crianças (nome, data de nascimento, sexo, série, classe e período – diurno ou noturno) foram obtidas dos livros de matrícula e/ou fichas escolares. O mês de outubro de 1974 foi fixado como data limite para os cálculos de idade.

Quanto à distribuição da população das 14 escolas por idade e série, observou-se uma característica comum a todas as séries no que se refere à idade; essa característica evidencia um número maior de alunos de uma determinada idade em cada série. Em outras palavras, cada série apresenta uma classe modal referente à idade, que no conjunto constitui uma faixa modal.

Com base nesses dados e com assessoramento especializado em técnicas de amostragem, decidiu-se que a população da pesquisa ficaria integrada pelos alunos da faixa modal. Essa decisão permitiu que as duas variáveis, idade e série, pudessem ser controladas simultaneamente; e também permitiu reduzir a população de 9.384 alunos para 3.612, sem sacrificar os critérios de representatividade.

Dos 3.612 alunos que compunham a população, 578 serviram como população da pesquisa piloto. Portanto, a população propriamente dita da pesquisa ficou constituída por 3.005 crianças, o que representava 38% dos 7.958 matriculados nas 12 escolas (as duas escolas utilizadas para realizar a pesquisa piloto foram excluídas da pesquisa). Dos 3.005 sujeitos, 1.494 eram meninos (49,71%) e 1.511 eram meninas (50,28%).

Amostra

A amostra ficou constituída por 321 crianças, que representavam 10,68% da população total (3.005), e consequentemente de cada estrato, isto é, de cada série e grupo de idade de meninos e meninas. Os nomes das crianças foram ordenados por ordem alfabética, separando-se os meninos das meninas, considerando a idade e a série. Um total de 16 listas foi preparado como resultado dessa ordenação. A seleção randômica dos 321 alunos que integrariam a amostra da pesquisa – 160 meninos e

161 meninas – processou-se através da aplicação da Tábua de Acaso para cada grupo integrante dos diferentes estratos de idade e série. Em uma amostra randômica, cada unidade tem igual chance de ser escolhida, e a seleção de uma criança não tem efeito sobre a seleção de qualquer outra. Como medida de precaução, foi sorteado, em cada estrato, um número predeterminado de alunos suplentes, que formariam parte da pesquisa caso algum dos titulares estivesse ausente da escola no dia da aplicação das provas, ou tivesse desistido de estudar.

O último passo consistiu em preparar uma lista para cada escola – 12 alunos – com nome, sexo, idade, série e classe dos alunos sorteados para integrar a amostra de 321 crianças. Essas listas foram utilizadas pelas aplicadoras para facilitar o controle das provas, no sentido de assegurar que fossem aplicadas aos alunos sorteados.

Pesquisa piloto

A pesquisa piloto foi realizada com a finalidade de caracterizar a população quanto ao problema a ser investigado; testar as provas; verificar o questionário quanto à formulação das questões e reações das crianças; preparar as aplicadoras para que se familiarizassem com as provas e com o material a ser utilizado; e estimar o tempo necessário para a aplicação das provas.

O Grupo Escolar "Marcelo Schmidt" (da primeira à quarta série) e o Colégio Estadual "Professor João Batista Leme" (da quinta à oitava série) foram sorteados ao acaso, entre as 14 escolas, para constituírem a população do estudo piloto. Esses dois estabelecimentos de ensino (14% do total dos 14) tinham 1.426 alunos, que representavam 15% do total dos 9.384 alunos desse estudo, sendo 717 meninos e 709 meninas. A população da pesquisa piloto ficou constituída por 578 sujeitos, 41% do total de 1.426 alunos, sendo 280 meninos e 298 meninas. Para que a amostra da pesquisa piloto seja representativa da população, Chochran (1965: 152-60) recomenda que o seu tamanho esteja entre 10 e 20%. O procedimento que se descreve a seguir foi utilizado para selecionar a amostra da população piloto: os 578 sujeitos foram separados por sexo, sendo listados por ordem alfabética os meninos e as meninas, de acordo com a série e a idade. Uma vez calculado o número de sujeitos, procedeu-se à seleção randômica dos alunos, através da aplicação da Tábua de Acaso. A composição da amostra era 56 meninos e 60 meninas.

Instrumento de medida

Para verificar as noções projetivas de ordem espacial, foram preparadas três provas, cada uma delas dividida em três seções. A prova A, referente às noções de direita e esquerda, foi organizada de acordo com as propostas apresentadas por Piaget, ao estudar a lógica das relações. As provas B e C foram preparadas pelo grupo organizador da pesquisa também considerando os passos propostos por Piaget nas provas de direita e esquerda.

Na primeira seção, solicita-se à criança que designe, em relação ao seu próprio corpo, as noções de direita e esquerda, acima e abaixo, leste e oeste, norte e sul. Na segunda seção, a criança indica as mesmas noções, mas agora em relação à aplicadora, isto é, ao corpo do interlocutor colocado de frente para o sujeito. Finalmente, a terceira seção compreendeu duas séries de questões que solicitavam à criança a indicação da posição relativa de três objetos colocados na sua frente. Para a primeira série de questões, os três objetos permaneciam descobertos durante as provas, enquanto na segunda série, a aplicadora, após trocar os objetos, cobria-os com uma folha de papel.

Descrição das provas e materiais

Os materiais utilizados na prova A e B incluíram seis objetos diferentes: borracha, esferográfica, chave, lápis preto, apontador, moeda de um cruzeiro e cartão branco de 9 x 6,5 cm. Além disso, utilizou-se uma folha de papel branca para cobrir os objetos. Durante toda a prova a criança e a aplicadora permaneceram sentadas face a face, uma de cada lado da mesa. A aplicadora ia colocando sobre a mesa os objetos requeridos em cada item da prova.

Os materiais empregados na prova C1 consistiram de seis figuras diferentes: representando o Sol, uma figura de 10 cm de diâmetro, confeccionada com cartão dourado, e de centro (com 4 cm) pintado de amarelo forte; e cinco mapas representando os estado de Minas Gerais, Goiás, Rio de Janeiro, São Paulo e Mato Grosso. Todos os mapas foram construídos na escala de 1:7.000.000, em cartão branco, com contornos simples e sem nenhuma informação a não ser a forma do território. Além disso, empregou-se uma folha de papel branca para cobrir os mapas. A posição da criança sempre foi orientada de maneira que o leste ficasse à sua direita e o oeste à sua esquerda.

Os materiais empregados na prova C2 consistiram em seis figuras diferentes: uma representando a estrela Polar com 8,5 cm, construída em cartão prateado; outra figura representando a estrela de Magalhães, de tamanho menor (4,5 cm), construída com o mesmo material; e quatro mapas representando os estados de Santa Catarina, Paraná, São Paulo e Minas Gerais. Todos os mapas foram construídos na escala 1:7.000.000, em cartão branco, com contornos simples e sem nenhuma informação a não ser a forma do território. Utilizou-se também uma folha de papel branca para cobrir os mapas. A posição da criança sempre foi orientada de maneira que o norte estivesse à sua frente e o sul às suas costas, a aplicadora foi colocando sobre a mesa os objetos requeridos em cada item da prova.

Atribuição de pontos – Para cada item de cada prova foi atribuído um ponto quando a resposta estivesse correta. Foi considerado correto o item em que todas as perguntas foram respondidas apropriadamente; assim, não foram atribuídos meios pontos. Esse critério de atribuição de pontos foi o mesmo que Piaget utilizou em seu estudo sobre a noção de direita/esquerda. A utilização do mesmo critério – para atribuição de pontos – permitiu a comparação entre os resultados. O máximo de pontos obtidos por crianças nas três provas foi de 22: prova A, 6 pontos; prova B, 6 pontos; e prova C, 10 pontos, sendo 5 para a C1 e 5 para a C2.

Coleta de dados

As provas que compunham o instrumento de medida foram aplicadas durante a segunda quinzena de outubro de 1974 – nas 12 escolas – aos 321 alunos que integram a amostra da pesquisa. Para isso contou-se com a colaboração dos diretores e professores, e principalmente das crianças. Graças a essa colaboração, foi possível aplicar as provas durante o período de aulas, e em uma sala isolada e apropriada para examinar individualmente cada criança. A aplicação das provas – a cada criança – durou em média 20 minutos, e esteve a cargo de oito aplicadoras: seis delas eram alunas da Faculdade de Filosofia, Ciências e Letras de Rio Claro, e as outras duas já eram licenciadas. Todas as aplicadoras foram previamente preparadas em várias sessões práticas, supervisionadas pela pesquisadora, e foi solicitado que seguissem estritamente as instruções das provas, a fim de assegurar uniformidade na aplicação e permitir a comparação dos resultados.

Cada aplicadora recebeu uma caixa contendo o material necessário para a aplicação das provas, e os formulários de instruções, de respostas e de informações. Nos formulários de informações foram registrados os dados pessoais da criança, incluindo data de nascimento e as médias das notas bimestrais de Português, Matemática e Estudos Sociais ou Geografia. Antes de começar as provas, a aplicadora cumprimentava afetuosamente as crianças e se apresentava, a fim de estabelecer um bom relacionamento. Às crianças mais novas, dizia que iam participar de alguns jogos; às crianças mais velhas, que tinham sido escolhidas para participar de uma pesquisa. Um ponto importante que foi esclarecido a todos os alunos teve a ver com o caráter extracurricular das provas, isto é, que elas não iriam pesar na avaliação final da escola. Durante as provas, a aplicadora tomou precauções no sentido de se certificar de que a criança escutou as suas instruções e prestou atenção ao material. Como se pode constatar, o experimento foi conduzido em condições que procuraram manter a objetividade e a uniformidade.

Técnica de análise

Na correção dos protocolos utilizou-se o critério de atribuição de pontos previamente descritos. Os pontos obtidos nos diferentes itens de cada uma das provas serviram de base para a classificação por estágios. Além da classificação das crianças por estágio, empregaram-se as seguintes técnicas: cálculo de porcentagem dos itens acertados pelas crianças nas diferentes provas; cálculo das porcentagens brutas e acumuladas para facilitar a comparação do desempenho das crianças em cada prova, de acordo com a idade, e para computar as idades médias e as idades de acesso aos diferentes estágios; cálculo das médias das notas de cada criança, partindo das notas bimestrais de Português, Matemática e Estudos Sociais ou Geografia; cálculo do coeficiente de contingência C para determinar a relação entre as noções de direita/esquerda e leste/oeste e entre as noções de acima/abaixo e norte/sul.

Resultados

Piaget considera que uma questão é bem-sucedida em determinada idade quando não menos de 75% das crianças respondem corretamente a ela.

Laurendeau e Pinard, por outro lado, consideram mais legítimo ser uma questão bem-sucedida quando não menos de 50% respondem corretamente a ela; entre as várias razões apresentadas para a escolha desse critério, está a que se refere à determinação da idade de acesso aos diferentes estágios. Observou-se que, quando se aplica o critério de 50%, as crianças respondem corretamente a todos os itens das quatro provas de um ano antes (13 anos), o que não acontece quando se aplica o critério de 75%; isso quer dizer que a idade do acesso aos estágios ocorre mais cedo.

Para Piaget, a idade com que a criança responde acertadamente aos itens não é o mais importante; o que importa é que seja observada a ordem sequencial dos estágios. Os resultados confirmam que isso aconteceu com as crianças de Rio Claro, apesar de começarem com uma idade cronológica mais avançada.

É por isso que concordou-se com a proposição de Laurendeau e Pinard, de começar quando 50% das crianças alcançam as noções de ordem espacial para introduzir o ensino do mapa.

Os resultados permitiram extrair conclusões gerais que interessam ao ensino/aprendizagem do mapa. Pode-se considerar que crianças entre 7 e 8 anos resolvem o primeiro problema referente à designação das relações projetivas de um ponto de vista próprio, neste caso, o da criança; as idades entre 8 e 9 anos, como aquelas em que a criança é capaz de solucionar o segundo problema, isto é, estabelecer as relações projetivas do ponto de vista de outra pessoa colocada de frente para as crianças; e, finalmente, as idades de 10 e 11 anos como aquelas nas quais os alunos dispõem de estruturas mentais espaciais que lhes permitem a descentração, isto é, estabelecer as relações projetivas de ordem espacial de outros pontos de vista além do próprio, e do interlocutor entre objetos descobertos e mesmo cobertos.

Os resultados descritos até agora se referem aos desempenhos das crianças de acordo com as idades cronológicas. Outro aspecto que foi considerado importante estudar foi o rendimento escolar das crianças de cada grupo de idade em relação à realização alcançada em cada prova. O rendimento escolar de cada um dos alunos representa o resultado das médias das notas obtidas pelos mesmos durante os três primeiros bimestres do ano, nas disciplinas de Língua Pátria, Matemática e Estudos Sociais, nas séries do antigo curso primário; e Português, Matemática e Geografia, no antigo ginasial.

Referentes aos rendimentos escolares das crianças de 7, 8 e 9 anos, observa-se uma correspondência entre as médias e os estágios. As crianças, no estágio I, apresentam as médias mais baixas em todas as provas, e o contrário acontece com as que se acham no estágio III, as quais apresentam também, em todas as provas, as médias mais altas. A partir do grupo de idade de 10 anos, observam-se mudanças nesse padrão, no seguinte sentido: a) diminuem as diferenças entre as médias; b) existem inversões, isto é, médias mais altas no estágio I que no II; e c) em algumas provas as crianças se agrupam somente nos estágios II e III.

Como foi dito anteriormente, supôs-se que existisse uma correlação entre as noções de direita/esquerda e de leste/oeste, e entre as noções de acima/abaixo e de norte/sul. Os resultados confirmam as suposições, e pode-se afirmar que existe uma associação entre as noções de direita/esquerda e de leste/oeste, e entre as noções de acima/abaixo e de norte/sul. A correlação entre as noções de direita/esquerda e de leste/oeste explica por que a criança primeiro relacionou seu sistema corporal de orientação com o Sol, antes de estabelecer outros tipos de relações.

Implicações dos resultados

Os resultados da pesquisa mostram – entre outros fatos – que somente cerca da metade das crianças com 9 anos foi capaz de reconhecer a direita/esquerda em seu próprio corpo e no corpo de um interlocutor colocado de frente para elas, mas não foram capazes de estabelecer a relação de direita/esquerda entre objetos em posição horizontal. As relações direita/esquerda entre objetos só foram estabelecidas pelos estudantes com 13-14 anos de idade, já cursando as sétimas e oitavas séries de primeiro grau.

No entanto, os programas e mesmo os guias curriculares propõem como atividades para as crianças de terceira série, com 9 anos, a utilização de mapas, tais como: planta da cidade, mapas físicos do estado de São Paulo e mapas do município onde está localizada a escola.

O trabalho de Mezzarana (1976) pode ser citado para ilustrar as atividades espaciais projetivas que podem ser realizadas de maneira integrada por crianças de primeira série e como preparação para as atividades de mapeamento.

Ele consistiu na elaboração de tarefas operatórias para alunos da primeira série do ensino fundamental, incluindo relações espaciais projetivas. As relações projetivas consideradas foram as de direita/esquerda, em cima/embaixo e frente/atrás referentes à própria criança e à pesquisadora. Foram elaboradas tarefas operatórias que incluíam relações espaciais projetivas da experiência cotidiana da criança. As tarefas assim podem ser descritas: as crianças, colocadas umas em frente às outras, realizam movimentos com os braços e as pernas direitos e esquerdos, coordenando-os com os membros dos colegas; em uma figura representando uma boneca de costas e brinquedos, a criança traça linhas ligando brinquedos à mão direita ou à mão esquerda da boneca; caminha passando por cima ou por baixo de móveis e barreiras; indica colegas que estão sentados na frente ou atrás; faz movimentos com os membros para frente e para trás.

As tarefas elaboradas pela autora deveriam ser realizadas pelas crianças como ações sensório-motoras, mas que conduziriam a operações; as experiências são utilizadas como ponto de partida. Essas tarefas implicam o relacionamento da operação direta com a operação inversa, pois comportam uma ação nos dois sentidos; essa inversão tem um valor formativo muito particular para o aluno, impedindo que este se limite a repetir mecanicamente exercícios parcialmente compreendidos. Essa perspectiva orientou a elaboração das tarefas operatórias, pois as relações espaciais projetivas são estabelecidas mediante exercícios que integram atividades perceptivas, sensório-motoras e representativas de ordem espacial, que implicam orientação e direção. Desse modo, essas tarefas executadas por alunos de primeira série, na faixa de 7-8 anos, vão permitir que as crianças coordenem vários pontos de vista e consequentemente coordenem as diversas perspectivas, que por sua vez servirão de apoio para introduzir as noções de orientação e direção em uma superfície plana como o mapa. Partindo do pressuposto de que as crianças são capazes de estabelecer as relações espaciais projetivas de seu próprio ponto de vista, como também do ponto de vista de outrem e mais ainda do ponto de vista da posição dos objetos, consideramos que elas serão capazes de transformar a orientação corporal em orientação geográfica. Isso significa que os alunos são capazes de estabelecer os pontos cardeais – leste/oeste e norte/sul – em um mapa. São essas atividades exercidas pelas crianças em espaços tri e bidimensionais, inicialmente sensório-motoras, e em seguida representativas, que irão permitir a construção operatória das relações espaciais projetivas, as quais, por sua vez, serão transformadas nas direções e orientações geográficas de leste/oeste e norte/sul. Por conseguinte, para a criança ser capaz de iniciar a leitura e interpretação de mapas, é preciso que antes seja capaz de orientar a folha do mapa de maneira a possibilitar o estabelecimento da correspondência de seu ponto de vista com a representação cartográfica.

Os pequenos grandes livros de Dienes e Golding (1969) e dos Sauvys (1974) são obras de conteúdo rico em sugestões para os professores e, mais importante ainda, todos os exercícios propostos estão fundamentados no desenvolvimento intelectual da criança. As crianças, "brincando", exploram e descobrem o espaço.

A respeito do mapa, também se depreende de toda a exposição teórica anterior e dos resultados da pesquisa que deve ser introduzido gradualmente, e que desde as primeiras letras é preciso desenvolver a habilidade espacial das crianças. Isso está ligado ao uso que se faz atualmente do mapa em sala de aula: o mapa é usado como recurso audiovisual, e até agora não se considerou devidamente o ensino *do mapa*, e sim o ensino *pelo mapa*.

A introdução gradual do ensino do mapa deve considerar tanto o desenvolvimento mental da criança como o processo de mapeamento. Os primeiros materiais cartográficos a serem manipulados pelos alunos devem ser, pois, os pré-mapas. Desse modo, as gravuras e as fotografias, que não são seletivas e apresentam um nível pequeno de abstração, devem preceder os mapas, que são altamente seletivos e consequentemente se apresentam em níveis variados de abstração.

As fotografias podem ser tanto as terrestres como as aéreas, e estas podem ser oblíquas e verticais. Para a criança que frequenta as séries iniciais é mais fácil estabelecer as relações espaciais no espaço representado nas fotografias, pois elas reproduzem um instantâneo da realidade e seu grau de abstração é relativamente pequeno. Isso não exclui a introdução das primeiras representações cartográficas, isto é, de mapas topológicos em que as relações espaciais de proximidade, separação, ordem ou sucessão espacial, inclusão ou envolvimento e continuidade devem ser representados graficamente pela criança, como uma forma alternativa de comunicação e expressão de eventos que ocorrem na superfície terrestre. Após as relações espaciais topológicas, devem ser introduzidas as relações projetivas, em que a criança é orientada a representar os diversos pontos de vista, e em seguida a representação de fatos que podem ser mensuráveis: superfície, distâncias, tamanhos, formas geométricas etc. Quando a criança já tiver atingido as conservações de substância, peso e volume, disporá então de um sistema de referência, podendo manipular tanto os sistemas de coordenadas como os de perspectivas. Enfim, os resultados da pesquisa confirmaram que o desenvolvimento intelectual do espaço geográfico se processa baseado na construção do espaço pelo sujeito; que o desenvolvimento da habilidade espacial ocorre paralelamente ao das demais habilidades (linguagem, numérica, corporal etc.); que há correlação entre as habilidades de orientação geográfica (leste/oeste e norte/sul); e, mais ainda, que o mapa, para desempenhar plenamente a sua função educativa, está a exigir uma metodologia.

Conclusões

A seguir, algumas conclusões extraídas desse estudo metodológico e cognitivo do mapa serão apresentadas. Conclusões que não podem ser pensadas isoladamente, porque, ao contrário, elas constituem um conjunto concatenado de proposições e decorrências.

1º) Desde o início deste estudo percebeu-se ao mesmo tempo a falta e a necessidade de uma metodologia do mapa. O mapa atingirá plenamente as suas finalidades e dificilmente será usado em toda a sua extensão a não ser que antes se responda à questão de como se processa o mapa. Em outras palavras, trata-se de descobrir o melhor caminho para se chegar até o mapa e também quais os meios mais adequados para a criança percorrer esse caminho.

No caso do processo de alfabetização da leitura e da escrita da língua escrita, tem-se uma metodologia; assim, também é necessária uma metodologia específica que oriente aos professores na leitura e escrita do mapa.

O que se pode propor aqui, como uma das estratégias para atingir uma metodologia do mapa, é apresentar o conteúdo cartográfico em uma forma acessível a crianças e adolescentes, respeitando o seu desenvolvimento intelectual especialmente no tocante ao desenvolvimento cognitivo e perceptivo do espaço e sua representação.

2º) O desenvolvimento e a organização de uma cartografia infantil aparecem como uma decorrência de uma metodologia do mapa.

Do mesmo modo que escritores, linguistas, educadores e outros profissionais se preocupam com uma literatura infantil, que sirva para iniciar a criança na literatura, também muitos matemáticos famosos, como Tourasse, Dienes, Papert e outros, têm-se dedicado a criar uma matemática infantil, que permita a introdução da criança no mundo da numeracia. Conclui-se, portanto, pela necessidade de uma cartografia infantil, na qual os mapas prendam a atenção da criança e atendam às suas necessidades de representações espaciais. Os mapas devem ser confeccionados por adultos e dirigidos, não para os adultos, mas para as crianças. Em outras palavras, ninguém espera que uma criança seja iniciada no processo da leitura e da escrita da língua portuguesa através do conteúdo e da forma de *Grande Sertão: Veredas*, de João Guimarães Rosa. Muito menos alguém aceitaria que uma criança começasse seus estudos de Matemática mediante a demonstração de teoremas e postulados de Thom. Por isso perguntamos: por que iniciar a criança no mundo da linguagem gráfica com mapas que implicam projeções, escalas e generalizações altamente abstratas?

A cartografia infantil é um campo de estudos que está à espera do interesse e da dedicação de geógrafos, cartógrafos, educadores e professores para ser desenvolvida. O estudo da cartografia deve ser precedido pelo estudo de uma cartografia infantil, na qual a criança tenha oportunidade de desenvolver atividades preparatórias, para em seguida realizar concretamente as operações mentais de redução, rotação e generalização, que são as propriedades fundamentais do processo de mapeamento.

Para que o desenvolvimento de uma cartografia infantil seja eficaz, é preciso considerar o mapa um entre os vários tipos de linguagem de que os homens dispõem para se comunicarem e se expressarem.

3º) O aproveitamento do mapa, como uma linguagem gráfica para comunicação e expressão espacial de informações geográficas, está intrinsecamente ligado aos aspectos metodológicos e cognitivos do mapa e, consequentemente, à cartografia infantil.

Dentro da perspectiva ecológica contemporânea de conservar e explorar racionalmente os recursos naturais e humanos do planeta, o mapa assume um papel relevante; para atender a essa necessidade premente de se conhecer a Terra, para melhor cuidar dela, a representação cartográfica contribui com uma parte considerável. A distribuição e a localização espaciais só podem ser analisadas efetivamente se dispusermos de mapas que representem essas propriedades espaciais da superfície terrestre; essa representação, na verdade, é uma expressão gráfica e uma forma de comunicação dessas e de outras informações geográficas. E, como linguagem gráfica, o mapa tem adquirido cada vez mais importância pela necessidade de objetivar, documentar e armazenar a informação científica, as informações dos censos demográficos e econômicos, as explorações oceânicas, os levantamentos sobre problemas de educação, saúde e assuntos militares, bem como os planejamentos e projetos de alocação de empresas, áreas de recreação, trajetos de estrada etc.

Para que os cientistas, planejadores, técnicos, turistas e outros recorram ao mapa como veículo de comunicação e expressão, é preciso que tenham sido preparados previamente e que o mapa tenha integrado as suas formações básicas educacionais.

4º) O preparo dos professores do ensino fundamental e médio no sentido de, em sala de aula, utilizarem mapas é um dos pontos cruciais no processo do ensino/aprendizagem do mapa.

Esta conclusão por certo esbarra na formação básica dos professores e principalmente nos programas de formação continuada. Toda inovação educacional, toda mudança de atitude do professorado exige um planejamento e um envolvimento dos professores e dos alunos. Por conseguinte, para que esta abordagem do mapa tenha êxito é preciso que a Geografia ocupe um lugar de destaque no currículo e que os professores de Geografia sejam preparados para incorporar o campo da *graficacia*, como os professores de línguas e matemáticas assumiram a responsabilidade do ensino e desenvolvimento da *literacia* e *numeracia*, respectivamente.

5º) A inclusão do ensino/aprendizagem do mapa nos currículos e programas escolares é uma necessidade inerente a tudo que até agora foi analisado e discutido. Com essa conclusão não se quer excluir o ensino/aprendizagem pelo mapa, mas sim propor novas bases metodológicas para o mapa em sala de aula, colocando-o em uma posição de destaque na educação e formação intelectual dos alunos, propiciando-lhes um modo de comunicação que vem sendo empregado desde tempos imemoriais.

Essa proposição merece um estudo profundo e amplo sobre como ensinar e como aprender a leitura e a escrita dos mapas.

6º) A utilização do mapa aparece, portanto, como um dos meios de que o professor pode lançar mão para enriquecer a vida intelectual dos alunos.

A representação espacial da superfície da Terra, em sua totalidade ou em suas partes, constitui uma atividade mental que conduz ao conhecimento do planeta que habitamos e do qual dependemos para sobreviver, e que teremos que habitar ainda por um longo tempo. Por que, então, não começar desde já a dar às crianças os meios para "cativar" esta Terra, mediante o conhecimento de um dos seus "retratos", que é o mapa?

Para finalizar, cita-se as palavras de Symons (1971: 100-101), que, desde 1852, apontava o mapa como um dos principais ingredientes da escola:

> Não há nada tão alegre e excitante do que os mapas. Eles constituem o sal das escolas; e o professor é um tolo se não souber saborear deste tempero alternativo.[3] (tradução da autora)

Nota

* O capítulo originou-se da tese de livre-docência *Estudo metodológico e cognitivo do mapa*, que foi apresentada no Departamento de Geografia e Planejamento do Instituto de Geociências e Ciências Exatas da Unesp, *campus* Rio Claro, 1978.

[1] Piaget e seus colaboradores, há meio século, vêm desenvolvendo trabalhos teóricos e experimentais sobre epistemologia, lógica, psicologia, filosofia, biologia e história das ciências. O Grupo de Genebra destaca-se principalmente nos estudos sobre psicologia e epistemologia genéticas. Os trabalhos sobre o desenvolvimento mental da criança abrangem todos os aspectos cognitivos, como espaço, número, linguagem, tempo, causalidade, memória, estruturas mentais e outros.

[2] Bärbel Inhelder, Vinh-Bang, Constance Kamii, Edouard Rappe du Cher, Germaine Duparc, Lucy Banks-Leite, entrevistas mantidas durante minha visita à Faculté de Psychologie et des Sciences de L'Education, Université de Genève, junho-julho, 1976.

[3] Original inglês: "There is nothing which so keenly enlivens and excites as maps. They are the salt of schools; and the teacher is dull indeed if they do not savour the other food".

Bibliografia

BARTZ, Barbara S. Maps in the classroom. In: BALL, John; STEINBRINK, John; STOLMAN, Joseph. *The Social Sciences and Geography Education:* A Reader. New York: John Wiley, 1971.

BLAUT, James M. Place perception research reports. *Studies in Developmental Geography.* Report n. 1. Worcester: Graduate School of Geography, Clark University, 1969.

__________; STEA, David. Studies of geographic learning. *Annals of the Association of American Geographers*, v. 61, jun. 1971, pp. 387-93.

BLOOM, Jill. The microgeographic study of children. *Place Perception Reports.* Report n. 2. Worcester: Graduate School of Geography, Clark University, 1969.

CASTRO, Amélia Domingues de. *Bases para uma didática do estudo* (na perspectiva do desenvolvimento intelectual). Boletim n. 306. São Paulo: USP, 1969. (Metodologia Geral do Ensino, n. 4)

COCHRAN, William. G. *Técnicas de amostragem.* Rio de Janeiro: Fundo de Cultura, 1965.

DIENES, Zoltan; GOLDING, E. W. *Os primeiros passos em matemática*: exploração do espaço. São Paulo: Herder, 1969.

EDWARDS, John Hayes. Who can find it on the wall map. *Journal of Geography*, v. 66, n. 2, fev. 1968, pp. 87-8.

GARSIDE, Caroline; SOERGEL, Marylin. Children's environmental perception and behavior in a city park. *Place Perception Research Reports.* Report n. 2. Worcester: Graduate Scholl of Geography, Clark University, 1969.

GUILFORD, J. P. *Psychometric Methods.* 2. ed. New York: McGraw-Hill, 1954.

LAURENDEAU, Monique; PINARD, Adrien. *Les premières notions spatiales de l'enfant:* examen des hypothèses de Jean Piaget. Neuchâtel: Delachaux et Niestlé, 1968.

METTENET, W. J. The reality of maps. *Methods of Geographic Instruction.* Ed. John W. Morris. London: Blaisdell Publishing, 1968.

MEZZARANA, Enid G. As *relações espaciais:* elaboração de algumas tarefas operatórias para alunos de nível I do primeiro grau. Rio Claro-SP: Universidade Estadual Paulista, 1976. (Relatório de Estágio de Aperfeiçoamento)

OLIVEIRA, Lívia; MACHADO, Lucy Marion C. P. Como adolescentes percebem geograficamente relações espaciais topológicas e euclidianas através de pré-mapas. *Boletim de Geografia Teorética.* Rio Claro-SP, v. 5, n. 9/10, 1975, pp. 33-62.

PIAGET, Jean. *O raciocínio da criança.* Rio de Janeiro: Record, 1967.

__________. *La formación del símbolo en el niño.* México: Fondo de Cultura Económica, 1971.

SAUVY, Jean e Simone. *The child's discovery of space.* Harmondsworth: Penguin Books, 1974.

SIEGEL, Sydney. *Nonparametric methods for the behavioral sciences.* New York: McGraw-Hill, 1956.

SYMONS, Jellinger. *School economy.* London: Woburn, 1971.

THRALLS, Zoe A. *O ensino da geografia.* São Paulo: Globo, 1965.

TOWLER, John Orchard. *Spacial concepts of elementary school children.* Canada: Unpublished Master Thesis, University of Alberta, 1965.

PARA CONSTRUÇÃO DO ESPAÇO GEOGRÁFICO NA CRIANÇA

Tomoko Iyda Paganelli

Qual é o espaço percebido pelas crianças? Qual é o papel da percepção e da utilização do espaço urbano na operacionalização e representação gráfica das relações espaciais em crianças das terceiras e quartas séries no ensino do ensino fundamental, com idade mínima de 9 e 10 anos completos e uma escolaridade, também mínima, de 3 e 4 anos? Que influência teve essa escolarização na operacionalização e representação do espaço "conhecido", de vivência cotidiana, percorrido pela criança? São esses os assuntos deste capítulo.*

Um programa inspirado por Gandhi para escolas rurais da Índia[1] apresentava como objetivos

> a) saber orientar-se no espaço, isto é, saber, de acordo com um plano dado, encontrar um lugar preciso na cidade e no campo; b) saber expressar-se: saber traçar a planta de um povoado, de uma casa, de uma rua, de uma granja e de um jardim.

O programa levantava indagações sobre as condições necessárias para a realização dessas atividades, tarefas que pressupõem conhecer sobre o plano, a planta, mapas e escalas, mesmo que intuitivamente.

Sabem os alunos ler um "plano", uma planta, um mapa? Expressar-se graficamente também é um processo a ser construído. Desenhar uma casa, uma rua, uma granja, um jardim ou a planta de um povoado exige abstrações empíricas e reflexivas, coordenação de ponto de vista, em que relações e operações topológicas, projetivas e/ou euclidianas devem ser acionadas.

Os programas das primeiras séries escolares apresentavam certa universalidade na ênfase do estudo do bairro, da localidade e do município, ficando para as duas séries seguintes o estudo do estado, e muitas vezes do Brasil. Os mapas utilizados para "concretização" do espaço enfocado já apresentam abstrações na seletividade dos fenômenos, nem sempre realizado pelas crianças nos espaços mais próximos. O bairro e a cidade – realidade dinâmica e múltipla aos olhos da criança – passam a ser uma pequena superfície delimitada ou mesmo desaparecem em mapas de escalas menores.

Segundo Piaget (1972), o espaço representativo operatório constitui-se definitivamente por volta dos 9 e 10 anos. O quadro 1 a seguir apresenta as idades aproximadas, em que as operações e conservações se "equilibram", segundo dados das pesquisas realizadas por Piaget e seus colaboradores.

Quadro 1 – Relações e conservações espaciais (idades aproximadas).

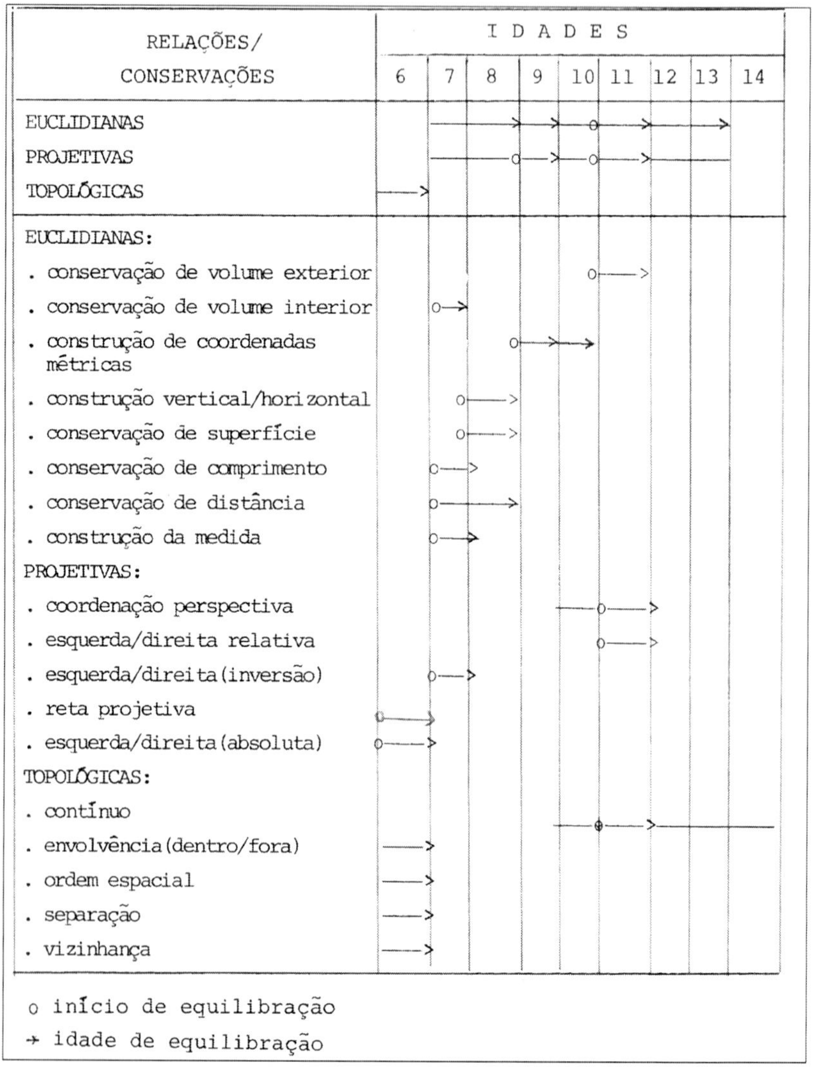

RELAÇÕES/ CONSERVAÇÕES	IDADES								
	6	7	8	9	10	11	12	13	14
EUCLIDIANAS		—	—>	—>	—o	—>	—	—>	
PROJETIVAS		—	—o	—>	—o	—>	—	—	
TOPOLÓGICAS	—>								
EUCLIDIANAS:									
. conservação de volume exterior					o	—>			
. conservação de volume interior		o—>							
. construção de coordenadas métricas			o	—>	—>				
. construção vertical/horizontal		o	—>						
. conservação de superfície		o	—>						
. conservação de comprimento		o—>							
. conservação de distância		o—	—>						
. construção da medida		o—>							
PROJETIVAS:									
. coordenação perspectiva					—	o—>			
. esquerda/direita relativa						o—>			
. esquerda/direita (inversão)		o—>							
. reta projetiva	o—>								
. esquerda/direita (absoluta)	o—>								
TOPOLÓGICAS:									
. contínuo					—	⊕—>	—	—	—
. envolvência (dentro/fora)	—>								
. ordem espacial	—>								
. separação	—>								
. vizinhança	—>								

o início de equilibração
→ idade de equilibração

Fonte: Paganelli (1982).

Poucos estudos foram realizados no Brasil sobre as *operações espaciais* e o ensino da primeira à quarta série do ensino fundamental. Aqueles realizados com base na teoria piagetiana dedicavam-se à analise das operações lógicas, tanto em crianças como em adultos de baixa escolaridade (até a década de 1980). Os guias curriculares indicavam que se fizesse a passagem do local ao distante, sem considerar etapas da construção do conhecimento, do desenvolvimento espacial e gráfico do espaço.

Os professores conhecem o espaço em que a criança se locomove? Sabem interpretar os dados obtidos? Poderá o aluno debruçar-se, de maneira compreensiva, sobre a planta ou mapa da cidade sem ter dominado o processo de passagem do tridimensional ao bidimensional ou vice-versa? Até que ponto a escola e os professores "inconscientemente" alienam o aluno de seu próprio espaço, de sua realidade vivida? Não estarão, dessa maneira, criando condições de negar sua realidade, criando condições para o não questionamento das raízes de uma organização espacial discriminatória, desumana ou mesmo subumana?

Buscou-se analisar o *papel da percepção e locomoção no espaço geográfico local* no processo de operacionalização das relações espaciais, por meio do desenho de um espaço urbano percorrido pelas crianças. Com isso pretendeu-se chegar a um diagnóstico sobre o tipo de conhecimento e domínio desse espaço por criança em faixa etária, na qual pressupõe-se a *equilibração* das relações espaciais no nível das operações concretas, uma vez que no nível formal essas operações não diferem das operações formais do pensamento hipotético-dedutivo.

No estudo realizado foram testadas três hipóteses:

- a primeira, sobre a diferença entre o grau de operacionalização das relações espaciais em situações reais no espaço urbano escolhido e num modelo reduzido do mesmo espaço. Supõe-se um melhor desempenho nos modelos reduzidos (maquete e mapa) que nas situações do espaço real, considerando-se a visão total que os mesmos possibilitam;
- a segunda hipótese se refere à interferência da percepção e utilização do espaço urbano (experiência físico-motora no espaço) na operacionalização das relações espaciais;
- a terceira hipótese se refere à diferença qualitativa nos níveis de operacionalização e de representação gráfica entre alunos de escola pública e escola privada.

A coordenação de perspectiva na maquete, no mapa e a localização dos lugares do espaço urbano, utilizando os mesmos tipos de relações espaciais, testaram a primeira hipótese. A locomoção das crianças e os níveis de operacionalização dos diferentes tipos de relações espaciais, a segunda hipótese; e a última hipótese foi testada através da comparação dos níveis em escolas públicas e particulares.

Selecionou-se, do texto original, os capítulos que poderão auxiliar os professores em interpretações de atividades em sala de aula e no aprofundamento de pesquisas comparativas entre a experiência realizada e sua aplicação em outro contexto.

A epistemologia genética do espaço

"O método consiste, então, em procurar compreender o conhecimento por sua própria construção, o que nada tem de absurdo, pois o conhecimento é essencialmente construção."
J. Piaget. Biologia e conhecimento.

Duas obras principais condensam os estudos de Piaget sobre a noção do espaço: *La représentation de l'espace chez l'enfant* (Piaget; Inhelder, 1947), em que analisa a construção dos conceitos espaciais topológicos, projetivos e euclidianos, e *La géometrie spontanée de l'enfant* (Piaget; Inhelder; Smeninka,1948), em que dá prosseguimento aos conceito euclidianos, particularmente no que se refere à gênese da conservação da distância, comprimento, área e volume e das coordenadas retangulares. Outra obra, *L'Épistémologie de l'espace* (Vários autores. *Études d'Epistemologie Génétique,* vol. XVIII), que reúne os trabalhos sobre o espaço dos anos 1960-61 e do VI Simpósio do Centre International d'Épistémologie Génétique.

A questão fundamental de Piaget é "Como é possível o conhecimento? Como o ser humano chega a alcançar o conhecimento lógico-matemático? Como é possível a Matemática? Como é possível a Física?" Para responder essas perguntas, Piaget fundamentou-se não só na Matemática e na Física, mas também na Biologia, criando uma epistemologia genética, uma teoria do conhecimento sob ângulo biológico, uma teoria do desenvolvimento das estruturas mentais biológicas. Essa teoria afirma que a inteligência se desenvolve por etapas a partir da vida orgânica até alcançar o conhecimento lógico-matemático e que as operações intelectuais se processam em termos de estruturações de conjunto que evoluem e funcionam através de um processo de *equilibração,* que se traduz numa adaptação cada vez maior às perturbações do meio. Piaget, de fato, em *Biologia e conhecimento,* deixa claro seu propósito de partir de "um modelo biológico e da cibernética para chegar ao modelo lógico".

Uma epistemologia genética do espaço geográfico busca, ao explicitar a teoria do espaço operatório de Piaget, analisar as teses em relação à construção do espaço, suas etapas, as relações e operações espaciais no processo de localização do sujeito e dos objetos no espaço, o problema das representações do espaço e a tomada de consciência do espaço pela criança.

As teses de Piaget em relação à construção do espaço podem ser apresentadas inicialmente em três itens:

a) A ação, mais que a percepção, constitui o veículo essencial do progresso evolutivo na construção do espaço. Piaget enfatiza esse aspecto em relação ao espaço, pela grande tentação que se tem em conceber o espaço dado nas experiências, como algo oferecido imediatamente pela percepção. O conhecimento de um objeto, diz Piaget, consiste em construir ou reconstituir o espaço através da ação ou operações a que o sujeito submete o objeto e nas transformações necessárias à sua reconstrução; comporta essa construção ou reconstrução um aspecto simbólico e um aspecto operatório: o primeiro enfatizando a percepção ou imagem mental e o segundo, a inteligência.

b) As representações espaciais formam-se através da organização das ações, realizadas com os objetos no espaço: inicialmente pelas ações motoras e, mais tarde, pelas ações que se convertem em sistemas operacionais. Isso significa que a representação adulta do espaço resulta de manipulações ativas sobre o meio social e não da "leitura" imediata desse meio, realizada pelo aparelho perceptivo.

c) A diferença entre a ordem ontogenética e histórica na construção dos conceitos topológicos, projetivos e euclidianos.

Etapas da construção do espaço

As etapas da construção do espaço são paralelas às demais construções que ocorrem desde o nascimento, constituindo-se com a própria inteligência. Está articulada, psicologicamente, com outras de caráter lógico como as da causalidade, classificação e seriação. A construção processa-se através de etapas, caracterizadas em estágios e subestágios.

No livro *A construção do real na criança*, Piaget analisa a passagem do primeiro estágio e subestágios do *período sensório motor* (0 a 2 anos). O conhecimento desses estágios e subestágios permite acompanhar os progressos do bebê na construção de um campo espacial, construção que parte de associações entre diversos sentidos e ações isoladas, do espaço gustativo, visual, postural, cinestésico, onde as ações criam o espaço, mas o sujeito da ação não se situa nele. O progresso das coordenações da visão, preensão, tátil-cinestésico e bucal (grupos práticos) favorece a elaboração dos grupos de deslocamento. Um campo espacial no período sensório-motor constitui-se, a partir dos vários espaços heterogêneos, pelas ações do bebê (o espaço gustativo, espaço visual, espaço auditivo, espaço tátil, espaço postural, espaço cinestésico).

A elaboração dos grupos de deslocamentos, a passagem do grupo "prático" para o nível do grupo "subjetivo", e deste para os grupos "objetivos", marcarão um progresso essencial na construção do campo, em que a criança desloca os objetos dentro de um meio homogêneo, realizando deslocamentos visíveis de objetos, transferindo de um lugar para outro, aproximando-os e distanciando-os, deixando cair, juntando-os para novamente achar e recomeçar, fazendo rolar e deslizar num plano inclinado. Realiza todas experiências possíveis, tanto para espaço próximo como para espaço distante. O comportamento revela relações de conteúdo e continente (inclusão), de inversões e suas relações recíprocas, demonstrando que estabelece relações de objetos entre si. A criança começa a tomar consciência dos seus próprios movimentos como deslocamentos de conjunto.

O segundo estágio, *espaço representativo* (2 anos em diante), surge a partir do momento em que aparece a função simbólica, que torna a criança capaz de agir, não somente sobre objetos reais e fisicamente presentes no seu tempo perceptivo, como também sobre fatos simbolizados ou mentalmente representados. A representação mental é uma ação interiorizada, uma ação efetuada no pensamento sobre os objetos simbolizados, e não simplesmente uma evocação imaginada dos objetos ou mesmo da ação exercida sobre estes.

Existem em relação à representação espacial duas interpretações: uma deslocada totalmente da ação, sendo simplesmente a evocação dos resultados de uma ação possível (ou passada) por meio de signos e símbolos e sendo mais que a própria ação; outra, ao contrário, que diz que a representação é uma ação interiorizada, isto é, que reproduz ou esquematiza interiormente, graças aos símbolos e signos, a ação evocada, prolongando então diretamente a atividade sensório-motora do nível precedente.

Piaget propõe, em relação à ação interiorizada, que é fundamental, desde as relações de ordem, envolvimento, ou das relações projetivas às semelhanças e aos conjuntos a serem coordenados em planos, que todas essas formas de intuição espacial se apoiam em ações: de colocar próximo (vizinhança) ou em sucessão definida (ordem) de envolver, de atar ou desatar, de mudar o ponto de vista, de separar, rebater, de dobrar e desdobrar, de ampliar ou reduzir etc. E que as crianças não começam a imaginar o resultado dessas ações, mesmo as mais simples, antes de as terem executado. Isso porque a representação não substitui verdadeiramente a ação, não se podendo dissociar uma percepção do seu contexto sensório-motor.

A interiorização das ações espaciais se efetua segundo etapas bastante graduais, de modo que é possível segui-la passo a passo. Após a atividade sensório-motora elementar, ligada à percepção do objeto, segue-se a ação evocada na imaginação, mas somente depois que foi realizada materialmente. O pensamento se forma, então, para reproduzir o ato efetivo na sua materialidade e na sua irreversibilidade.

O terceiro estágio, das *operações concretas* (de 7-8 a 11-12 anos), resulta das articulações do processo anterior, em que as ações interiorizadas sob a forma de esquemas coordenados na sua composição e, por conseguinte, cada uma dentre elas, podem ser entendidas nos dois sentidos; é essa composição das ações interiorizadas que constitui os primeiros sistemas operatórios propriamente ditos.

O quarto estágio é o das *coordenações operatórias* (a partir de 11 a 12 anos): muitos sistemas podem ser pensados simultaneamente, o que caracteriza operações formais tornando possível sua tradução sob forma de proposição hipotética-dedutiva. Aqui começa um tipo de pensamento que, constituindo o resultado dessa interiorização contínua das ações, prepara para a axiomatização do espaço, graças às formalizações discursivas crescentes.

As relações espaciais

Piaget distingue, a partir da geometria contemporânea, três tipos principais de relações espaciais:

Relações espaciais métricas (ou euclidianas) – com base essencial na noção de distância e em que a equivalência de figuras depende de sua igualdade matemática.
Relações espaciais projetivas – com fundamento na noção da reta e em que a perspectiva ou a possibilidade de transformação garante a equivalência das figuras.
Relações espaciais topológicas – com apoio nas relações puramente qualitativas inerentes a uma determinada figura (vizinhança, separação, ordem, fechamento, contínuo), em que a equivalência de duas figuras se dá quando uma é homeomorfa à outra.

A evolução da noção do espaço na criança parece reproduzir as etapas essenciais da construção matemática, em que as estruturas topológicas são as mais fundamentais (embora as mais tardiamente descobertas pelos matemáticos), e às quais se prendem as estruturas projetivas e euclidianas, pois delas derivam.

É a partir de um conjunto de experiências sobre a gênese desses três tipos de relações espaciais que Piaget conclui que são as estruturas topológicas as mais importantes, sendo as primeiras a se constituírem em operações mentais na criança; as operações projetivas e euclidianas não aparecem ou se constroem simultaneamente, mas com uma sensível defasagem no tempo em relação às topológicas, e isso porque ambas pressupõem as topológicas. Essas são limitadas às prioridades inerentes às necessidades de situar um objeto em relação a outro, seja em função de uma perspectiva ou de um ponto de vista (espaço projetivo), seja em função de um sistema de eixos de coordenadas (espaço euclidiano). Nos três casos, entretanto, as primeiras operações acessíveis à criança entre 6 e 9 anos, aproximadamente, são originadas das representações cada vez mais bem coordenadas do nível intuitivo (derivadas das ações sensório-motoras e constantemente alimentadas pelas atividades perceptivas da criança).

No caso do espaço topológico, de início, a percepção e manipulação ativa das relações de vizinhança, de separação, de ordem, de fechamento etc. servem de ponto de partida para noções representativas mais ou menos estruturadas do espaço intuitivo. Aí se situariam os primeiros reversíveis e operatórios do espaço topológico – a adição e a adição partitiva, a ordem linear e a ordem cíclica, a reciprocidade de vizinhança, relações simétricas e multiplicação dos elementos e relações.

No que concerne ao espaço projetivo, que acrescenta ao topológico a necessidade de situar os objetos ou elementos de um mesmo objeto uns em relação aos outros, em uma determinada perspectiva, observa-se a mesma evolução de conjunto que para as relações topológicas, mas com uma ligeira diferença no tempo. Já no nível da atividade perceptiva e da inteligência sensório-motora, a criança aprende a manipular praticamente certas relações projetivas, como prova o desenvolvimento precoce das constatações de grandeza e forma, apesar das deformações impostas pelas variações das distâncias e das perspectivas. A coordenação dessas relações projetivas fragmentárias adquire progressivamente mais elasticidade e eficácia com o auxílio das representações imaginadas em nível intuitivo, mas são necessários alguns anos até que se organize na criança o sistema operatório de referência projetiva que assegure a coordenação perfeita da perspectiva e a reversibilidade do ponto de vista. As operações topológicas já constituídas se enriquecem, então, com a adição dessas relações projetivas e tomam uma significação nova: a intervenção da perspectiva transforma, por exemplo, a noção de ordem linear em noção de ordem retilínea e a reciprocidade de vizinhança em reciprocidade de perspectiva.

No que diz respeito ao espaço euclidiano, ele deriva, igualmente, do espaço topológico e se constrói paralelamente ao espaço projetivo, que é, por sua vez, distinto e solidário. Enquanto o espaço projetivo se limita a coordenar as diferentes perspectivas de um objeto a se acomodar às suas variações aparentes, o espaço euclidiano coordena os próprios objetos entre si e em relação a um quadro de conjunto ou sistema de referências estável que exige como ponto de partida a conservação das superfícies e das distâncias. Mas essa construção das relações euclidianas não será possível sem a estruturação simultânea das relações projetivas: a conservação das distâncias e das superfícies implica, evidentemente, reciprocidade ou simetria das relações da perspectiva.

A gênese do espaço euclidiano é paralela à do espaço projetivo. Já prefiguradas nas primeiras conquistas da atividade perceptiva (sistemas de referências visuais, primeiras constatações de grandeza e de forma etc.), e praticamente organizadas no plano da inteligência sensório-motora (permanência do objeto, labirintos etc.), as relações euclidianas começam a se interiorizar e a se coordenar em termos do intuitivo, mas permanecem sujeitas às deformações geradas pelo caráter estático e irreversível das representações imaginadas por muito tempo. Somente no nível das operações concretas é que aparecem as primeiras conservações verdadeiras (superfícies, comprimento, distância etc.), necessárias ao progresso subsequente do espaço propriamente métrico e, enfim, quantificado (medida de comprimento, superfícies, volume etc.).

Operações espaciais

Problemas das operações espaciais

Piaget, ao estudar o desenvolvimento das operações espaciais, identifica três problemas principais: o primeiro diz respeito à "intuição geométrica"; o segundo está nas relações entre o espaço físico e o espaço lógico-matemático; e o terceiro, nas relações entre as operações espaciais e as operações lógico-matemáticas.

O problema da *intuição geométrica* é a primeira questão que se levanta em qualquer estudo da psicologia relativa à representação do espaço na criança.

O que sucede, explicita Piaget, é que a imagem mental visual desempenha um papel particular no domínio da geometria por ser ela mesma de caráter espacial. Se no domínio da classe e dos números a imagem em seu caráter significante continua diferente em relação ao significado nocional, no caso da figura espacial, essa imagem possui sempre uma forma espacial como ocorre aos seus próprios significados. É dessa maneira que Piaget mostra porque, no caso das imagens espaciais, a homogeneidade entre significante e significado, explica os grandes desenvolvimentos que podem alcançar a intuição geométrica. Mas, ele ressalta, se a imagem desempenha um papel privilegiado no domínio espacial, porque ela apresenta um caráter espacial, ela não é o motor principal da intuição geométrica. A intuição, os próprios matemáticos concordam, "já é mais que um sistema de percepções ou de imagens; é a inteligência elementar do espaço em nível não formalizado".

A intuição do espaço é uma ação exercida sobre os objetos, e a partir de ações que enriquecem a realidade física até se constituir os esquemas operatórios suscetíveis de serem formalizados e de funcionarem dedutivamente por eles mesmos.

A história da intuição geométrica é a da atividade propriamente dita, primeiro ligada ao objeto e depois assimilado ao próprio funcionamento. Essa ação se manifesta desde o contato perceptivo, sob as espécies de atividade sensório-motora que regulam as percepções e o elemento sensível que se limita a servir de significante, enquanto as assimilações ativa e motora constroem relações. Há, pois, nos movimentos, um papel fundamental, como fontes de conhecimentos espaciais, as mais elementares, pela coordenação desses movimentos e as operações ulteriores da inteligência.

A partir dos 7-8 anos, há uma mobilidade relativa proporcionada essencialmente pelas operações intelectuais.

Quanto à segunda questão, diz respeito às relações entre o espaço físico e o espaço lógico-matemático, os quais a partir dos níveis operativos tornam fáceis de distinguir os conhecimentos lógico-matemáticos dos físicos. Isso porque os primeiros procedem por composição exclusivamente dedutiva ou operatória, enquanto os segundos recorrem à experiência.

A experiência lógico-matemática difere da experiência física que repousa sobre os objetos, e a abstração se dá a partir desses objetos: na abstração lógico-matemática, as ações exercidas sobre os objetos se dão a partir de ações ou de propriedades que essas ações introduziram no objeto. Um exemplo de abstração simples a partir da experiência física do espaço pode ser dado através da conservação de superfície, quando a criança tem necessidade de uma experiência de superposição dos elementos para provar que um retângulo composto de seis quadros agrupados na forma 2 x 3 compreende a mesma superfície que um retângulo que resulta do alinhamento de seis quadrados, ou seja, 6 x 1. Nesse caso, a abstração da superfície é chamada por Piaget de abstração simples, já que não comporta uma reconstrução no nível do pensamento para comparar as duas formas.

Um exemplo de experiência lógico-matemática do espaço, com "abstração reflexiva", pode ser dado pelos "grupos de deslocamentos" representativos. Se uma criança for capaz, nesse período sensório-motor, de se movimentar em um espaço dando voltas (grupo de translação) ou for capaz de girar um objeto para encontrar as diferentes faces dele (grupo de rotação, subgrupo dos grupos de deslocamento), são necessários alguns anos para que possa representar (por simples ordenação, sobre um plano, de pequenos objetos que simbolizam os pontos de referências conhecidos) um trajeto efetuado diariamente (por exemplo, da casa para escola) ou imaginar o resultado das rotações ao redor de um objeto de grande tamanho (reconstituição de parte do edifício da escola). A abstração que o grupo representativo faz do grupo sensório-motor é reflexiva, uma vez que há uma "reflexão" no sentido de uma projeção das ações sobre o plano das representações. E é construtiva (por reflexão mental), no sentido em que há uma dedução substituindo a comprovação experimental.

Na relação entre espaço físico e espaço lógico-matemático, Piaget conclui que o espaço físico é abstraído dos objetos e o espaço lógico-matemático é abstraído das ações executadas sobre os objetos. Assim, essas ações podem imitar as configurações e transformações do objeto (desenho de contornos, deslocamentos, seções etc.) e ultrapassá-las, o que resulta o espaço lógico-matemático resulta mais rico que o espaço físico.

Justamente a questão da psicogênese das operações espaciais leva a *questão terceira*, ou seja, da relação entre as operações espaciais e as lógico-matemáticas.

Baseando-se nos fatos psicogenéticos reunidos, afirma Piaget que "as operações espaciais não são simplesmente operações lógicas aplicadas ao espaço, mas que aquelas são isomorfas das segundas". Justifica a afirmação pela construção da medida espontânea da criança "que não se reduz de maneira nenhuma à mera aplicação dos números às magnitudes, mas que consiste no desenvolver de maneira independente e isomorfa a construção do número" (1972: 537-67).

Explicita ainda Piaget que se o número resulta de uma síntese progressiva entre a inclusão de classes e seriação das unidades na medida de um comprimento, a unidade espacial não está dada, pois trata de um contínuo. A primeira operação que intervém na medida é a partição do contínuo, com sua inversa: adição partitiva, isomorfa à adição de classes; segunda operação constitutiva da medida será, pois, a do deslocamento de uma parte em uma série de posições ordenadas, o que constitui o caráter isomorfo da ordem serial das unidades numéricas.

Concluindo, diz Piaget que a medida aparece como síntese de partição e do deslocamento, assim como o número é a síntese da inclusão e seriação, e só quando as medidas são assim constituídas de maneira autônoma, mas isomorfas à constituição do número, é que esse pode ser aplicado ao espaço.

Piaget identifica nas *operações infralógicas*, que intervêm na construção do espaço e isomorfas às operações lógico-matemáticas, as seguintes operações:

a) Constitutivas das relações espaciais topológicas elementares
   - I – partição e adição partitiva;
   - II – ordem de colocação;
   - III – reciprocidade de vizinhança;
   - IV – relações simétricas de intervalo;
   - V – multiplicação biunívoca de elementos;
   - VI – multiplicação biunívoca de relações;
   - VII – multiplicação counívoca de elementos;
   - VIII – multiplicação counívoca de relações.

b) Constitutivas das relações projetivas:
I – adição e subtração de elementos projetados;
II – ordem retilínea;
III – reciprocidade de perspectiva;
IV – relações simétricas de intervalo;
V – multiplicação biunívoca de elementos;
VI – multiplicação biunívoca de relações;
VII – multiplicação counívoca de elementos;
VIII – multiplicação counívoca de relações.

c) Constitutivas das relações euclidianas:
I – adição e subtração de elementos;
II – posição e deslocamento;
III – reciprocidade de referências;
IV – encaixes de intervalos de distâncias;
V – multiplicação biunívoca de elementos;
VI – multiplicação biunívoca de relações;
VII – multiplicação counívoca de elementos;
VIII – multiplicação counívoca de relações.

d) Operações extensivas e métricas

Piaget afirma que as operações espaciais durante longo tempo fazem apelo somente à quantificação "intensiva", e que embora sejam espaciais não são ainda matemáticas. E são essas operações infralógicas de caráter "intensivo" que engendram, por suas combinações, as operações de caráter "extensivo", isto é, matemáticas, métricas ou não métricas.

São essas distinções feitas por Piaget que o levam a afirmar que as operações infralógicas que permitem à criança construir sua representação elementar do espaço são de caráter simplesmente intensivo e, por conseguinte, comparável àquelas da pura lógica qualitativa das classes e das relações definidas somente por suas qualidades. E que as relações topológicas construídas pelo sujeito não procedem de encaixes ou da construção da ordem, mas de uma lógica qualitativa do espaço (uma infralógica intensiva). Como esclarecimento dessa afirmação, diz que, antes mesmo de ser capaz de medir, a criança vê que uma parte de um conjunto é maior ou menor que outra (exemplos de pedaços de bolos) e que essas relações extensivas permanecem por muito tempo intuitivas até se transformarem em sistemas operatórios com a construção das perspectivas e das similitudes (proporção). Os primeiros sistemas operatórios são topológicos, os quais a criança de aproximadamente 7 anos revela ter construído no seio das relações intensivas de vizinhança, de separação, de ordem, de envolvimento e do contínuo.

Esses são os oito grupamentos operatórios que Piaget observa na construção infralógica do espaço topológico, projetivo, euclidiano, num quadro qualitativo ou intensivo, quadro prévio necessário para sua manutenção, mas não sendo ainda espaços matemáticos.

A passagem das relações intensivas a uma quantificação extensiva sistemática se faz, segundo Piaget, dentro da redução regular das dimensões em função do afastamento e das proporções, que são chamadas de *operações extensivas e métricas*, pressupondo a grandeza para medição.

Na concepção piagetiana, são essas operações que permitem a construção do espaço físico-matemático e permitem à criança localizar os objetos no espaço e representar graficamente esse espaço.

A representação gráfica do espaço

O espaço nos desenhos espontâneos foi utilizado por Piaget para a análise da natureza das noções espaciais no início do desenvolvimento do espaço representativo, assim como no desenho das perspectivas no estudo do espaço projetivo e o desenho de plano de um conjunto de uma aldeia para análise da passagem do espaço topológico ao euclidiano.

O espaço gráfico é uma das formas do espaço representativo e o desenho constitui um tipo de representação espacial, é o que afirma Piaget.

O desenho: etapas do desenho infantil de Luquet

O desenho passa a ocupar um lugar no estudo psicológico da criança somente a partir de 1880. Em 1913, G. H. Luquet publica em Paris um livro sobre as etapas do desenho infantil.

Luquet traça, na época, as grandes linhas da evolução do desenho infantil. Pesquisas posteriores mais sistematizadas precisaram alguns pontos e as interpretações mais gerais deram ao estudo do desenho uma dimensão epistemológica maior. Muitas das noções introduzidas por Luquet são ainda utilizadas em nossos dias.

Segundo esse pesquisador, o desenho da criança passa por quatro estágios:

- Um primeiro estágio, em que o desenho de um traço deixado por um objeto que se deslocou numa superfície (quer por tendência espontânea da criança quer para imitar o adulto que escreve ou desenha) passa para outro momento, em que a criança atribui ao grafismo um nome. Pode suceder, muitas vezes, que o mesmo desenho venha a receber vários significados (gênese do desenho intencional).
- Um segundo estágio, em que a criança deseja fazer desenhos parecidos, mas é incapaz disso. Esse estágio é chamado de *incapacidade sintética*, porque a criança ainda não consegue reunir todos os elementos que quer fazer entrar no modelo. Segundo Luquet, há dois fatores que intervêm nessa inabilidade: a falta de maestria dos movimentos gráficos (a criança não sabe interromper seus traços quando preciso e nem dar forma ao que quer) e a atenção infantil, limitada e descontínua; a criança percebe um grande número de pormenores, mas a insuficiência de sua atenção faz com que seu nível seja limitado, havendo assim uma dupla pobreza: aqueles que não são percebidos e aqueles que são esquecidos. Os exageros das proporções e nas relações de situação de objetos devem-se à inabilidade motriz.

- Um terceiro estágio, o do *"realismo intelectual"*, que é quando aparece com maior nitidez no desenho a oposição entre a concepção infantil e a concepção adulta de semelhança. Diferentemente do adulto, a criança traduz no desenho o que sua mente sabe a respeito do objeto. O realismo intelectual se manifesta de duas maneiras, negligenciando no desenho os elementos dos objetos que se veem e, de outro lado, representando no desenho os elementos que não se veem. Há, nessa fase, a emissão de elementos julgados inúteis (supressão de troncos de bonecos), formas peculiares de perspectivas, transparências, mistura de pontos de vista e justaposição espacial e temporal.
- Um quarto estágio, o *"realismo visual"*, em que o desenho da criança se identifica progressivamente com o desenho do adulto.

A interpretação de Piaget sobre o desenho de Luquet

Piaget, no segundo capítulo de *La représentation de l'espace chez l'enfant*, procura demonstrar como se verifica a passagem da percepção à representação imaginada (ou intuição representativa e não mais perceptiva). Essa representação supõe, segundo ele, uma reconstrução das relações espaciais adquiridas sobre o plano perceptivo, passando no plano representativo pelas mesmas faces, com uma diferença de alguns anos.

É através do "espaço gráfico" do desenho que inicia o estudo sobre as relações elementares do espaço representativo, interpretando primeiro as etapas do desenho infantil realizadas por Luquet do ponto de vista das relações espaciais e, posteriormente, utilizando cópias de formas geométricas elementares realizadas pelas crianças.

Para Piaget, o "nível da incapacidade sintética" apresenta grande interesse por constituir uma representação do espaço que negligencia as relações euclidianas (proporção e distância) e as relações projetivas (perspectivas com projeções e secções), e que começa com a dificuldade na construção das relações topológicas, sem que a criança consiga dominá-la quando se trata de figuras complexas.

Procura mostrar onde estão presentes as relações topológicas nos desenhos dessa fase: nas diversas partes do desenho que são vizinhas uma das outras em lugar de serem dispersas nas quatro folhas de papel; nas figuras complexas, como o boneco, em que as vizinhanças são respeitadas (os braços juntos da cabeça, os dedos ligados aos braços); nas "separações" na medida em que um é distinto do outro; na relação de "ordem" que inicia nesse nível e na determinação da posição relativa, ainda que revele a falta de coordenação na "incapacidade sintética" do desenho, ou seja, na carência de ordem entre muitos elementos: nas relações de envolvimento que podem ser observadas nos desenhos de figuras simples, pelo fechamento, e pelo destaque de figuras no interior ou exterior de outra figura; nas relações de contiguidade e descontinuidade ou nas que se observa, segundo Piaget, uma das características da "incapacidade sintética", ou seja, de justapor os elementos, e não realizar nas ligações contínuas dos elementos do desenho.

Piaget chega à conclusão de que, da análise dos desenhos desse estágio, o espaço gráfico desse nível, desprovido de relações euclidianas de distâncias e proporções e, sobretudo, de direções do conjunto segundo três dimensões, assim como de relações de perspectivas, *é o primado das relações topológicas* e revela uma lei de evolução do espaço gráfico, comparável à das percepções.

Sobre a questão do "realismo intelectual", diz Piaget que, após ter sido capaz de síntese gráfica, a criança se fixa – e por longo tempo – a um tipo particular de desenho, que consiste em desenhar não o que o sujeito vê do objeto (realismo visual fundado na perspectiva), mas o que ele sabe.

Piaget discorda de Luquet ao atribuir as características da representação espacial dessa fase à "inatenção". Diz que sem pretender nesse segundo estágio uma geometria propriamente dita, o realismo intelectual constitui um modo de representação espacial, no qual as relações euclidianas e projetivas começam sob forma ainda incoerente em suas conexões, e as relações topológicas adquiridas no período anterior aparecem em casos de conflitos sobre as novas relações.

As relações topológicas elementares são respeitadas em todas as situações: as vizinhanças são corretas, as separações destacadas, a ordem de sucessão existe em desenhos complicados (paisagens e casas), não segundo cada dimensão dos sistemas de coordenadas, mas segundo um percurso em série: as relações de interior e exterior têm muita importância onde grande parte de situações, no interior das figuras, está figurada pela transparência (alimentos no estômago dos animais, objetos da casa) e a continuidade aparece mais marcada em oposição à justaposição do período anterior.

As relações projetivas e euclidianas começam a se construir nesse estágio. O caráter incoerente do estágio "do realismo intelectual" está junto a um espaço representativo não estruturado com respeito às perspectivas e suas distâncias, isto é, sem coordenação de ponto de vista nem de coordenadas em geral. A mistura de ponto de vista no desenho revela essa falta de coordenação, em que os pseudorrebatimentos são testemunhas nos desenhos de crianças de menos de 7-8 anos. De outro lado, as relações euclidianas, no realismo intelectual, aparecem através das retas, dos ângulos, dos círculos, dos quadrados e outras figuras geométricas simples, ainda sem medidas nem proporções precisas.

Já a partir dos 8-9 anos em média, aparece uma forma de desenho que considera simultaneamente as perspectivas, as proporções, as medidas e as distâncias. Piaget ressalta a importância do "realismo visual" pelo caráter tardio em relação ao "realismo intelectual". Pelo exame o realismo visual evidencia, ao mostrar que as relações projetivas (perspectiva) não precedem às relações euclidianas (medidas, coordenadas e proporções), nem o inverso, que os dois sistemas se constroem solidariamente, um se apoiando sobre o outro. Em terceiro lugar, o realismo visual permite mostrar a natureza das relações projetivas e euclidianas em relação às relações topológicas. As relações projetivas permitem determinar e conservar as posições reais das figuras, umas em relação às outras (aqui se situa a diferença entre a mistura de ponto de vista e os pseudorrebatimentos do período anterior), as relações euclidianas determinam e conservam duas distâncias recíprocas (coordenadas). Trata-se de dois casos de sistemas de conjuntos em oposição à construção de vizinhança por proximidades.

Procedimentos metodológicos

> "Há uma idade em que se ensina o que se sabe: mas vem em seguida outra, em que se ensina o que não se sabe: isso se chama PESQUISAR."
> Barthes, Aula 89.

Área e escolas escolhidas

Para realizar o estudo, as características socioeconômicas dos sujeitos são delineadas pela escolha das escolas públicas e privadas e se refletirão, supõe-se, nas representações do espaço, nos índices, referências de uso, nas cognições sobre a apropriação do solo urbano e na diferença dos códigos de expressão falada e escrita (Bernstein, 1979).

Foram escolhidas quatro escolas: três públicas municipais e uma privada. O critério de escolha das escolas atendeu a duas condições: a primeira diz respeito à localização das escolas num espaço urbano onde existam elevações facilmente visualizadas e/ou ligadas às vivências das crianças e onde existam referências de uso marcante (mar, rio, lagoa, canal, praça etc.). A segunda condição refere-se ao nível socioeconômico dos sujeitos da pesquisa: alunos de escolas públicas e alunos de escola privada, com características bem definidas quanto à renda familiar. Optou-se pela área de Copacabana/Ipanema pertencente ao 4° DEC (Copacabana) e 5° DEC (Lagoa).

A área escolhida constitui o final do bairro de Copacabana (Postos 5, 6, 7) e início do bairro de Ipanema (imediações das praças General Osório, Nossa Senhora da Paz, Clube Caiçaras/Parque da Catacumba). Destaca-se na área um bloco montanhoso constituído de uma elevação com mais de 200 m, separada por um talvegue de 80 m de outra elevação de 95 m. O "Corte do Cantagalo" (Av. Henrique Dodsworth) separa esse bloco de outras elevações que circundam os bairros de Copacabana/Leme (morros dos Cabritos, da Saudade, S. João e da Babilônia).

Seriam incluídos, como *sujeitos da pesquisa*, alunos que frequentassem as quartas séries dessas escolas, com a idade mínima de 10 anos. A homogeneidade procurada foi de idade/série atingida totalmente na Escola 4 (4ª série e 10 anos completos), com uma distorção idade/série bastante acentuada (3ª série – 9 a 14 anos completos) e 4ª série (10-12 anos completos) nas escolas públicas. O grupo dos sujeitos da pesquisa ficou assim caracterizado: pelas séries escolares, 3ª e 4ª do 1° Grau; idade entre 9 e 14 anos; local de residência para alunos das escolas públicas (moradores do Morro Cantagalo, Pavão-Pavãozinho); e nível socioeconômico, definido *a priori*, pela procedência da escola privada e pública no ano de 1980 e nível de instrução/profissional dos pais dos alunos.

Os instrumentos da pesquisa

Quatro séries de instrumentos foram preparadas para o trabalho:

- A primeira série, A, cujo objetivo foi o levantamento de dados relativos a tipos e nível de conhecimento que os sujeitos possuem sobre o espaço urbano da cidade do Rio de Janeiro.
  - Instrumento A1 – *Questionário*, preenchido pela própria criança. Com respostas abertas em sua totalidade sobre o local de residência, tipo de locomoção da casa para escola e vice-versa, descrição sobre o trajeto casa-escola, identificação de outros lugares de passeio e questão sobre "saber locomover-se" para os bairros vizinhos da escola (Ipanema, Copacabana e Lagoa);
  - Instrumento A2 – *Representação gráfica* – desenho do trajeto casa-escola realizado pelas crianças em papel branco ofício, sem limite de folhas, visando verificar os níveis de representação gráfica do espaço urbano (tipos de elementos e sistema de representação);
  - Instrumento A3 – *Identificação de posições de locais em relação à escola*, em folha-resposta, para análise das relações topológicas, do tipo projetivo (direita/esquerda, frente/atrás) ou direções cardeais ou unidades de medidas, utilizadas pelas crianças. Os locais-chave são: casa do aluno, Arpoador, lagoa Rodrigo de Freitas, Corte do Cantagalo, praia de Ipanema e praia de Copacabana. Uma representação gráfica foi solicitada para os alunos (desenhos da escola e de locais escolhidos nas respectivas posições).
- A segunda série, B4, constou de um relato e de uma representação de um percurso realizado por todos alunos em meio de transporte (perua Kombi ou ônibus escolar) ao redor do morro do Cantagalo. Esse instrumento foi introduzido para verificar o processo de ordenação espacial num trajeto circular, de contorno e passagem interna (túnel) no morro do Cantagalo.
- A terceira série de instrumentos, C, foi aplicada associada à operacionalização das relações projetivas, essenciais para a construção do sistema móvel de referências no processo de localização. Fizeram parte dessa série quatro instrumentos:
  - Instrumento C5 – questionário para verificar os níveis em relação *à noção de direita e esquerda*, adaptado do teste de Laurendeau e Pinard (1968), excluindo a identificação dos membros inferiores e superiores por se tratar de alunos de 3ª e 4ª séries e pelo tipo de aplicação da prova. Inclui, por sua vez, a identificação dos objetos e edificações situados à direita e à esquerda do aluno, do aplicador na sala de aplicação e esquerda e direita das respectivas escolas;
  - Instrumento C6 – *Identificação de lugares*, realizado por grupo de escola, preenchendo uma folha-resposta (escola do aluno, lagoa Rodrigo de Freitas, ponta do Arpoador, morro do Cantagalo, praia de Ipanema, praia de Copacabana, praia do Leblon), a partir da posição dos alunos nos seguintes locais: Copacabana (posto 2), Arpoador (parque Garota de Ipanema), lagoa Rodrigo de Freitas (frente do Caiçara), Tivoli Park e parque da Catacumba;

- Instrumento C7, *Coordenação de perspectiva numa representação tridimensional* (maquete) da área escolhida no estudo (Copacabana, Ipanema e parte da Lagoa de 70 cm x 60 cm.). Esse instrumento tem como base o experimento de Piaget, *La mise en relation des perspectives.* Uma adaptação desse teste tornou-se necessária porque a investigação se fez no espaço urbano real. Foram introduzidos dois tipos de cartões (30 x 24 cm) a serem identificados pelas crianças: nove fotografias da própria maquete tiradas de diferentes ângulos, e dez fotografias, aproximadamente, dos mesmos pontos no espaço urbano, em que as crianças estiveram em um dos passeios. Ambas coleções apresentavam fotografias invertidas na dimensão esquerda/direta;
- Instrumento C8 – *Coordenação de perspectiva no mapa* numa planta bidimensional da área (planta) e um questionário em que se solicitou à criança, observando o mapa, a identificação das dimensões projetivas e cardeais de lugares e de bairros.

• A quarta série de instrumentos, D, refere-se às conservações necessárias à construção da medida linear, de superfície e da medida de duas dimensões, base para a construção das coordenadas retangulares do espaço euclidiano.

- Instrumento D9 – *Conservação das relações de distância,* em que se procurou adaptar a situação criada por Piaget, Inhelder e Szeminska, colocando na distância entre dois bonecos objetos entre os mesmos. Foram apresentadas quatro situações entre as duas praças de Ipanema – General Osório e Nossa Senhora da Paz – numa representação bidimensional, distância essa, preenchida por três quarteirões retangulares iguais, separadas por ruas. A criança, observando a representação A, responde numa folha-resposta se "as praças estão perto ou longe uma da outra". Nas demais situações foram colocadas nas representações, sucessivamente uma barreira entre as praças, representando edifícios construídos no quarteirão intermediário: alto e estreito, alto e largo, alto e largo sem passagem interna, e largo com passagem interna. Caberia aos alunos responderem se "as praças estão mais perto ou mais longe";
- Instrumento D10 – *Conservação de comprimento*, em que se também se fez uma adaptação do experimento de Piaget, Inhelder e Szeminska para um espaço real. A situação apresentada para os alunos foi a da distância a ser percorrida por duas pessoas em ruas paralelas, distância inicialmente correspondente ao início das duas praças General Osório e Nossa Senhora da Paz (quatro quarteirões), variando, posteriormente, os pontos de partida e chegada. Os alunos deveriam responder se "as pessoas estavam percorrendo a mesma distância" nas situações apresentadas;
- Instrumento D11 – *Conservação de superfície*, foi utilizado o mesmo tipo de instrumento de Piaget, Inhelder e Szeminska para avaliação dessa conservação. Constou de dois retângulos verdes de 41 cm por

33 cm, cubos de madeira de 3 x 3, dois bonecos (1 cm) e dois cavalinhos (1 cm) e tabuletas com indicação de proprietário A e proprietário B. À medida que se apresentavam situações, "construção de casas", nas pastagens em número de oito, no terreno do proprietário A em duas fileiras e no proprietário B dispersas no terreno, as crianças deveriam responder "qual dos dois cavalinhos tem mais verde para se alimentar, o do proprietário A ou o do proprietário B?";

- Instrumento D12 – *Construção das coordenadas retangulares*, localização de um ponto no plano. A determinação de um ponto sobre um plano ou no espaço é a condição para a construção de uma métrica de duas ou três dimensões. Essa, por sua vez, implica a elaboração de um sistema de coordenadas, que é fundamental na construção do espaço euclidiano de conjunto. Esse instrumento toma como base a técnica utilizada por Piaget, Inhelder e Szeminska, adaptado para essa investigação. Dividiu-se em duas partes: uma utilizando o contorno do mapa (linha do litoral e da lagoa Rodrigo de Freitas) e outra utilizando uma folha em branco (papel ofício). Acrescentamos mais pontos, tendo em vista que o objetivo era a localização das quatro escolas. Solicitamos que o aluno colocasse os pontos A (Escola 3), B (Escola 4), C (Escola 2) e D (Escola 1) da folha do modelo (colocada na parte superior,esquerda da mesa do aluno) na mesma posição em outra folha com contorno, disposta na parte inferior à direita da mesa do aluno. Realizadas as localizações na última folha, esta foi substituída por uma folha em branco, de igual dimensão, em que os alunos deveriam localizar os mesmos pontos (A, B, C, D). Os alunos tiveram à disposição réguas, esquadros e tiras de cartolina.

A aplicação das provas e a coleta de dados dos 12 instrumentos ocorreu entre os meses de agosto e dezembro de 1980, durante o período escolar, segundo disponibilidade das escolas. A opção de aplicação coletiva ou individual foi definida na construção dos instrumentos. Com exceção do instrumento C7, coordenação de perspectiva na maquete, os demais instrumentos foram aplicados coletivamente em uma sala da escola (Escola 2) ou biblioteca (Escola 3) ou na própria sala do aluno (Escola 4). As instruções foram dadas inicialmente e as questões colocadas diante das situações apresentadas. Os dados, quando não registrados nas respostas dos alunos, foram registrados em anotações ou gravados, no caso das entrevistas individuais.

Os conjuntos de dados reunidos durante o processo da pesquisa foram categorizados segundo o tipo de informação apresentada: respostas objetivas, explicativas ou justificadoras, relatos descritivos, desenhos de trajetos, de localizações ou de processos de localização ou localizações realizadas na maquete. Os dados receberam tratamento quantitativo, quando agregados sob forma de tabelas simples e cruzadas; tratamento qualitativo, através da utilização de expressões, relatos e desenhos dos próprios alunos; e tratamento gráfico-espacial, no caso das localizações realizadas no mapa mudo e na folha branca do instrumento D12.

Estabelecemos níveis e sequências em relação aos dados obtidos.[2] O critério para separação dos níveis I (IA e IB), II (IIA e IIB), III (IIIA e IIIB) e IV foi percentagem de acertos, por meio de instrumentos que possibilitaram realizar esse tipo de análise. Foram definidos estes níveis de acordo com percentagens de acertos:

- Nível 0 – 0 acerto;
- Nível I – A até 24% de acertos; B – de 25% a 49% de acertos;
- Nível II – A– de 50% a 59% de acertos; B – de 60% a 76% de acertos;
- Nível III – A – de 75% a 84% de acertos, B – de 85% a 100% de acertos.

Resultados e conclusões

Optou-se por comentar alguns resultados de maior interesse para este livro, dada a quantidade de dados levantados e sistematizados pela pesquisa.

Deslocamento das crianças no espaço

Vinte alunos vêm a pé para a escola, seis alunos vêm de ônibus e dez chegam à escola de carro ou ônibus da escola – correspondem aos alunos da Escola 4. Os lugares por onde os alunos andam ou passam foram agregados em três categorias: lugares de locomoção dentro do bairro, fora do bairro de residência ou outros bairros e fora da cidade do Rio de Janeiro.

Dos quarenta alunos, oito se locomovem apenas no bairro, sete residentes no "morro" e um não residente. Das indicações dos lugares do bairro pelos alunos das escolas públicas predominam as praças identificadas (Garota de Ipanema e General Osório) e não identificadas, cinema e igreja.

A locomoção a outros bairros da cidade, excluindo de residência, perfaz 57 indicações, tanto dos bairros da zona sul como da zona norte da cidade. Os dados indicam uma concentração dos deslocamentos nos bairros e lugares da zona sul da cidade, 13 indicações contra 7, para os bairros e lugares da zona norte da cidade. Pode-se dizer que os deslocamentos na cidade não vão além de um raio de 10 km de Ipanema/Copacabana e 5 km do centro da cidade, ou seja, que os deslocamentos desses alunos restringem-se à área urbana, à parte central da cidade do Rio de Janeiro, decrescendo dos bairros da zona sul para os bairros da zona norte.

O desnível maior observa-se nas indicações dos lugares da cidade do Rio de Janeiro. Do total de 8 indicações, 4 indicações pertencem aos alunos das escolas públicas para 30 alunos (13,34%), para quatro indicações da escola privada com 10 alunos (40%). Estes dados permitem indiretamente dar algumas implicações sobre o espaço de locomoção desses alunos. É possível identificar uma seletividade de locomoção decorrente do nível socioeconômico, tanto em relação a distância (espaço restrito ao bairro) quanto a distância e direção fora da cidade-sítio, Niterói, Paquetá, Petrópolis, Itaipava, Teresópolis (cidades de veraneio na serra), Rio Claro, Barra Mansa, cidades do estado do Rio de Janeiro.

O saber locomover-se para os bairros vizinhos ao bairro de residência

Este item foi indagado através da pergunta: *Você sabe como se vai a Copacabana (bairro), Ipanema (bairro) e à Lagoa?* Embora não desconhecendo que os termos Copacabana, Ipanema e Lagoa para os alunos pudessem conter diferentes significações, pressupõe-se que uma maior abrangência de significações e possibilidades de lugares, ruas, avenidas estaria vinculada à ideia de bairro. Julgamos, ainda, que as respostas dariam indicações do tipo de ação que o aluno recorre para explicar o acesso a um lugar: evocação de uma ação física realizada (descrição do trajeto) ou implicação do tipo "**se** o ônibus que passa pela rua Visconde Pirajá vai para o Centro, Botafogo etc., passa por Copacabana, **então** tomando o ônibus, chego lá e vice-versa"; esse raciocínio pode pressupor uma ausência de uma experiência física do percurso, mas implica conhecimento sobre a posição ou ordenação dos bairros da cidade, trabalhados na escola.

Dos alunos que não sabem ir a Copacabana, incluem-se dois residentes no Leblon, dois em Ipanema, três em Copacabana e dois no "morro Cantagalo". Chama a atenção o fato de que alunos de 3ª e 4ª séries desconhecem um meio de chegar ao bairro vizinho da escola ou da sua casa, entre a faixa de 9,9 a 14 anos.

Entre os alunos que sabem ir aos bairros incluem-se aqueles que se justificam dizendo "porque moram lá" (av. N. S. de Copacabana e rua Aires Saldanha). No mesmo caso, estão aqueles que respondem "vou andando a pé" ou "descendo a ladeira Saint Romain". Há uma representação do bairro, restrita a um trecho, que se traduz em caminhar até lá e que não permite incluir os lugares do bairro no bairro delimitado administrativamente. O bairro vivido não se sobrepõe ao bairro administrativamente demarcado.

A inserção no bairro de Ipanema é mais clara, sete alunos sabem ir, porque dizem "morar lá", e três deles enunciam o endereço, indicado o nome do bairro. Para os alunos que residem na favela do Cantagalo, cujo acesso se faz através da rua Teixeira de Melo, a relação com a vida do bairro (praça General Osório, praia de Ipanema, comércio, supermercado, feiras) se concentra num espaço bem próximo desse acesso, o que não ocorre em Copacabana, onde a vida do bairro é fragmentada nos diversos trechos em face de sua funcionalidade. Somente um aluno da Escola 1, residente em Copacabana (rua Raul Pompeia) sabe ir a pé para Ipanema e os alunos da Escola 4 (na encosta da favela do Pavão, no morro Cantagalo) dizem saber chegar ao bairro de Ipanema, "descendo a ladeira Saint Romain" (trajeto obrigatório do ônibus escolar).

A diferença física dos acessos dos moradores do morro do Cantagalo ao espaço de relação do bairro (Copacabana e Ipanema) poderia explicar uma maior inclusão no bairro dos alunos moradores do morro do Cantagalo, na parte de Ipanema. Em relação à Lagoa, a dificuldade em explicitar um caminho é apontada tanto pelos alunos residentes em Copacabana como em Ipanema.

O saber locomover-se está associado à ação físico-motora ("sei ir a pé ou caminhando ou pelo trajeto do ônibus") que se reflete na descrição do trajeto ("pego a rua..."). O que se constata, após esses dados, é que o ensino escolar desses alunos de 3ª e 4ª séries não lhes ofereceu oportunidades de um conhecimento sobre a disposição dos bairros dessa parte da cidade (zona sul), sobre a delimitação administrativa, físico-territorial do bairro que o aluno vive e/ou situa a escola, a fim de que pudessem construir uma representação espacial do espaço urbano de uma parte da cidade. Por não se deter num estudo concreto do bairro, não explicitando os conceitos de bairro, de utilização e apropriação do solo urbano, o ensino reforça e favorece uma exclusão física e social dos moradores, implícito no discurso dos alunos. A dissociação entre a escola e a realidade possibilita um saber alienado e alienante desse espaço.

A representação do espaço

> "O que conta na representação é o prefixo re-presentação; implica uma retomada ativa do que se apresenta; logo, uma atividade e uma unidade que se distingue da passividade e da diversidade da sensibilidade... É a própria representação que se define como conhecimento, isto é, como uma síntese do que se apresenta."
>
> Deleuze, *Para ler Kant*.

Os estudos sobre trajetos ou deslocamentos dos habitantes no espaço urbano ou sobre o espaço em geral têm sido orientados ou para análise da "imagem mental" ou para análise da organização do espaço (fluxos). O estudo mais conhecido sobre imagem mental do espaço urbano é o de Kelvin Lynch, que analisou as bases da percepção específica de algumas cidades americanas e procurou isolar suas constantes. Limitou-se ao campo visual.

Os *trajetos* percorridos como objetos de estudo nessa investigação situam-se, em parte, dentro da perspectiva de Lynch ao tentar identificar os elementos constantes mencionados pelos alunos nos trajetos realizados. Para Lynch, alguns elementos servem de mapa cognitivo para orientações no espaço. São classificados pelo mesmo em cinco tipos: os caminhos (*paths*), os limites (*edges*), os bairros (*districts*), os nós (*nods*) e os pontos de referências (*landemarks*); esses elementos foram assinalados pelos sujeitos da pesquisa, através de mapas delineados e interrogatórios realizados durante passeio da cidade. A sequência do trajeto, observa Lynch, facilita o reconhecimento e as lembranças. Observadores familiarizados podem armazenar uma grande quantidade de imagens de pontos em sequências, se bem que o reconhecimento pode interromper-se quando a sequência é invertida. Alerta, ainda, que se as circunstâncias (pedestre ou condutor) mudam, a imagem da realidade física determinada pode ser diferente. É que esses elementos não existem isoladamente: os bairros são estruturados em nós, definidos como limites ou bordas, atravessados e carregados de pontos de referências, que esses elementos se superpõem. A questão levantada por Lynch, sobre a sequência e inversão da sequência nos trajetos, está diretamente ligada ao problema da *reversibilidade de ordem espacial*, tanto dos objetos físicos do trajeto como dos de nível linguístico, que essa investigação tenta detectar do ponto de vista do relato escrito para análise da inversão. A utilização dos elementos da "imagem urbana", de um lado, vem atender a categorização dos elementos mencionados pelas crianças; de outro lado, verificar como esses elementos identificados aparecem no desenho, ou seja, se a percepção visual dos elementos garante um desenho com sequência, os nós, os limites, as referências.

Os *relatos* utilizados para análise da imagem urbana referem-se a dois trajetos dos alunos das quatro escolas: a) um trajeto familiar (trajeto casa-escola), diversificando em extensão e em referências, realizado diariamente; b) um trajeto planejado percorrido de Kombi ou ônibus da escola, realizado por todos alunos. A atividade do trajeto casa-escola é mais generalizada nos programas e planos de ensino e geralmente tratada como simples tarefa a realizar, em que a criança desenha ou relata, e não como rico diagnóstico sobre o ambiente e níveis de desenvolvimento das relações espaciais.

Pressupõe-se que sejam as formas físicas, objetos físicos e perceptíveis como estudados por Lynch, os conteúdos das imagens da cidade ou bairro os indicados pelos alunos, em face do período de desenvolvimento cognitivo em que a maioria dos alunos estaria, período operacional concreto (de classes e relações). Outras indagações poderão ser respondidas: predominância de uma imagem individual e única pela singularidade dos detalhes ou uma imagem coletiva, pública, "necessária para que o indivíduo atue acertadamente dentro de seu ambiente" (Lynch); ou predominaria um sistema pontual de referências construído em sequências ou um sistema de eixo de retas, paralelas e perpendiculares. Segundo Piaget, aos 9-10 anos, com a construção da horizontal e vertical e das medidas de duas dimensões em face da possibilidade de duas ordenações lineares, a construção de um sistema de eixos fixos de referência se estabiliza.

A "leitura perceptiva" dos sistemas viários da área Copacabana (Posto 6) e Ipanema, embora tenha um traçado simples, oferece alguma dificuldade para os alunos diante de dois obstáculos: o morro do Cantagalo e a mudança de direção da linha costeira. Essa questão da legibilidade da estrutura urbana (sistema rodoviários **x** pontos de referência) parece remeter ao uso de tipo de relações topológicas e euclidianas, observadas em alunos, quando da utilização de uma relação geneticamente de construção mais tardia.

Na análise dos desenhos do trajeto casa-escola, dada a variedade de trajetos e aspectos apresentados – trajetos maiores e menores, números de referências desenhados, perspectivas do caminho e referências –, adotou-se um critério que abarcasse a variedade e possibilitasse identificar os níveis ou sequências na explicitação gráfica de um trajeto. O critério básico considerado foi a solução dada na representação para o trajeto, a disposição das referências no trajeto, ou seja, uma ordem espacial, uma localização, considerando as dimensões direita e esquerda do caminho e a posição das referências, levando em conta as ruas, quarteirões, considerando de certa forma uma unidade de distância no trajeto.

As escadas foram consideradas como caminhos, marcando a ruptura entre uma rua e outra que fica em nível diferente (figura 1). As *referências* ou pontos de referências citadas estão quase todas associadas a imagens individuais, por ser ao mesmo tempo genéricas (casa, prédio, restaurante, sinal) e específicas para cada aluno, e estão referidas a um determinado ponto – aquela casa, aquele restaurante e a uma rotatória determinada.

Figura 1 – Trajeto casa-escola, em que se nota a escada como parte do caminho.

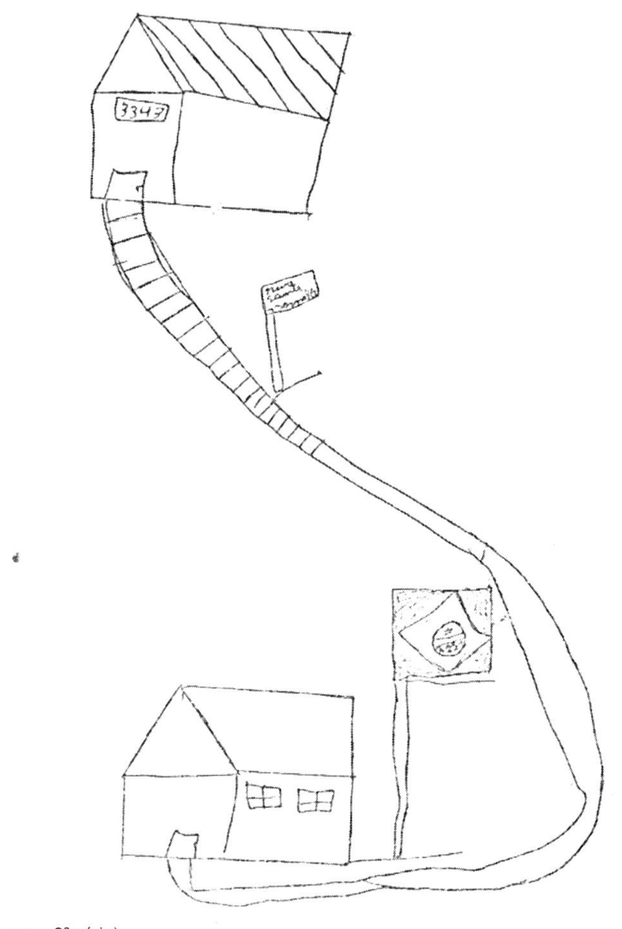

(C. B. – 9-10 anos – 3ª série)

No levantamento dos *verbos* utilizados no relato dos alunos há uma predominância de uma dimensão linear e contínua: sigo, pego, passo, entro, vou sempre, sigo reto, vou reto, atravesso, desço, subo. A ruptura da dimensão frente/atrás é marcada pela expressão, "viro" e "dobro", em que abandona uma dimensão e segue outra, à direita/esquerda. Observou-se no relato sobre essa mudança de dimensão a pouca frequência da indicação das direções; alguns utilizaram a dimensão direita ou esquerda no ato de virar ou dobrar. Somente um aluno usou ambas as direções durante todo o relato na ordem direta e inversa do trajeto. A evocação do trajeto utilizando as dimensões projetivas (direita/esquerda) pressupõe um domínio pela criança de seu esquema corporal e uma representação, não somente da ação de caminhar, mas de sua posição no ponto de ruptura ou ponto de transposição da esquerda/direita, frente/atrás, ponto de interseção de duas ordenações lineares. A sequência das interseções dos dois eixos ao longo do caminho permitirá a formação de um sistema de conjunto de ruas (figura 2), mas essa percepção não é tão evidente como se pressupõe; ela pode tomar formas diferentes como demonstra Battro e Fagundes (1979), ao analisar os desenhos de planos da cidade ou no desenho de bairro.

Figura 2 – Trajeto casa-escola, em que se nota o cruzamento de dois eixos.

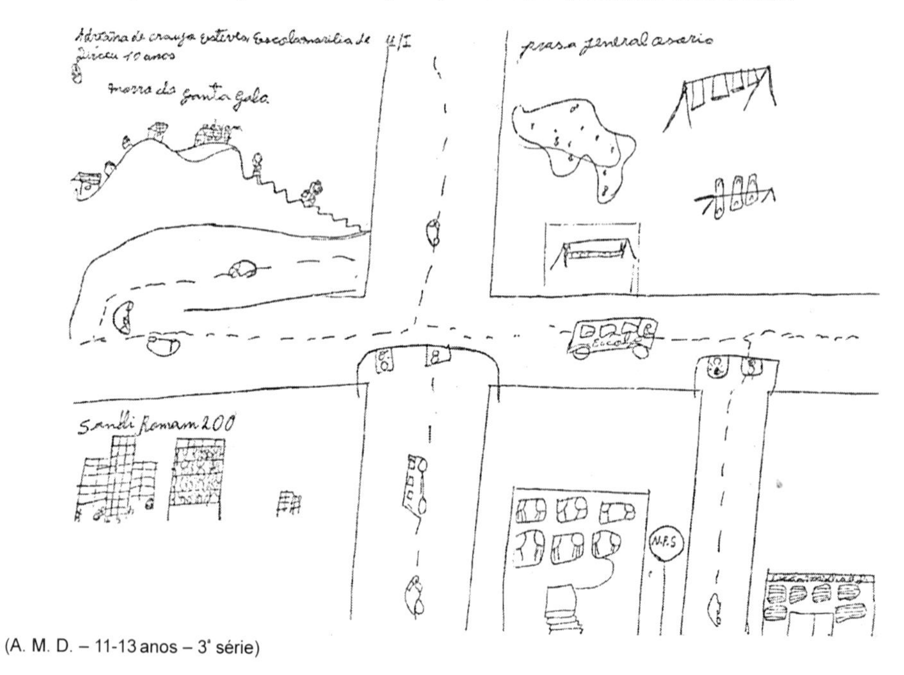

(A. M. D. – 11-13 anos – 3ª série)

Se o caminho casa-escola pressupõe uma sequência linear, em que o ponto de partida (casa) difere do ponto de chegada (escola), a segunda representação gráfica enfatiza uma sequência circular, real e mental, que deverá ser resolvida pelo aluno, em que o ponto de partida e o ponto de chegada é o mesmo (a escola). O critério de análise na resolução da tarefa teve em vista esse aspecto.

A ordenação espacial do passeio nos arredores da escola na ordem direta, por si, ofereceu maior dificuldade que o trajeto anterior. É um trajeto não familiar para a maioria dos alunos; verificou-se que 35% dos alunos não conseguiram dar a ordem das sequências das referências, 17% conseguiram com incorreções graves, porém quase 50% fizeram a sequência com poucos erros. A figura 3 apresenta um exemplo desse último caso.

Figura 3 – Trajeto ao redor da escola, onde se nota a direção percorrida identificada por setas.

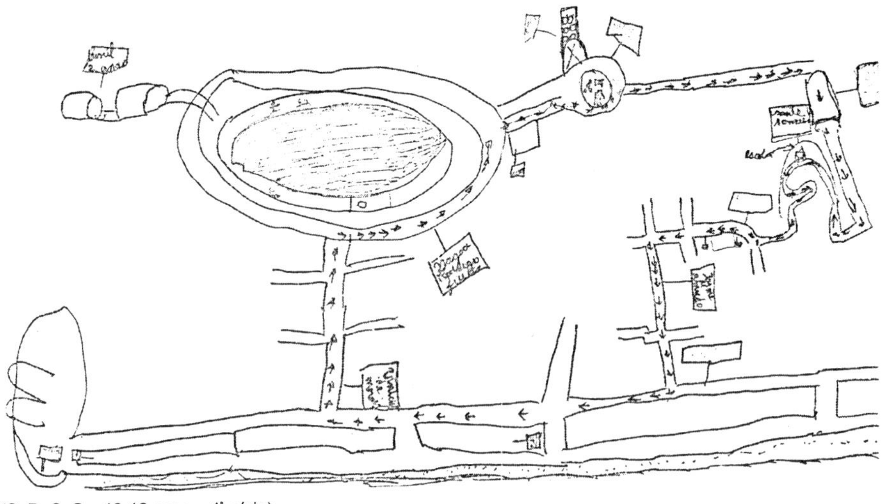

(S. D. C. S – 10-16 anos – 4ª série)

Para análise das *coordenações de ponto de vista* e da *construção de sistema móvel de referências*, consideramos que a coordenação mais simples e mais primitiva consiste em referir tudo do ponto de vista próprio, o qual deforma o espaço em função de uma única perspectiva possível: a do sujeito. A descentração é um longo processo, tanto no seu aspecto físico como social, que segundo Piaget são simultâneos, ou seja, operatividade intelectual e a cooperação no grupo são frutos da descentração, da consideração dos pontos de vista e de sua coordenação. Foram tomadas algumas das provas de Piaget sobre espaço projetivo, de interesse no processo de localização dos objetos no espaço, noção de direita e esquerda e coordenação de perspectiva.

A seguir, serão apresentados os resultados na análise de utilização da noção de direita/esquerda e direções cardeais, segundo diferentes representações gráficas para a escola. Na figura 4, estão os símbolos para escola, esquematizados a partir dos desenhos das crianças, com a indicação das referências direita/esquerda e frente/atrás (quadros a e b) e as direções cardeais (quadro c).

Quando o símbolo da escola era do tipo Ia ou Ib, em que a criança desenhou a escola vista de frente, ela deveria imaginar-se de costas para a escola para localizar corretamente as referências identificadas, devendo fazer uma inversão da direção direita/esquerda.

Se o símbolo da escola for do tipo que chamamos de "casa de duas paredes", em que a criança dá conta das duas dimensões da casa: uma parede de frente (atrás invisível) e uma lateral (a outra invisível), ocorreriam as posições IIa e IIb.

Já na série III e IV, o símbolo para escola é uma figura geométrica, cujas posições variam com a entrada da escola (frente) representada pelo aluno. Nas situações IIIb e IVb, direita/esquerda da representação coincide com essas direções na folha de papel.

Verificamos que as maiores frequências ocorreram nas séries Ib, IIIa e Ia.

Figura 4 – Posição das referências em relação às escolas.

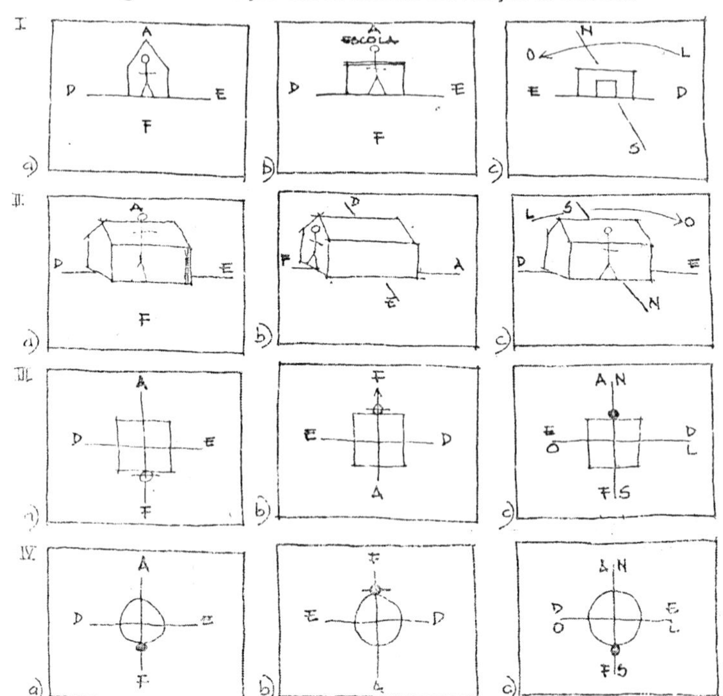

A *coordenação de perspectiva* foi avaliada através de uma maquete e fotografias do morro do Cantagalo de diferentes pontos (Ipanema, Copacabana e Lagoa) e fotografias da própria maquete (visões frontais e lateral esquerda e direita).

Os resultados da série desses instrumentos demonstram a dificuldade dos alunos no reconhecimento através das fotografias do morro do Cantagalo de diferentes pontos de vista (Copacabana, Ipanema e Lagoa) e da associação da posição do boneco e a visão deste da maquete, através das fotografias desta.

A *construção das coordenadas retangulares* (da horizontal e vertical) na localização das quatro escolas em um mapa mudo e numa folha branca, bem como a observação dos procedimentos (escrita e ações), evidenciaram diferentes formas utilizadas pelos alunos como: a simples percepção na transposição do modelo de um mapa para o outro mapa; a medição da inclinação dos ângulos na folha branca; a medição da distância entre as escolas pela distância horizontal e vertical tendo como referência a borda do papel no mapa mudo e na folha em branco.

Para a maioria dos alunos, a construção das coordenadas retangulares, que antecede a construção das coordenadas geográficas, não estava ainda construída para localizar corretamente as escolas. A dificuldade de compreensão sobre as coordenadas geográficas, nas quintas séries, advém desse processo não construído, embora a maioria dos alunos utilize essa estrutura nos jogos de batalha naval, em que a multiplicação é dada pelo quadriculado.

Nas relações euclidianas, a grande proporção dos alunos no nível I marca a diferença dos resultados sobre a conservação de distância em relação à conservação de comprimento e superfície. O conceito de distância para 70% dos alunos não estava plenamente construído. Nos resultados sobre a construção da coordenadas (vertical/ horizontal) para localização das escolas no mapa mudo, 10% dos alunos estavam respectivamente no nível I e no nível III e 25% dos alunos proporcionalmente atingem os níveis I e III na localização das escolas na folha em branco, quando não há contornos de referências próximas reconhecidas (Lagoa, praias). Esse fato deve ser considerado na introdução das coordenadas retangulares na localização como na última série do atual 2º ciclo e das coordenadas geográficas, no 3º ciclo do ensino fundamental.

Notas

* Este capítulo foi originado de *Para a construção do espaço geográfico na criança*, dissertação de mestrado apresentada no Departamento de Psicologia da Educação do Instituto de Estudos Avançados em Educação da Fundação Getúlio Vargas, Rio de Janeiro, 1982.

[1] Citado por R. Dottrens, Como mejorar los programas escolares, Buenos Aires, Ed. Kapeluz, 1961, pp. 28-9.

[2] Procurou-se, de posse das sínteses parciais dos resultados, trabalhar estatisticamente os resultados obtidos para confirmação ou não das hipóteses. Utilizou-se, no tratamento estatístico, testes não-paramétricos para verificação das hipóteses formuladas.

Bibliografia

BARTHES, R. *Aula*. São Paulo: Cultrix,1978.

BATTRO, A. *O pensamento de Jean Piaget*. Rio de Janeiro: Forense Universitária, 1969.

__________. FAGUNDES, L. A criança e o semáforo. A lógica deôntica e as regras. *Arquivos brasileiros de psicologia*. Rio de Janeiro, out.-dez. 1978, n. 32, v. 2, pp. 19-35.

BERNSTEIN, Basil. Uma crítica ao conceito de "educação compensatória".

BRANDÃO, Zaia (org.). *Democratização do ensino:* meta ou mito? Rio de Janeiro: Francisco Alves, 1979.

CHIAROTTINO, Z. *Piaget:* modelo e estrutura. Rio de Janeiro: José Olympio, 1972.

DELEUZE, G. *Para ler Kant*. Rio de Janeiro: Francisco Alves,1976.

DOTRENS, R. *Como mejorar los programas escolares*. Buenos Aires: Kapeluz,1961, pp. 28-9.

FLAVELL, J. M. *A psicologia do desenvolvimento de Jean Piaget*. São Paulo: Pioneira,1975.

FREMONT, A. *A região, espaço vivido*. Coimbra: Almedina,1980.

GOODNOW, J. *O desenho de criança*. Lisboa: Moraes,1979.

LACEY, H. M. *A linguagem do espaço e do tempo*. São Paulo: Perspectiva,1975.

LACOSTE, Y. A Geografia. In: CHATELET, François (org.). *A filosofia das ciências sociais de 1860 aos nossos dias*. Rio de Janeiro: Zahar,1974, pp. 221-74.

________. *La géographie, ça sert, d'abord, à faire la guerre*. Paris: Maspero,1976.

LAURENDEAU, M.; PINNARD, A. *Les premières notions spatiales de l'éspace chez l'enfant*. Suisse: Delachaux,1968.

LYNCH, K. *La image de la ciudad*. Buenos Aires: Infinito,1966.

HARVEY, D. The language of spacial forms explanation. *Geography*. London: Arnold, 1969, pp.179-90.

________. *Urbanismo y desigualdad social*. 2. ed. Madrid: Siglo XXI,1979.

OLIVEIRA, L. *O estudo metodológico e cognitivo do mapa*. Tese (Livre-docência). Universidade Estadual Paulista (Unesp), IGCE, Campus Rio Claro-SP, 1977.

PAGANELLI, T. et al. *As primeiras noções espaciais na criança*. Monografia de Curso. FGV/IESAE, 1973.

PENNA, A. G. *Introdução à história da psicologia contemporânea*. Rio de Janeiro: Zahar, 1978.

PIAGET, J. *O estruturalismo*. São Paulo: Difel,1970.

________. *O raciocínio na criança*. Rio de Janeiro: Record, s.d.

________. *A formação do símbolo na criança:* imitação, jogo e sonho, imagem e representação. Rio de Janeiro: Zahar-INL/MEC,1970.

________. *A construção do real na criança*. Rio de Janeiro: Zahar,1970.

________. *O nascimento da inteligência na criança*. Rio de Janeiro: Zahar, 1970.

________. *Problemas gerais da investigação interdisciplinar e o mecanismo comum*. Lisboa: Bertrand, 1973.

________. *Biologia e conhecimento*. Petrópolis: Vozes,1973.

________. *Gênese das estruturas elementares*. 2. ed. Rio de Janeiro, s. n., 1975.

________. *Psicologia e epistemologia*. Rio de Janeiro: Forense,1973.

________. *Ensaios de lógica operatória*. Porto Alegre/S. Paulo: Globo/USP,1976.

________. *A equilibração das estruturas cognitivas:* problemas centrais do desenvolvimento. Rio de Janeiro: Zahar, 1976.

________; INHELDER, B. *La représentation de l'espace chez l'enfant*. 2. ed. Paris: PUF, 1972.

________; ________; SZEMINSKA, A. *La géométrie spontanée de l'enfant*. 2. ed. Paris: PUF, 1973.

________; et al. *La epistemologia del espacio*. Buenos Aires: El Ateneo, 1971.

SANTOS, M. Society and geography: social formation as theory and method. *Antipode,* fev. 1977, v. 9, n. 1.

________. *O espaço dividido:* os dois circuitos da economia urbana dos países subdesenvolvidos. Rio de Janeiro: Francisco Alves,1979.

________. *Meio técnico:* organização do espaço urbano. Rio de Janeiro: Dep. de Geografia/Curso de Pós-Graduação, UFRJ, 1980 (mimeo).

________. *Por uma geografia nova:* da crítica da geografia a uma geografia crítica. São Paulo: Hucitec,1978.

________. Contribuição à critica da crise da Geografia. In: ________. (org.) *Novos rumos da geografia brasileira*. São Paulo: Hucitec,1982.

SILVA, A. *O espaço fora do lugar. São Paulo: Hucitec, 1978.*

O MAPA COMO MEIO DE COMUNICAÇÃO E A ALFABETIZAÇÃO CARTOGRÁFICA

Maria Elena Simielli

Este capítulo discute o mapa como elemento transmissor de informação e avalia sua eficácia.* Levando-se em conta que o processo de comunicação em cartografia coloca a criação ou a produção do mapa e a leitura pelo usuário no mesmo nível de preocupação, este trabalho foi desenvolvido de maneira que essas duas etapas sejam evidenciadas.

Tratar a cartografia simplesmente como um meio de transmissão de informação realmente não acrescenta nada de novo à literatura existente, considerando-se que a preocupação do cartógrafo sempre foi, e ainda é, a de fazer um bom mapa, que conduza a uma leitura eficiente.

Assim, o objetivo é o de avaliar, através da elaboração do mapa, segundo critérios rigorosamente definidos pelas características do usuário, a eficácia desse meio de comunicação, pela pesquisa com a clientela a que se destina.

A pesquisa desenvolveu-se tendo-se em mente que a Comunicação em Cartografia implica um único processo, ou seja, que a informação origina, comunica e produz um efeito.

Com essas preocupações, a pesquisa foi iniciada em 1982, tentando abarcar todo o processo da comunicação cartográfica – elaboração e uso do mapa.

A primeira etapa foi a de construção do instrumento de pesquisa – o mapa –, considerando as especificidades da clientela a que ele se destinava. Como informações a serem trabalhadas foram escolhidos os temas hipsometria e hidrografia do Brasil. Todos os cuidados referentes à parte cartográfica na confecção do mapa foram tomados, principalmente, no que se refere à generalização cartográfica, escolha de cores, toponímia etc., para a faixa etária de 11 a 15 anos.

Na segunda etapa – leitura do mapa – foram aplicados questionários em escola da rede oficial de ensino do estado de São Paulo, na cidade de São Paulo, em classes de alunos de 11 a 15 anos, cursando da 5ª à 8ª série. As turmas de cada série foram desmembradas em dois grupos, e cada grupo de alunos trabalhou com um material diferente. Assim, o primeiro grupo trabalhou a situação "1 mapa", quando o relevo e a hidrografia aparecem superpostos em um só mapa, e o segundo grupo trabalhou com a situação "2 mapas", quando as duas informações aparecem separadas, ou seja, foram desmembradas em dois mapas.

Os resultados obtidos evidenciaram o baixo índice de leitura por parte dos alunos, considerando-se este meio de transmissão da informação – o mapa.

Diante desses dados, passou-se a pesquisar o processo de alfabetização cartográfica em faixas etárias anteriores, ou seja, de 6 a 11 anos. Desenvolveu-se basicamente as noções de visão oblíqua e vertical, imagem tridimensional e bidimensional, alfabeto cartográfico, estruturação de legenda, proporção e escala e, finalmente, lateralidade e orientação. A preocupação, durante a pesquisa, foi e continua sendo o processo de entendimento do mapa e os caminhos para uma leitura realmente eficaz, em que a alfabetização cartográfica é fundamental.

A comunicação cartográfica

Cartografia e comunicação

A cartografia, ao longo de sua existência, sofreu várias transformações quanto à concepção, área de abrangência, competência e evolução tecnológica. Pelas definições de cartografia, pode-se notar essa evolução de forma bastante nítida. As primeiras definições colocam a cartografia como disciplina cujo objeto é a representação da Terra.

Outras definições apresentam a cartografia como arte, na qual a preocupação com a estética do mapa é fator primordial, evoluindo posteriormente para a cartografia como técnica, em que a função do cartógrafo ficou restrita a simples confecção dos mapas.

Algumas definições das décadas de 1970 e 1980 apresentam outros elementos – criação e uso de mapas –, enfocando importantes modificações ocorridas na cartografia nesse período. Assim, segundo a Associação Cartográfica Internacional, em seu *Multilingual Dictionary* (1973), a cartografia é definida como teoria, técnica e prática de duas esferas de interesse: a criação e o uso dos mapas.

As primeiras definições ora colocavam a cartografia como arte, ora como técnica ou as duas em conjunto, porém a preocupação com o usuário do mapa ou mesmo a menção sobre a utilização do mapa só vai aparecer, pela primeira vez, nas definições encontradas, em 1996, pela Associação Cartográfica Internacional, que, posteriormente, apresentou essa definição anterior, mais simplificada.

Essas modificações no tratamento da cartografia retratam os diferentes enfoques pelos quais essa disciplina passou nas décadas de 1970 e 1980. Assim, como propõem alguns autores, a cartografia passa a se preocupar com o usuário do mapa, com a mensagem transmitida e com a eficiência do mapa como meio de comunicação.

Essas preocupações mantêm-se vivas na década de 1990 e no início do século XXI, ampliadas pelo uso de computadores e o grande avanço tecnológico em que a cartografia foi inserida, passando a preocupar-se com a visualização cartográfica.

A comunicação cartográfica é analisada basicamente pelo tripé: cartógrafo, mapa e usuário, daí a referência à teoria geral da comunicação (figura 1).

Figura 1: Fundamentos de um sistema de comunicação.
Laboratório de Cartografia da Universidade Wisconsin.

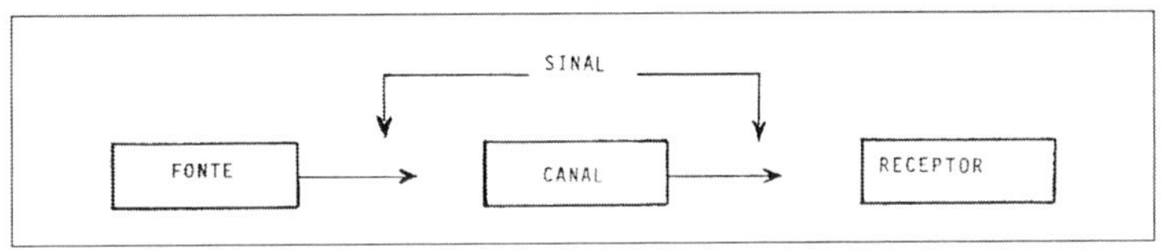

Fonte: Robinson e Petchenik, 1977.

Na tentativa de transpor essas colocações para a cartografia, temos a figura 2 com propostas de Muehrcke e de Robinson e Petchenik.

Figura 2: Sistema do processamento cartográfico.

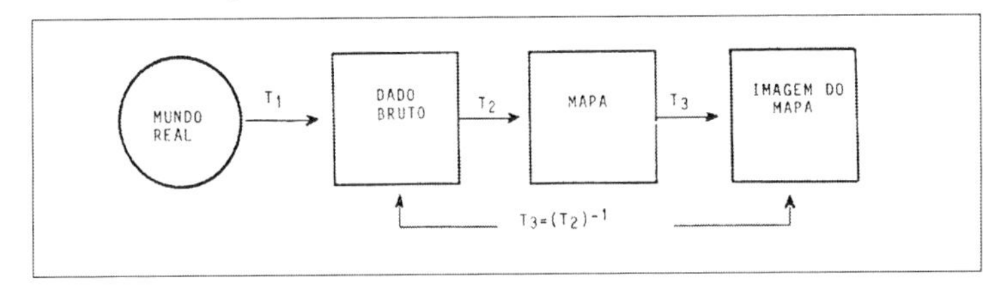

SISTEMA DE COMUNICAÇÃO CARTOGRÁFICA

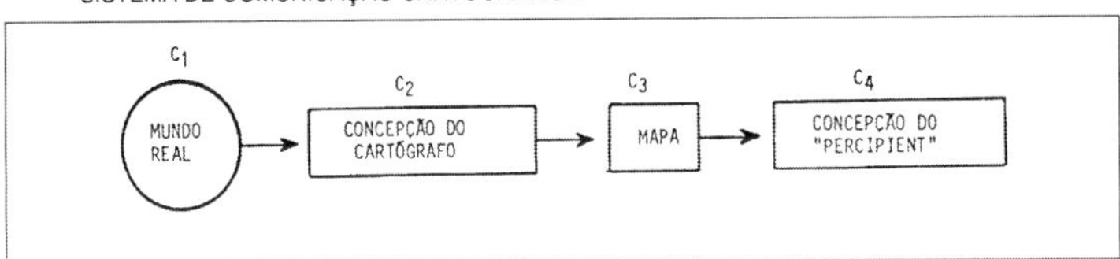

Fonte: Robinson e Petchenik.

Nessas propostas, os termos convencionais de comunicação já são transpostos para a cartografia, inserindo-se no sistema os conceitos: mundo real; mapa; imagem do mapa; concepção do cartógrafo e concepção do "percipient".

Em seguida, Muehrcke detalha essa proposta da figura 2 apresentando as transformações da informação (figura 3).

Figura 3: O processo cartográfico visto como uma série de transformações da informação.

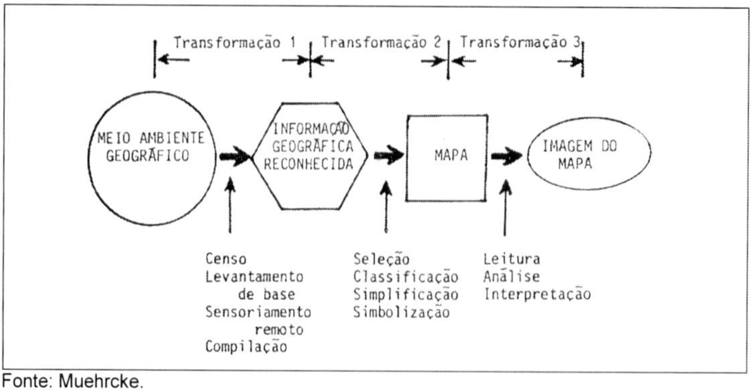

Transformação 1
Transformação 2
Transformação 3
MEIO AMBIENTE GEOGRÁFICO
INFORMAÇÃO GEOGRÁFICA RECONHECIDA
MAPA
IMAGEM DO MAPA
Censo
Levantamento de base
Sensoriamento remoto
Compilação
Seleção
Classificação
Simplificação
Simbolização
Leitura
Análise
Interpretação

Fonte: Muehrcke.

Análise de modelos de comunicação cartográfica

Na estruturação da Cartografia como um Sistema de Comunicação, na década de 1970, vários cartógrafos, na esfera internacional, que vinham se preocupando com essa temática passaram a apresentar seus esquemas ou modelos.

O modelo a seguir será apresentado de forma detalhada por ter servido de embasamento teórico a esta pesquisa. O modelo de Kolacny – "Comunicação da informação cartográfica" (Figura 4) – apresenta uma proposta equilibrada em termos da importância das duas esferas de interesse na comunicação cartográfica – a confecção do mapa e a leitura do mapa, com igual importância neste esquema. Kolacny enfatiza justamente o fato de que, até aquele momento, a teoria da cartografia se preocupou com a criação e produção de mapas, dando pouca ou nenhuma importância ao uso dos mapas, enquanto leitura e meio de retorno à realidade.

Na prática, os dois processos são parciais – a produção do mapa e a sua utilização – e ocorrem separadamente, daí terem sido investigados e resolvidos individualmente pela maioria dos autores. No entanto, segundo relato de Kolacny (1977):

> O trabalho que realizei no Instituto de Pesquisa em Geodésia e Cartografia de Praga, durante o período de 1959 a 1968, parece justificar a conclusão de que o produto cartográfico não pode atingir seu efeito máximo se o cartógrafo considerar a produção e o consumo de mapas como dois processos diferentes. Esse efeito máximo só pode ser obtido se a criação e utilização dos trabalhos de cartografia forem considerados dois componentes de um processo coerente (e em certo sentido, indivisível), no qual as informações cartográficas originam, são comunicadas e produzem um efeito. É a informação cartográfica que constitui um conceito novo, ligando a criação e utilização do mapa num único processo.

Esse processo (ilustrado no gráfico) pode ser chamado "Comunicação da informação cartográfica". A conclusão é que os problemas complexos da cartografia moderna não podem ser estudados e entendidos com sucesso – e muito menos resolvidos, e o progresso da arte assegurado –, a não ser que seja dada total atenção à conexão entre os dois componentes desse processo de comunicação, ou seja, a produção e a criação de um trabalho de cartografia e sua utilização ou consumo.

Figura 4: Comunicação da informação cartográfica – I_s.

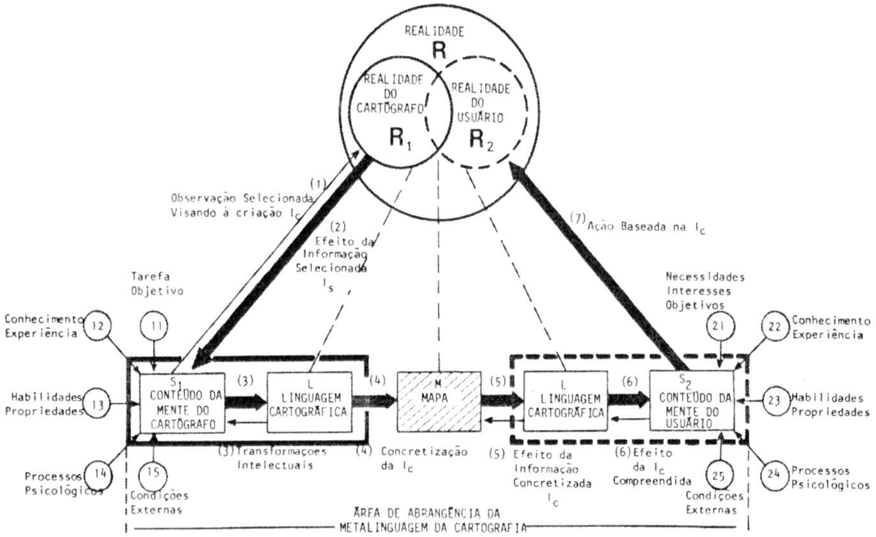

Fonte: Kolacny, 1977.

Na figura 4, notam-se os sete fatores principais que agem no processo de comunicação da informação cartográfica:

R_1 – Realidade, representada do ponto de vista do cartógrafo;
S_1 – O sujeito que representa a realidade, ou seja, o cartógrafo;
L – Linguagem cartográfica como um sistema de símbolos e regras para o seu uso;
M – O produto da cartografia, isto é, o mapa;
S_2 – O sujeito que usa o mapa, ou seja, o usuário do mapa;
R_2 – Realidade vista pelo usuário do mapa;
I_c – Informação cartográfica.

Na realidade, a criação e a comunicação compõem um processo muito complexo de atividades e operações com circuitos de retroinformação em vários níveis. A dinâmica desse processo está apresentada em 7 estágios básicos no esquema, em que de 1 a 4 temos a criação do mapa e de 5 a 7 a sua utilização. As características desses estágios são:

1 – *Observação Seletiva da Realidade* – R_1
Tendo os objetivos definidos, conhecimento e capacidade específica, o cartógrafo observa a realidade (R_1), sob determinadas condições, justificando, então, a seleção. Na prática, ele observa diretamente o meio geográfico ou o estuda em um mapa que lhe serve (com outros materiais) como fonte para o seu trabalho.

2 – *Efeito da Informação* – I_s
A observação da realidade produz um efeito informativo no cartógrafo, que recebe a informação seletiva (I_s), correspondente a um modelo intelectual multidimensional da realidade a ser representada.

3 – *Transformação Intelectual da Informação Seletiva –* I_s *em Informação Cartográfica –* I_c
A mente do cartógrafo transforma o modelo intelectual multidimensional da realidade (I_s) num modelo bidimensional. Nesse processo, sua mente trabalha com o conceito de uso da linguagem cartográfica (L).

4 – *Materialização da Informação Cartográfica –* I_c
O cartógrafo expressa sua forma de informação cartográfica intelectual através de símbolos cartográficos. Assim, ele produz um mapa manuscrito no qual a informação cartográfica I_c é materializada através do uso desses símbolos. Dessa forma, ela se torna acessível à percepção através dos sentidos humanos. Geralmente, segue-se o processo de impressão no qual o mapa original é reproduzido.

5 – *Efeito da Informação Cartográfica –* I_c *Materializada*
O mapa produz um efeito de informação sobre o usuário. O usuário do mapa que via a realidade como R_2, lendo o mapa, transforma sua opinião a respeito da realidade R_2 em R_1.

6 – *Efeito da Informação Cartográfica –* I_c *Ampliado*
Confiando na informação cartográfica I_c, o usuário do mapa cria em sua mente um modelo multidimensional da realidade R_1 e a apreende.

7 – *Agir sob o Impacto da Informação Cartográfica –* I_c
A informação cartográfica obtida – I_c enriquece o conhecimento e a experiência do usuário do mapa. Ela é transformada imediatamente em sua atividade prática, ou ele a processa em uma ideia que percebe de imediato, ou posteriormente no decorrer de seu trabalho, ou de alguma outra forma. De qualquer maneira, a realidade R_2 do usuário do mapa é ampliada.

Essa última colocação é discutível, pois se considerarmos o usuário que não tem condições de ler o mapa, por motivos variados, haverá perda de informação, daí o fato de que Kolacny representou R_2 com linha tracejada. Salichtchev, na modificação proposta ao modelo de Kolacny (Figura 5), apresenta o círculo tracejado e sobreposto a outro, com deslocamento, tentando mostrar justamente as possibilidades de ampliação ou perda de informação.

Salichtchev apresenta uma esquematização do Modelo de Kolacny, fazendo a interpretação através de quatro estágios. No primeiro estágio, o cartógrafo não utiliza toda a informação disponível para fazer o mapa, não podendo isso ser encarado como perda de informação, pois ainda não entrou no canal de comunicação, tratando-se então de uma seleção deliberada. No segundo estágio – compilação do mapa – temos perdas no processo de codificação e generalização da informação. No entanto, a generalização não pode ser entendida só como perda de informação, pois através dela pode-se adquirir novas informações de nível qualitativo.

Figura 5: O mapeamento como um processo de comunicação.

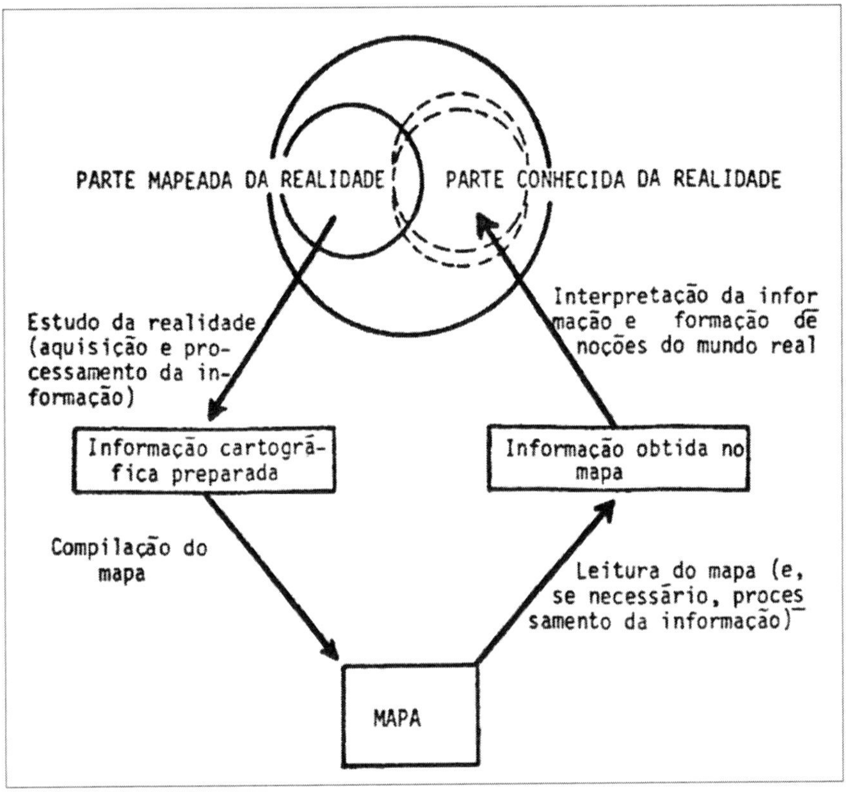

PARTE MAPEADA DA REALIDADE

PARTE CONHECIDA DA REALIDADE

Estudo da realidade (aquisição e processamento da informação)

Interpretação da informação e formação de noções do mundo real

Informação cartográfica preparada

Informação obtida no mapa

Compilação do mapa

Leitura do mapa (e, se necessário, processamento da informação)

MAPA

Fonte: Salichtchev, 1978.

No terceiro estágio aparece a informação contida nos símbolos, individualmente ou nas suas associações; no entanto, nem sempre essa informação é totalmente utilizada, ou pelo despreparo do leitor ou pelo ato de exclusão do que lhe parece inútil, e daí a importância de se conhecer as necessidades do leitor para se fazer uma seleção prévia.

No quarto estágio – interpretação da informação obtida através do mapa –, o principal objetivo é gerar a expansão das ideias sobre a realidade mapeada, a partir da experiência e conhecimentos já acumulados pelo leitor.

O mapa como meio de comunicação

Linguagem cartográfica

Na vida moderna, é cada dia mais notória e importante a utilização de mapas; portanto, cada vez mais, o trabalho do cartógrafo deve ser baseado nas necessidades e interesses dos usuários dos mapas. Por isso mesmo o cartógrafo deve conhecer subjetivamente o indivíduo que vai utilizar os mapas.

Fundamentalmente, isso nos leva a destacar a importância da criação de uma linguagem cartográfica que seja realmente eficiente para que o mapa atinja os objetivos a que se propõe.

Para tanto é necessário que o cartógrafo esteja capacitado a manipular da maneira mais completa possível as informações iniciais sobre o mundo real, generalizá-las e transformá-las em informações cartográficas, através de uma linguagem cartográfica adequada, que por sua vez engloba a confecção e o uso do mapa num só processo – o processo da comunicação da informação cartográfica.

O mapa como meio de comunicação será realmente eficiente se esse processo não for interrompido, ou seja, o uso de uma linguagem cartográfica válida tanto para a transmissão da informação como para leitura ou consumo do mapa.

A linguagem cartográfica adquire maior importância a partir do momento em que o cartógrafo, já tendo realizado a observação seletiva da realidade e já tendo produzido um efeito informativo no cartógrafo, transforma esse modelo intelectual multidimensional (da realidade) numa forma intelectual de informação cartográfica. É graças aos símbolos dessa linguagem que o cartógrafo materializa a sua informação intelectual.

Estabelecer essa linguagem é uma grande responsabilidade para o cartógrafo, pois o mapa não se baseia em uma "convenção" qualquer.

Ao pensar no mapa como transmissor de informações, deve-se ter em mente os princípios da comunicação em cartografia. Se os mapas são veículos no processo de comunicação, mediante símbolos cartográficos, é preciso apresentar a informação adequadamente e, para tanto, conhecer as regras da comunicação e assim expressar como dizer *o quê?*, *como?* e *para quem?*.

Para se entender plenamente a linguagem cartográfica, é preciso destacar aqui a importância da semiótica, ciência geral de todas as linguagens, mais especialmente dos signos. O signo é algo que representa o seu próprio objeto. Ele só é signo se tiver o poder de representar esse objeto, colocar-se no lugar dele, e, então, ele só pode representar esse objeto de um certo modo e com uma certa capacidade. O signo só pode representar seu objeto para um intérprete, produzindo na mente deste um outro signo, considerando o fato de que o significado de um signo é outro signo (figura 6).

O signo possui dois aspectos: o significante e o significado. O significante constitui-se no aspecto concreto (material) do signo. Ele é audível e/ou legível. O significado é o aspecto imaterial, conceitual do signo. O plano do significante é o da expressão e o plano do significado é o do conteúdo. Esses aspectos levam à significação que seria o produto final da relação entre os dois.

A relação entre palavras e coisas é determinada pela necessidade de designar as coisas pelas palavras. Disso deriva que o signo é sempre arbitrário e seu significado é estabelecido simplesmente por uma convenção. Por isso o signo é representativo, ocupando o lugar *das* coisas e não *nas* coisas.

Figura 6: Linha de desenvolvimento de signos cartográficos.

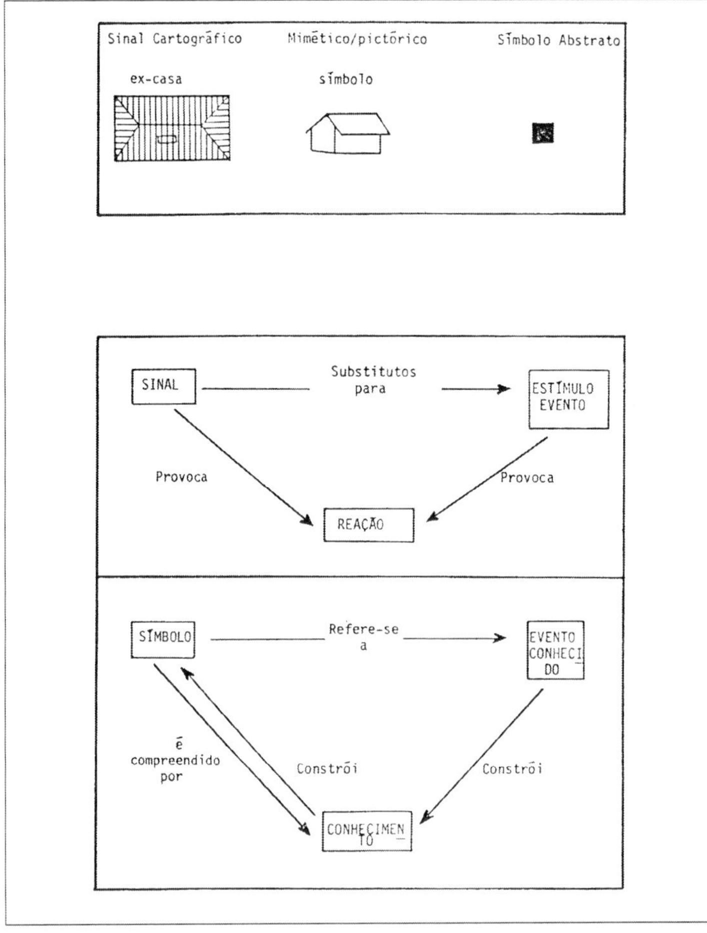

Fonte: Gerber, 1984.

Leitura de mapas

O sucesso do uso do mapa repousa na sua eficácia quanto à transmissão da informação espacial, sendo o ideal dessa transmissão a obtenção, pelo leitor, da totalidade da informação contida no mapa.

É necessário aqui cuidar da subjetividade da percepção da informação cartográfica, pois diferentes leitores obtêm diferentes tipos de informação a partir dos mapas. Para Salichtchev isso ocorre não pela subjetividade da percepção da informação cartográfica em si, ou da sua percepção, mas pelo grau diferente de extração de informação dos leitores do mapa.

Nos modelos de comunicação cartográfica analisados nesse capítulo destaca-se Kolacny, que se preocupou, de forma mais evidente, com a leitura de mapas.

Kolacny focaliza o retorno à realidade mapeada através do mapa, apresentando todas as circunstâncias que envolvem tal processo, ou seja: condições externas, processos psicológicos, habilidades e propriedades, conhecimento e experiência, necessidades, interesses e objetivos, que, agindo no "Conteúdo da mente do usuário", permite um retorno à "Realidade" através da "Realidade do usuário", a qual coincidirá em parte com a "Realidade do cartógrafo", sendo, evidentemente, menor que a "Realidade", no sentido mais amplo. Sanchez (1981) analisa:

> Existem representações gráficas que apresentam respostas simples e imediatas a partir de simples observações e outras que exigem mais tempo e operações mentais mais elaboradas. Conclui-se que existem níveis de leitura que vão desde o elementar até o mais complexo, passando-se por um nível intermediário entre esses extremos.

O nível elementar é aquele no qual se percebe uma quase perfeita a correspondência biunívoca entre cada unidade territorial e seu valor numérico específico. Nesse caso, estamos diante de verdadeiro inventário estatístico, no qual a percepção da informação não exige nenhum processamento mental mais elaborado. Trata-se de nível de leitura em que não se perde nenhuma informação: é muitas vezes a matriz operacional transcrita em um mapa, que, em vez das células da tabela, tem os valores numéricos situados em seus locais de ocorrência. Esse nível de leitura é exigido conforme o tipo de usuário e em função dos dados e informações que, nesse caso, não poderão ser submetidos à generalização. É totalmente enganoso pensar que uma representação gráfica será tanto melhor quanto mais detalhes mostrar. A ideia básica pode ficar difícil de ser assimilada ou então aparecer deformada em meio a muitos sinais. Os níveis de leitura de uma representação gráfica chamados médio e complexo existem e funcionam de modo gradativamente oposto ao nível elementar. "Os dados são submetidos a diferentes níveis de processamento, visando possibilitar

Figura 7: As relações entre exatidão e fluxo de informação em mapas (Jenks e Caspall).

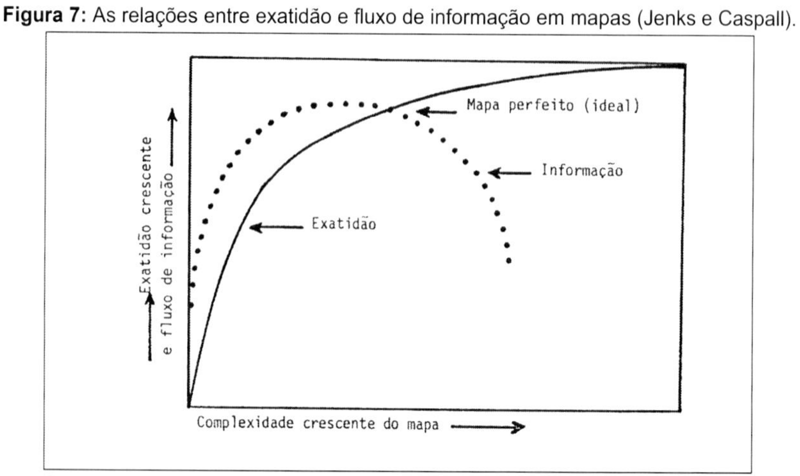

Fonte: Board e Taylor, 1976.

visões sintéticas, muitas vezes resultantes complexas que mostram as características e tendências gerais assumidas pelo fato ou fenômeno representado."

Quanto à complexidade da informação no mapa e à exatidão, abordadas por Sanchez e representadas por Jenks e Caspall, na figura 7, através de um gráfico no qual a relação aparece bem nítida, evidencia-se o momento em que o mapa atinge o "ponto ideal" no plano de complexidade de informação e exatidão.

Em relação à leitura de mapas, esse problema é de grande importância, principalmente quando se passa a trabalhar com muitas variáveis e se obtém mapas totalmente ilegíveis para os usuários, em função da sua complexidade. Na figura 7, essa situação está bem evidenciada quando a curva pontilhada passa a ser decrescente.

Quanto à leitura de mapas, é importante ressaltar ainda o que Bertin chama de "cartas para ver" e "cartas para ler". Ao ler uma carta, o usuário deve fazer dois tipos de perguntas (figura 8):

1º) O que há em tal lugar? É pergunta relativa ao conjunto de pontos geográficos, expressos em X no quadro de dados (a carta).

2º) Onde está essa característica? Refere-se ao conjunto de caracteres, expressos em Y no mesmo quadro.

Figura 8: Para que serve a carta.

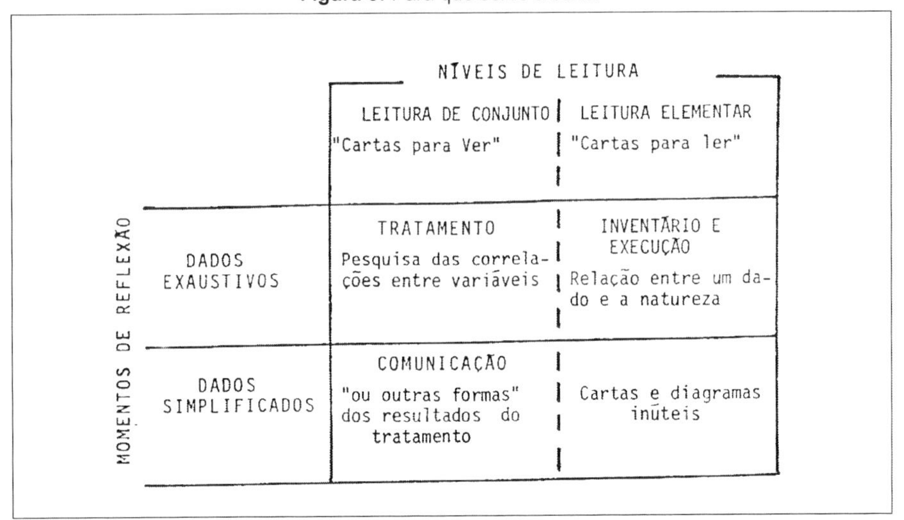

Fonte: Bertin, 1976.

Esses dois conjuntos se relacionam na carta. A carta deve responder visualmente a esses dois tipos de perguntas. A percepção visual (significação da imagem) é instantânea. Nesse sentido, o nome de "carta para ver" refere-se àquela que responde instantaneamente aos dois tipos de perguntas, e "carta para ler" àquela que só responde ao primeiro tipo. O usuário tem a tendência de procurar uma resposta visual para o segundo tipo.

As "cartas para ler" dificultam a comparação com outras cartas, pois o segundo tipo de pergunta não tem resposta visual e, portanto, não são "cartas para ver". Além disso, é preciso que a "carta para ver" não seja falsa (resposta visual falsa). Se memorizarmos um dado falso e o comparamos com outros, as conclusões também serão falsas. Percebe-se, assim, a importância do cartógrafo na elaboração do mapa e a compreensão de que a linguagem da cartografia não é convencional.

Os fundamentos empíricos do mapa como meio de comunicação

Representação cartográfica e leitura de elementos físicos da paisagem

Kolacny evidencia duas importantes fases: a criação ou produção e a utilização ou consumo. Como se viu, sua proposta de "Comunicação da informação cartográfica" (figura 4) mostra uma realidade a ser mapeada que o cartógrafo materializa, sempre em parte, diante a natureza dos seus conhecimentos e da impossibilidade de abarcá-la na sua totalidade. Através da linguagem específica da cartografia – *a linguagem gráfica* – e de métodos próprios para representação, chega-se ao MAPA, que terá a função de fazer o leitor retornar à realidade, no seu sentido mais amplo. Assim, quanto melhor for representado o mapa e quanto mais adequado ao usuário a que ele se destina, melhor será a visão do leitor sobre a realidade representada. Kolacny ressalta, assim, a importância da informação cartográfica, a forma como ela é comunicada e a relação desse processo com a eficácia do mapa, através do retorno à realidade, pelo usuário.

Para tanto, utilizou-se o mapa "Brasil – Físico", com informações da hidrografia e hipsometria, do *Atlas geográfico escolar* (Simielli, 2000).

O mapa do Brasil foi selecionado por ser, em princípio, uma realidade mais próxima do aluno e constar do currículo escolar desde as primeiras séries do ensino fundamental.

A pesquisa foi desenvolvida na Escola Estadual de Primeiro Grau "Brasílio Machado", situada na Vila Madalena, bairro da zona oeste de São Paulo, porque, além de preencher o requisito básico – crianças de 11 a 15 anos, cursando as quatro últimas séries do ensino fundamental –, foram encontradas facilidades administrativas que permitiram fazer remanejamentos nas salas de aula nos dias de aplicação dos questionários. Outro fator que pesou na escolha dessa escola foi a sua localização em um bairro de classe média, decorrendo daí a ausência de maiores problemas relacionados com baixa renda econômica, tais como alto índice de faltas e evasão escolar, baixo nível de aproveitamento escolar, dificuldades materiais etc.; isso permitiu centrar-se no objetivo principal da pesquisa, sem ter que desviar a atenção para outras questões.

A população considerada na pesquisa foi a de alunos de 5ª a 8ª séries, tendo sido mantidas as mesmas condições para as diferentes turmas pesquisadas, ou seja: mesma série, idade, professor, período de aula e escola, a fim de que diferenciações nesses dados não interferissem na leitura dos mapas apresentados, distorcendo os resultados.

Os sujeitos relacionados foram 92 crianças, representando 50% de cada classe de 5ª a 8ª séries (duas turmas de cada série).

O trabalho foi encaminhado para leitura das informações de hidrografia e hipsometria e foram apresentados de duas maneiras:

1. Em um único mapa, com hidrografia e hipsometria em conjunto.
2. Em dois mapas separadamente, um de hidrografia e outro de hipsometria.

Cada série escolar participou das duas situações. Foram trabalhados em dois grupos de estudo. Tinha-se uma 5ª série com a situação "1 mapa" e outra 5ª série com a situação "2 mapas", e assim por diante, para as outras séries. Portanto, cada classe se constituía em um grupo de estudo tendo, consequentemente, dois grupos de estudos para cada série e todas as séries trabalhando com os mesmos mapas e questionários.

O questionário apresentado foi (entre parênteses aparece o número que foi utilizado posteriormente para tabulação):

1. Por convenção, o *lado direito* de um mapa corresponde ao *leste*. O *esquerdo* corresponde ao *oeste*. A parte *abaixo* é o *sul* e *acima* é o *norte*. Agora responda:
   (1) Em que direção a planície Amazônica vai se alargando, passando de estreita para mais larga?
   (2) Qual a direção do rio Tocantins?

2. No mapa ao lado, as cores representam diferentes *níveis de altitudes*, estando também indicadas as principais *formas de relevo*.
   Baseando-se nisso responda:
   (3) Qual é a forma de relevo predominante no país?
   (4) Qual é a maior planície brasileira?

3. "Bacia hidrográfica é uma área drenada por um rio principal e seus afluentes, formando um sistema integrado de cursos d'água".
   (5) Cite duas grandes bacias hidrográficas brasileiras.

4. (6) Considerando-se a planície Amazônica e a planície do Pantanal, qual delas possui maiores altitudes?

5. (7) Cada cor que aparece no mapa ao lado representa uma informação. Qual é a informação representada por cada cor?

6. "Os rios correm das áreas mais elevadas para as áreas mais baixas do relevo". Responda:
   (8) Qual o nome da área onde nasce o rio Jarí (afluente do rio Amazonas)?
   (9) Onde deságua o rio São Francisco?
7. As maiores altitudes no mapa ao lado estão representadas pela cor marrom claro e marrom escuro. Verifique:
   (10) Qual o pico mais elevado e sua altitude?

As questões apresentadas foram agrupadas, quando da sua confecção, em categorias espaciais, que são:

CATEGORIAS ESPACIAIS	NÚMERO DO QUESTIONÁRIO	NÚMERO PARA TABULAÇÃO
1 – Direção	1	1, 2
2 – Extensão	2	3, 4
3 – Hierarquia	3, 4	5, 6
4 – Seleção de cores	5	7
5 – Localização	6, 7	8, 9, 10

Para cada item do teste foi atribuído um ponto – quando a resposta era correta, não ocorrendo uma situação de meio certo, portanto meio ponto, uma vez que não havia outra alternativa em termos de respostas. Assim, o total de pontos possível de ser obtido por cada aluno seria 10.

Apresentação dos resultados

No sentido de estudar descritivamente a distribuição das respostas às questões do teste, por Categorias Espaciais, construímos a figura 9. Essa tabela contém *médias ponderadas* pelo número de questões envolvidas em cada categoria espacial, multiplicadas por 10, para facilitar a interpretação.

Na tabela podemos constatar que a Categoria 2 (Extensão) obteve maior média de acertos, tanto para "1 mapa" como para "2 mapas", enquanto a Categoria 4 (Seleção de Cores) teve o menor índice de acertos. Observando-se os totais, nota-se que a leitura do mapa se fez de forma crescente com "2 mapas", ou seja, da 5ª à 8ª série o número de acertos cresceu. Para a situação "1 mapa" tem-se uma distribuição bastante irregular, em que ocorre um pico nos acertos, para a 6ª série, e uma pequena queda na 8ª série.

De qualquer forma, considerando somente os acertos, a 5ª série foi a que apresentou as médias mais baixas e a 8ª série as mais altas. A 6ª e a 7ª séries se equivalem, com uma pequena vantagem para a 6ª série.

Tentando explicar as causas do melhor desempenho médio dos alunos de 6ª série em relação aos de 5ª e 8ª séries (1 mapa), só foi encontrada resposta no fato de que esse assunto faz parte do conteúdo programático da disciplina de Geografia dessa série, o que vem reforçar a ideia de que temos a necessidade de aprender a ler mapas, em que cada símbolo apresenta um significado, assim como aprendemos a ler outras linguagens (número, escrita etc.). Se o professor dominar a linguagem gráfica e souber transmiti-la aos seus alunos, o problema poderá ser aos poucos sanado, ao passo que, se a situação for inversa e o professor não dominar a linguagem, ele não terá condições de fazer seus alunos se interessarem por mapas, pois eles não conseguirão decodificar a mensagem transmitida através deles. O aluno precisa, pois, conhecer e se familiarizar com o alfabeto cartográfico e isso é tarefa do professor. A situação que aparece evidenciada na 7ª série, na qual há um decréscimo do desempenho dos alunos (masculino e feminino), liga-se ao fato de que no ano anterior ocorreu uma substituição do professor efetivo dessa série, o que se enquadra na alternativa agora levantada, ou seja, falta de conhecimento prévio para leitura do mapa, por parte do aluno e do professor.

Figura 9: Médias de "acertos" por categorias espaciais, no estudo das notas de alunos em um teste de leitura de mapas, para cada uma das séries.

5ª SÉRIE

CATEGORIAS	1	2	3	4	5	TOTAL
1 mapa	5,4	7,9	5,7	1,4	7,4	5,5
2 mapas	4,6	6,8	4,6	1,4	3,1	4,1
TOTAL	5,0	7,3	5,1	1,4	5,2	4,8

6ª SÉRIE

CATEGORIAS	1	2	3	4	5	TOTAL
7	7,1	8,8	6,7	9,2	7,5	7,8
4,6	5,0	7,9	5,4	9,2	4,4	6,3
5,0	6,0	8,3	6,0	9,2	5,9	7,0

7ª SÉRIE

CATEGORIAS	1	2	3	4	5	TOTAL
1 mapa	4,5	9,0	8,0	1,0	8,3	6,1
2 mapas	5,5	8,5	7,5	8,0	5,0	6,9
TOTAL	5,0	8,7	7,7	4,5	6,6	6,5

8ª SÉRIE

CATEGORIAS	1	2	3	4	5	TOTAL
1 mapa	6,5	8,5	4,5	5,0	5,0	5,9
2 mapas	9,0	9,5	9,5	9,0	7,0	8,8
TOTAL	7,7	9,0	7,0	7,0	6,0	7,3

Fonte: E.E.P.G. "Brasílio Machado" – 1985.

Essa falta de conhecimento prévio do usuário na leitura do mapa acarreta a perda da informação. Relacionando esse fato ao esquema de Kolacny (figura 4), pode-se inferir que, no processo de retorno à realidade, R_2 seria reduzida em relação a R_1, contrariando a posição de alguns autores que sugerem R_2 maior que R_1.

Da afirmação feita – o desempenho médio nos testes não é o mesmo para as quatro séries consideradas nos estudos –, e através dos resultados obtidos nos quais se faz a comparação da situação "1 mapa" com a situação "2 mapas", pode-se ver que o desempenho é equivalente apenas na 7ª série; para as 5ª e 6ª séries o desempenho com "1 mapa" foi significativamente superior ao com "2 mapas", sendo, na 8ª série, o desempenho com "1 mapa" significativamente inferior ao com "2 mapas". Essas afirmações são perfeitamente justificáveis, se for considerado que há um nível crescente de compreensão por parte dos alunos da 5ª para a 8ª série (de 11 para 15 anos), ocorrendo apenas uma exceção bem evidenciada – menor índice de leitura de mapas

(1 mapa) na 8ª série. Essa ocorrência poderia ser explicada, em parte, pelo exposto anteriormente em relação ao professor substituto, mas aí aparece a colocação paralela: por que em "2 mapas" o melhor desempenho foi o da 8ª série? Tentando uma explicação, analisou-se a classe que respondeu a esse teste (1 mapa) com baixo índice de respostas. Constatou-se que no teste foram agrupados, para obtenção do grupo de estudo, cinco alunos masculinos e cinco femininos, crianças de duas turmas, A e C, que eram classes com duas situações distintas: em uma delas predominava alunos no limite inferior de idade selecionada para a 8ª série e na outra série predominava alunos no limite superior de idade, daí o agrupamento de alunos que estavam no limite preestabelecido (8ª série – 14 a 15 anos). Trabalhou-se então com uma turma originariamente mais heterogênea para a situação "2 mapas", e, portanto, os alunos tinham como resposta ao que foi ensinado pelo professor um desempenho também mais heterogêneo.

Pairam ainda dúvidas: por que o desempenho com "2 mapas" é mais homogêneo (em sua curva crescente) e apresenta seu melhor resultado na 8ª série, em vez da situação "1 mapa", onde há decréscimo e os menores índices na 8ª série? Relembre-se que em "1 mapa" temos as duas informações (hipsometria e hidrografia) apresentadas juntas e que em "2 mapas" tem-se essas duas informações apresentadas separadamente, cada uma em um mapa. Como se explica, então, o desempenho mais regular para a situação "2 mapas", quando a maior parte dos mapas conhecidos pelos alunos traz a situação "1 mapa" como a mais comum?

Deveriam, portanto, estar mais aptos a ler informações na situação "1 mapa"?

Essa questão, em princípio, ficará em aberto, mas alguns pontos que podem fornecer indícios para sua elucidação serão levantados:

1) Existe um grau de abstração maior na situação "1 mapa" do que na situação "2 mapas", pois, embora a informação contida nos mapas seja a mesma para ambas, na segunda situação as informações estão separadas, o que poupa o aluno de fazer essa operação (separação/seleção de informação) quando da leitura do mapa, o que resulta, portanto, em um melhor desempenho na decodificação da informação.
2) Essa separação, teoricamente, não permite que se estude a dinâmica do relevo e se faça correlações. No entanto, nessa faixa etária, o aluno não está apto para a operação, que implica um grau de abstração maior, que permite, consequentemente, um melhor desempenho com "2 mapas". A solução será encontrada em um trabalho mais detalhado na alfabetização cartográfica, com ênfase, entre outros temas, na imagem tridimensional e bidimensional.

Outra categoria que chamou a atenção foi a de "seleção de cores", que, por exigir uma abstração maior, teve o índice mais baixo de respostas. Inicialmente, na proposta do teste foi considerado que os alunos conseguiriam distinguir entre as informações principais dos mapas (cores hipsométricas e respectivas altitudes do relevo) e as informações secundárias (oceano, países vizinhos do Brasil), pois todas as cores aparecem no mapa com essas conotações diferentes.

Avaliação da eficácia do mapa como transmissor de informação

As colocações feitas no item anterior e analisadas com base nos capítulos teóricos permitem avaliar a eficácia do mapa como transmissor de informação.

Basicamente, o modelo que deu mais elementos teóricos para se analisar o mapa como meio de comunicação foi o desenvolvido por Kolacny (figura 4). Até então, a maior preocupação com os mapas sempre foi a sua confecção, acreditando-se que a partir de um bom mapa os usuários teriam condições de extrair as informações que estavam representadas. Supunha-se que, nessas condições, o usuário do mapa estaria submetido às condições do cartógrafo. Kolacny ressalta que o trabalho criativo do cartógrafo deve ser baseado nas necessidades, interesses e condições subjetivas do usuário do mapa; significando um conhecimento profundo das condições que constituem os problemas associados ao uso de mapas.

Assim, ele apresenta um modelo no qual as duas etapas – criação do mapa e uso do mapa – aparecem bem diferenciadas e com igual importância dentro do processo de transmissão de informação. Na prática, "os dois processos parciais – a produção do mapa e a sua utilização – acontecem separadamente, e é também por isso que eles têm sido investigados e resolvidos separadamente até agora". Entretanto, também foi constatado, no dia a dia, que o produto cartográfico não atingirá seu nível máximo se o cartógrafo considerar a produção e o consumo de mapa como dois processos diferentes. Daí a preocupação com a "*conexão mútua* entre os dois componentes desse processo de comunicação, ou seja, a *produção* e a criação de um trabalho de cartografia e sua *utilização* ou consumo".

Dentro dessas colocações e seguindo o modelo de Kolacny, foram trabalhadas as duas esferas de interesse. Quando foi feito o mapa de hipsometria e hidrografia do Brasil (Simielli, 2000), com todas as preocupações em relação ao usuário para o qual ele se destinava – ensino fundamental –, foi enfocado o nível da *produção do mapa*, e quando da aplicação dos testes para alunos do ensino fundamental, a preocupação era o *uso do mapa*, ou seja, a eficácia da representação.

Vencida a produção do mapa, a etapa seguinte foi a fase empírica – aplicação dos testes para verificar se o encaminhamento na produção do mapa realmente alcançava seu objetivo, no sentido de melhorar o nível de leitura de mapas.

Pelos testes aplicados e pela análise estatística feita, percebeu-se que realmente o nível de leitura poderia ser ainda melhor se os professores estivessem aptos a ler a mensagem transmitida pelo mapa e, assim, poder explicar aos seus alunos como essa leitura poderia ser feita.

Em cursos ministrados em diferentes cidades do Estado, percebeu-se que boa parte do professorado não domina noções elementares de Cartografia, como: escalas, leitura da legenda, métodos cartográficos elementares, projeções etc. Consequentemente, esse professor não terá condições de trabalhar amplamente com o mapa, usando-o apenas como recurso visual.

E, para completar o raciocínio de que falta, na essência, uma aprendizagem do mapa e que ela levaria a um consequente uso mais eficaz deste, no sentido de melhorar seu aproveitamento, transcreve-se um trecho de Keates (1982), que fez pesquisas na Escócia, das quais se pode deduzir que o problema não é privilégio de países como o Brasil:

> Uma operação de uso de um mapa, no sentido da atividade de uma pessoa com o mapa, não surge simplesmente como uma consequência do ato de confecção de um mapa. O uso do mapa começa quando a pessoa se torna consciente de algum problema que requer informações para a sua solução, e percebe que esta informação pode ser melhor obtida através de um mapa. Isto pode ser muito óbvio para um usuário de mapas experiente, mas em muitos casos isto não ocorre de forma alguma automaticamente. Há milhares de motoristas, por exemplo, que descobrem o caminho a seguir através de placas ou perguntando a pedestres, aparentemente sem estar a par (ou então sendo indiferentes) quanto ao valor de mapas para tais propósitos.

Considerando que os mapas são meios de transmissão de informação, é preciso preocupar-se com todo o processo de sua confecção, pois ele tem que ser adequado ao usuário a que se destina para não haver lacuna entre o trabalho do cartógrafo e o do leitor do mapa, que deve apreender o máximo das informações transmitidas.

Para tanto, é preciso levar em conta que os mapas têm funções específicas para determinados grupos de usuários e que a linguagem cartográfica não deve ser compreendida só pelo cartógrafo, mas principalmente pelo usuário.

Em particular os alunos do ensino fundamental e médio devem ser orientados pelo professor de Geografia para descobrir e explorar o espaço, e para isso necessitam conhecer o alfabeto cartográfico. É importante que a linguagem cartográfica (alfabeto cartográfico) seja valorizada, estudada e conhecida pelos estudantes. Através dela o aluno interpreta os mapas, orienta-se e estabelece-se a correspondência entre a representação cartográfica e a realidade.

O processo de mapeamento utilizado pelo professor no estudo dos fenômenos espaciais deve ser cada vez mais complexo, evoluindo da 5ª para a 8ª série, pois o desenvolvimento mental da criança é cada vez maior, e, consequentemente, o nível de abstração também.

Baseando-se nessas premissas, pode-se concluir que:

- o mapa será mais eficiente se o cartógrafo confeccioná-lo para um usuário específico. É esse o caso dos mapas utilizados na pesquisa, extraídos do *Atlas Geográfico Escolar*, que foram submetidos, durante a confecção dos testes, ao crivo de um trabalho didático a fim de apresentá-los da forma mais acessível possível ao aluno, respeitando o seu desenvolvimento mental e a sua capacidade de abstração. Daí a necessidade de confeccionar mapas exclusivamente para crianças, que devem ser atraentes e realmente transmitir a informação pretendida;

- o aluno precisa conhecer qual é o melhor caminho para conseguir ler o mapa e nisso deve ser orientado pelo professor, que lhe ensinará o alfabeto cartográfico. O aluno só lerá o mapa se for capacitado para isso;
- o professor precisa estar bem informado quanto ao alfabeto cartográfico, pois só assim saberá transmiti-lo ao aluno. Isso diz respeito à formação dos professores e à sua capacidade para usar o mapa como meio de comunicação. Caso contrário, o mapa será usado apenas como recurso visual;
- em relação à leitura dos mapas, o destaque está nos alunos que leram melhor, de forma crescente da 5ª para a 8ª série, o material da situação "2 mapas", ou seja, as informações de relevo e hidrografia separadamente. Considerando-se que essa não é uma situação usual dos mapas apresentados a alunos do ensino fundamental, propõe-se que seja melhor analisado tal fato, que se faça uma pesquisa mais ampla, para se ter uma resposta mais fundamentada;
- a colocação anterior liga-se basicamente à capacidade de abstração e correlação do aluno, que ainda é incipiente nessa faixa etária, demonstrando a necessidade de se realizar pesquisas interdisciplinares, que reúnam especialistas em cartografia, pedagogia e psicologia;
- levando-se em consideração o resultado obtido no teste estatístico, em que houve índices favoráveis de respostas em várias situações que estão ligadas ao desenvolvimento mental da criança e ao uso de um alfabeto cartográfico mais adequado, acredita-se que ele deveria ser aplicado em outras escolas estaduais e também em escolas da rede particular de ensino, em que alunos de classes socioeconômicas diferentes se comportariam, seguramente, de maneira diversa na decodificação da informação e apreensão da realidade.

Continuação da pesquisa: alfabetização cartográfica

Os resultados obtidos na pesquisa, que envolveu crianças na faixa etária de 11 a 15 anos, mostraram o baixo nível de leitura de mapas, evidenciando um problema não resolvido na faixa etária anterior (6 a 11 anos). Assim, passou-se a pesquisar, na década de 1990, as faixas etárias em que há preocupação com a alfabetização escolar, com enfoque na análise do processo de aquisição dos elementos da linguagem gráfica.

Em cursos ministrados em várias cidades no Brasil, constatou-se que o problema da leitura eficiente de mapas não estava restrito às faixas etárias até então pesquisadas, mas estendia-se também aos professores, mostrando um problema real da falta de alfabetização cartográfica na escolaridade formal.

Com base nesses cursos, passou-se a pesquisar como os professores trabalhavam as informações relativas à alfabetização cartográfica e o resultado foi bastante preocupante: apenas 12,5% de um total de 1219 professores pesquisados conseguiram trabalhar com a referência internacional da *orientação geográfica* de forma adequada.

Assim, no desenvolvimento da pesquisa em alfabetização cartográfica, passou-se a analisar a visão oblíqua e vertical, a imagem tridimensional e bidimensional, o alfabeto cartográfico, a estruturação da legenda, a proporção e a escala e a lateralidade e orientação.

Essa estrutura aparece esquematizada na figura 10, em que os itens citados são ressaltados como o elemento transmissor de informação, principalmente considerando-se que a criança não irá copiar o mapa e sim entender o processo de confecção para posteriormente lê-lo com eficiência.

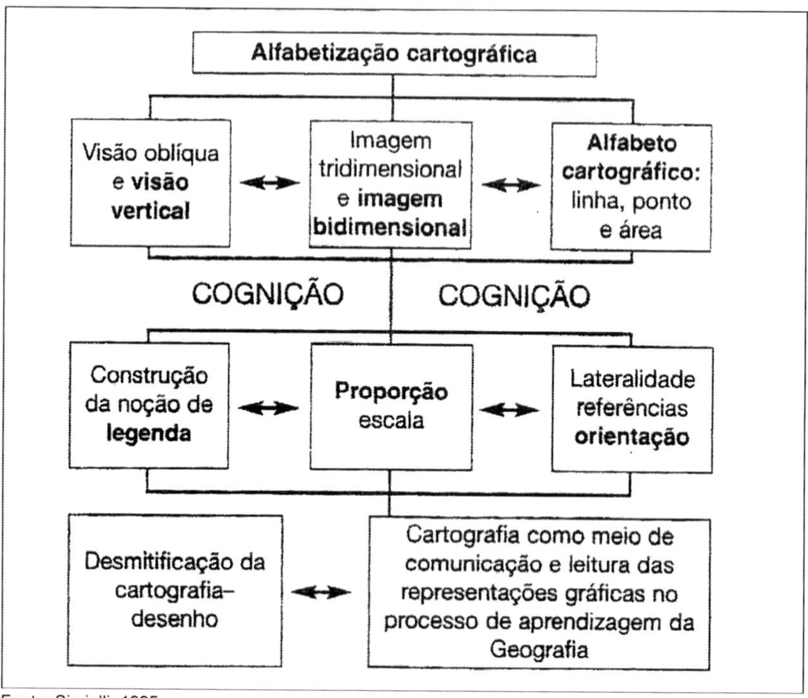

Fonte: Simielli, 1995.

Todo procedimento para se trabalhar a cartografia, ou suas noções básicas nas séries iniciais, enfatiza o trabalho da criança em um processo no qual ela realmente participa, para assim melhor compreender a representação do espaço. Desmistifica-se assim a cartografia-desenho e passa-se a considerar a linguagem gráfica como um meio de transmissão de informação.

A seguir, a sequência trabalhada de 1ª a 4ª séries nos diferentes itens concernentes à alfabetização cartográfica.

Visão oblíqua e visão vertical

Este primeiro item a ser trabalhado com as crianças mostra justamente um dos primeiros problemas que se tem em cartografia: todo mapa é uma visão vertical. Tem-se aí, consequentemente, o primeiro grande problema a trabalhar com crianças a partir da faixa etária de 6 e 7 anos.

A visão que se tem no dia a dia é lateral, isto é, oblíqua, mas dificilmente há condição de se analisar um determinado espaço, por exemplo, o espaço de uma cidade, de um bairro ou até da sala de aula, na visão vertical. Essa é uma visão abstrata ou temos que nela chegar a partir de uma abstração. Para se ver na visão vertical uma área maior, temos que utilizar métodos mais sofisticados, que são o avião fotogramétrico, o helicóptero ou eventualmente praticarmos o paraquedismo, balonismo ou asa-delta, que permitem situações em que se consegue ver esse espaço maior, na forma vertical.

A intenção da pesquisa foi iniciar um processo pelo qual, a partir de situações em que a criança passa a enxergar na vertical (por exemplo, a representação de um copo em diferentes visões), se possa formar a noção da visão vertical, através de elementos do dia a dia da criança, que passariam a representar esses elementos para poder depois abstrair um espaço maior, ou seja, a sua sala de aula, a sua escola, o seu bairro e posteriormente o seu estado e seu país.

Imagem tridimensional e imagem bidimensional

Neste item será trabalhada a passagem do espaço concreto, da realidade em que se vive, para o espaço do papel. Haverá, portanto, a passagem de informação do que a criança vê com volume, com tridimensão, para um espaço plano, um espaço bidimensional. Essa passagem será trabalhada a partir do momento em que a criança começa a fazer as maquetes na 1ª série com dobraduras e vai aumentando em complexidade até a 4ª série, onde se faz a passagem da maquete (tridimensional) para o espaço bidimensional.

Tal tarefa é bem complexa, pelo simples fato de que o nível de abstração que ela exige é muito alto e a criança tem uma extrema dificuldade em transpor um objeto que se apresenta na realidade com volume para o espaço do papel, ou seja, para o plano.

A complexidade aumenta ainda mais quando se passa a trabalhar com a criação do conceito de formas topográficas, com as diferentes altitudes.

Representações cartográficas

As representações cartográficas são feitas a partir de elementos básicos, que são: ponto, linha e área. Parte-se de desenhos mais elementares, mais simples, do cotidiano da criança. Em um primeiro momento, representam-se elementos como: copo de água, apontador, estojo escolar, enfim, elementos que a criança tenha no seu cotidiano. Somente a partir daí iremos para áreas maiores, ou seja, as fotos aéreas, com as quais a criança fará os diferentes desenhos numa primeira etapa, simplesmente olhando o que tem na foto e passando essa imagem para o espaço bidimensional; em uma segunda etapa, ela fará a transposição desses diferentes espaços, fazendo a sua representação cartográfica através de seleção dos elementos que ela tem na foto.

As representações, portanto, partirão de elementos bastante simples do dia a dia para as fotografias aéreas e posteriormente espaços mais amplos, tais como a cidade, o estado e posteriormente o país.

Estruturação da legenda

Este item também é bastante problemático, perdendo em grau de dificuldade apenas para as noções de tridimensão e bidimensão na alfabetização cartográfica. O professor, para executá-lo, deverá ter como base algumas noções que são fundamentais, principalmente: observação, identificação, hierarquia, seleção e agrupamento na representação.

Para se trabalhar com a estruturação da legenda, deve-se inicialmente observar e identificar os elementos da foto. Num segundo momento, hierarquizar, selecionar, generalizar e agrupar o que se está trabalhando. Num terceiro momento, faz-se a representação. Para essa noção, estruturação da legenda, parte-se do mais simples, quando a criança desenha os elementos em que trabalha no seu dia a dia, até os mais complexos. Só então se pode estabelecer uma legenda a partir de fotografias aéreas, com vários momentos a serem transpostos.

Proporção e escala

Para chegar a ter o conceito de escala, deve-se inicialmente trabalhar com a noção de proporção, o que se pode começar a partir da 1ª série, em desenhos nos quais a criança vai representar elementos em diferentes tamanhos. O professor deverá sempre trabalhar com papel quadriculado de várias proporções, para que a criança possa adquirir a percepção de que um objeto pode ser desenhado em diversos tamanhos.

O professor deve trabalhar com a noção de proporção e somente na 3ª série, com a introdução do sistema métrico, é que ele irá começar a dar ao aluno subsídios para que da 5ª à 8ª série ele possa efetivamente entender escala.

Lateralidade, referências e orientação espacial

Embora se considere que os itens mais problemáticos para trabalhar a alfabetização cartográfica sejam a imagem tridimensional e a bidimensional, aquela em que os professores têm demonstrado maior índice de dificuldade quando da elaboração de representações em diferentes cursos em que ministro no Brasil tem sido o da lateralidade, referência e orientação espacial.

O conceito de orientação espacial deve, antes de qualquer coisa, ser trabalhado pelas noções de lateralidade e referências. Muitas vezes, o problema do aluno não está na orientação espacial e sim nas noções que antecedem esse conceito, ou seja, nas noções de lateralidade e referências. Outro problema que o aluno enfrenta no aprendizado dessas noções é que o professor trabalha muitas vezes, logo no início, no espaço bidimensional, quando na realidade esse item deveria ser trabalhado no espaço tridimensional, e somente após o aluno ter efetivo domínio das referências e de lateralidade. Nesse momento, devem-se trabalhar as relações topológicas, as projetivas e as euclidianas.

Nota

* Originado de *O mapa como meio de comunicação: implicações no ensino de Geografia no I Grau*. Tese de doutorado, defendida na Faculdade de Filosofia, Letras e Ciências Humanas da Universidade de São Paulo, 1986, 205p.

Bibliografia

BERTIN, J. Perception visuelle et transcription cartographique. *International yearbook of cartography*, v. 16, pp. 25-43, 1976.

BOARD, C.; TAYLOR, R. M. Perception and maps: human factors in maps design and interpretation. *Transactions of the institute of british geographers, new series*. London, v. 2, n. 1, pp. 19-36, 1976.

GERBER, R. The development of competence and performance in cartographic language by children at the concrete level of map reasoning. *Cartographica*: news insights in cartographic communication. Toronto: University of Toronto Press, v. 21, n. 1, pp. 98-119, 1984.

KEATES, J. *Understanding maps*. London: Longman, 1982.

KOLACNY, A. Cartographic information: a fundamental concept and term in modern cartography. Canadian Cartographer. *Cartographica*: the nature of cartographic communication. Toronto: University of Toronto Press, v. 14, pp. 39-45, 1977.

MUEHRCKE, P. C. Maps in geography. Canadian Cartographer. *Cartographica*: maps in modern geography. Toronto: University of Toronto Press, v. 8, n. 2, pp. 1-41, 1981.

ROBINSON, A. H.; PETCHENIK, B. B. The map as a communication system. *Canadian Cartographer*. Toronto: University of Toronto Press, v. 14, pp. 92-110, 1977.

SALICHTCHEV, K. A. Cartographic communication: its place in the theory of science. *Canadian Cartographer*. Toronto: University of Toronto Press, v. 15, n. 2, pp. 93-9, 1978.

SANCHEZ, M. Conteúdo e eficácia da imagem gráfica. *Boletim de Geografia Teorética*. Rio Claro, v. 11, n. 21/22, pp. 74-81, 1981.

SIMIELLI, M. E. *Atlas geográfico escolar*. São Paulo: Ática, 2000.

____________. *O mapa como meio de comunicação*. São Paulo, 1986. Tese (Doutorado) – Departamento de Geografia, Universidade do Estado de São Paulo.

____________. *Primeiros mapas*. São Paulo: Ática, 1993.

____________. *Cartografia e ensino*. São Paulo, 1996. Tese (Livre-docência) – Departamento de Geografia, Universidade do Estado de São Paulo.

METODOLOGIA PARA INTRODUZIR A GEOGRAFIA NO ENSINO FUNDAMENTAL

Janine G. Le Sann

Hipóteses discutidas

Alunos e professores de Geografia apresentam dificuldades no aprendizado da noção de escala. É sobre esse tema que trata este capítulo.* O esquecimento do conceito e das operações com escalas podem ser evidenciados, de um semestre para outro, tanto por parte dos alunos quanto por parte dos professores. Dados de pesquisa do Ministério da Educação e Cultura do Brasil (MEC) revelaram, em 1985, uma alta ocorrência de reprovações no final das duas primeiras séries do Ensino Fundamental (49,5%). A partir desse fato, levantou-se a seguinte hipótese: as noções básicas referentes ao aprendizado formal, em particular da Geografia, na escola brasileira, não são corretamente trabalhadas.

Na Europa da década de 1980, no contexto do chamado "pensamento educativo contemporâneo", diversos pesquisadores discutiram esses problemas e apontaram soluções.[1] A principal hipótese da pesquisa descrita aqui originou-se das constatações desses especialistas: os métodos educativos deveriam ser adequados à criança, considerada um ser em evolução permanente no decorrer de sua vida escolar, o que pressupõe necessidades e aptidões em constante mutação.

A semiologia gráfica e o tratamento gráfico da informação foram temas dos trabalhos de Bertin e Gimeno e mostraram que a aquisição de conhecimentos passa pela observação e pela organização lógica do pensamento. Esses trabalhos fundamentaram uma hipótese da tese: a semiologia gráfica e o tratamento gráfico da informação são instrumentos privilegiados para o ensino, em geral, e para o ensino da Geografia, em particular. Em síntese, a hipótese fundamental da tese pode ser assim formulada: os problemas de assimilação observados nos estudantes e professores e os problemas de adaptação dos alunos nas primeiras séries (hoje, primeiro ciclo) do Ensino Fundamental teriam a mesma origem, a saber: uma descontinuidade no processo de assimilação de certas noções ou conceitos, para os adultos, e uma descontinuidade entre os saberes socioculturais prévios das crianças e o nível conceitual dos Programas da primeira série.

Objetivos

Foram formulados nove objetivos de pesquisa:

1. Verificar as condições materiais do trabalho dos professores de Geografia;
2. Verificar a aquisição de algumas noções prévias ao estudo da Geografia pelos alunos de 5ª série;
3. Verificar a aquisição de algumas noções lógico-matemáticas pelos estudantes do curso de Geografia da UFMG;
4. Resgatar as etapas da evolução psicogenética de crianças de 7 a 10-11 anos de idade, a partir da teoria de Piaget;
5. Determinar os principais grupos de conceitos contidos nos Programas oficiais de ensino da Geografia, em Minas Gerais, da 1ª à 8ª série do ensino fundamental;
6. Analisar a participação das diferentes ciências, que intervêm no processo de ensino-aprendizagem do saber geográfico;
7. Propor um material pedagógico para o ensino de algumas noções ou cadeias de noções, em função da evolução psicogenética das crianças;
8. Testar esse material em salas de aula de três escolas diferentes, com alunos de níveis sociais diferentes;
9. A partir dos resultados obtidos e de sua análise, estruturar um material "evolutivo" para o ensino de algumas noções geográficas, nas primeiras séries do ensino fundamental, no Brasil.

Principais resultados: descrição do contexto escolar brasileiro em 1988

Na primeira parte deste trabalho, relativa à realidade escolar brasileira, descreve-se uma situação conhecida dos professores brasileiros que pouco mudou até hoje. Em 1988, aproximadamente 75% dos professores de Geografia eram do sexo feminino. Da amostra consultada, a grande maioria era formada em Licenciatura, mas parte não tinha formação específica em Geografia; alguns não tinham nenhuma formação superior! Muitos professores acumulavam diversas séries (de duas a sete), num mesmo ano. Cerca de 35% dos professores trabalhavam de 31 a mais de 50 horas-aula semanais. O número de alunos por sala era elevado: mais de 79% das salas tinham mais de 35 alunos (20% tinham mais de 50 alunos). A metade dos professores que respondeu à enquete trabalhava em mais de uma escola e 20% deles, nos três turnos. Concluiu-se que todos esses fatores combinados contribuíam, em parte, para a má qualidade do ensino. Verificou-se, ainda, que os salários dos professores do Ensino Fundamental eram muito baixos, com grandes variações entre as diversas redes de ensino e regiões brasileiras. Assim, um professor de escola municipal ou particular (em Belo Horizonte) recebia o equivalente a 97 dólares por 20 horas semanais. No estado de Minas Gerais, o salário era equivalente a 62 dólares.

Com relação ao ensino da Geografia, a partir das respostas trazidas nos questionários, verificou-se que, fundamentalmente, o livro didático era o principal recurso em sala de aula e fonte do saber geográfico. Na época, os livros didáticos apresentavam qualidade gráfica e de conteúdo nem sempre satisfatórios.[2] Além disso, apenas 40% dos alunos possuíam um livro didático. Com relação aos demais materiais, tais como mapas-murais, globo e atlas, quando presentes nas escolas muitas vezes traziam informações ultrapassadas. O ensino da Geografia acontecia, quase sempre, entre as paredes de uma sala de aula.

Essas características foram consideradas na concepção do livro das fichas usadas na pesquisa.

Programas de Geografia do ensino fundamental

Os programas de geografia do ensino fundamental foram descritos e discutidos no capítulo dois da tese. Para a primeira série, os objetivos eram: descrever, explicar, comparar, localizar, fazer, identificar, classificar. Questionou-se a ordem dessas ações. Como explicar, antes de descrever, identificar, comparar, classificar? Na grande maioria dos casos, é a primeira vez que a criança entra numa sala de aula, precisa ficar sentada, calma e atenta, deve aprender a ler, a escrever e a contar, além de adaptar-se à linguagem da professora que, nem sempre, corresponde à linguagem de seu meio familiar. No programa da segunda série previa-se o estudo do município e da comunidade, o que pressupõe o domínio de conceitos geográficos e de habilidades para comparar, perceber e entender mudanças, entre outros muitos conceitos e conhecimentos factuais. Ou seja, em dois anos, a criança deveria ter assimilado a maior parte dos conceitos geográficos para ter condições de usá-los em raciocínios lógicos e estruturados. Trata-se de um programa muito amplo. Precisar-se-ia de mais tempo para o seu desenvolvimento e, sobretudo, de representações adaptadas às capacidades da criança, num contexto lógico. Questiona-se, ainda, a falta de formação das professoras, o que as leva a *ser adotadas* pelo livro didático, ao adotá-lo! Ou seja, na prática, seguir o livro *à risca* leva a professora à perda de autonomia intelectual.

O programa da terceira série recomendava o estudo da comunidade, no contexto estadual, com a utilização de documentos cartográficos. Na quarta série, esse procedimento deveria ser estendido ao estudo do Brasil.

O principal questionamento referiu-se à falta de referência às características próprias das crianças nessas séries. Isso revela que a elaboração dos programas era baseada nos conteúdos do conhecimento geográfico, sem se considerar o objetivo fundamental do ensino: a formação das crianças.

Teste com estudantes do curso de Geografia da UFMG

Um teste foi aplicado a 149 estudantes e teve como objetivo verificar o domínio de noções lógico-matemáticas, necessárias para a estruturação da noção de escala. Os dois primeiros exercícios visam à comparação de proporções, dois são exercícios de regra de três e o quinto é um cálculo de escala. O último exercício é composto por uma sequência de proporções e exige a concentração do aluno. O teste mostrou que os estudantes de Geografia testados não dominavam a noção de escala. Menos de um terço dos alunos não cometeu qualquer erro. Isso prova que as noções lógico-matemáticas, estruturadoras da noção de escala, não se estabilizaram. Verificaram-se, ainda, falta de atenção e dificuldade de concentração dos alunos.

Teste com alunos de 5ª série do Centro Pedagógico da UFMG

Objetivou-se verificar o nível de aquisição de noções consideradas ponto de partida para o estudo da Geografia do programa de 5ª série. O teste foi aplicado a 101 alunos de 5ª série, em março de 1989. A grande maioria tinha 11 anos de idade. O teste era composto por exercícios de: seriação; classificação simples; ampliação linear; noção temporal antes e depois; rotação; esquerda e direita; classificação múltipla (quadro de dupla entrada); conhecimentos geográficos simples (nome do país e do estado, nomes de estados brasileiros, reconhecimento da escala gráfica, definição de mapa, conhecimento da orientação por seta); conhecimento do centro de Belo Horizonte; localização e orientação. O teste teve duração de uma hora.

A análise do teste evidenciou a falta de atenção dos alunos. Verificou-se que a régua milimetrada não pode ser introduzida antes da percepção das proporções não quantificadas. Os alunos apresentaram muitas dificuldades nos exercícios sobre as noções de espaço e de localização. São privilegiados os fatos no espaço, em detrimento do estudo do espaço em si. Por isso, muitos adultos têm dificuldades com a sua lateralidade e para orientar-se em espaços desconhecidos. O exercício de classificação múltipla – no caso um quadro de dupla entrada – revelou que, apesar de amplamente utilizado na escola e na vida cotidiana, não foi assimilado como ferramenta para estruturação do pensamento lógico. Globalmente, esse teste mostrou que as crianças ingressam na quinta série, despreparadas para trabalhar com quadros de dados e mapas. Quando não assimiladas, as noções geográficas de base têm que ser, sistematicamente, retomadas.

As bases teóricas: uma encruzilhada teórica

Tendo em vista que esta tese foi defendida há mais de 15 anos, aqui pretende-se retomar os fundamentos teórico-metodológicos que a sustentaram e trazer novas reflexões, decorrentes de pesquisas desenvolvidas após sua defesa, porém, inscritas em continuidade de pensamento.

Pedagogia

> "Todos nós precisamos de sua sabedoria. Você tem algo para mostrar: você possui uma inteligência do mundo, uma sensibilidade para a vida que é só sua. Você precisa comunicá-la. Nenhuma desistência será aceita, porque não queremos perder nada do que é e merece ser."
>
> Antoine de la Garanderie, *Les profils pédagogiques.*

Nos anos 1980, na Europa, discutia-se o "Problema Educacional Contemporâneo". A ideia central dos debates focalizava-se na necessidade da participação efetiva do aluno no processo de aprendizado. A ideia não era nova. Alain, no livro *Propos sur l'éducation*, já recomendava a participação efetiva do aluno: "Há muito tempo estou cansado de ouvir que um é inteligente, o outro não [...] cada um tem a inteligência que quer [...]. Vontade, mas prefiro dizer trabalho, eis o que falta" (1932: 62-3).

Clarapède (1921), Montessori (1935), Wallon (1951), Decroly, Freinet, Piaget (1935, 1965) já escreveram a respeito do espaço que o professor deve deixar para o pensamento da criança. A revolução tecnológica ofuscou esses pensadores com as técnicas de ensino programado (Montmollin, 1975).

Por que ideias como as de Clarapède (apud Ulmann, 1982), tão claramente expostas na citação a seguir, parecem não ser entendidas pelos professores?

> O objetivo da educação deve ser o desenvolvimento das funções intelectuais e morais mais do que encher a cabeça de uma massa de conhecimentos que (quando não são esquecidos) permanecem, na maioria dos casos, conhecimentos mortos, alojados na memória como corpos estranhos, sem ligação com a vida. (1921: 43)

A *pedagogia dos meios de aprender*, desenvolvida por Garanderie nos anos 1980, chama a atenção para os processos mentais mobilizados, em cada um de nós, no ato de aprender, qualquer que seja a natureza do aprendizado (intelectual, esportivo, artesanal ou artístico). O objetivo de suas pesquisas foi a "análise dos atos de pedagogia pessoal por meio da qual uma pessoa aprende, se forma para adquirir competências" (1980: 30).

A eficácia do aprendizado, baseado na compreensão dos parâmetros mentais mobilizados, é a essência do pensamento de Garanderie. Escolas de ensino fundamental, na Europa e no Québec (Canadá), assumiram essa proposta pedagógica. Congressos acontecem, regularmente, para discutir a evolução do método e seus resultados.

Com esse método, a criança toma consciência de suas peculiaridades no ato de aprender e toma o controle de *seu* processo de ensino-aprendizagem. O ambiente escolar é, potencialmente, rico. A biblioteca está aberta para consultas nos horários de aula, um computador está à disposição para pesquisas, na sala de aula. O aluno organiza um plano de estudo, com tarefas definidas com o professor, recebendo as orientações necessárias, tanto do professor, quanto do corpo técnico da escola. O autor chamou esses procedimentos pessoais de "gestos mentais". São a atenção, a reflexão, a memória e a imaginação. No ensino tradicional, os professores cobram esses procedimentos de seus alunos, porém, não explicam o que fazer para ficar atento, refletir, memorizar ou imaginar! O autor descreve, por exemplo, o procedimento de compreensão, ou seja, o ato de tomar o conhecimento para si: "A compreensão é o fruto do gesto mental perfeitamente definido pelo projeto de se dar múltiplas e repetidas evocações do objeto percebido com o objetivo de apreendê-lo cada vez mais. Qualquer um pode fazê-lo" (1987: 44).

Garanderie define o termo *evocação* como "a forma de uma imagem visual ou auditiva, repetitiva, transformadora, elaboradora, [...] que segue o ato de perceber" (1982: 102) e explica o processo mental que a acompanha:

> Entre a percepção das coisas e sua denominação com palavras, situa-se a reprodução mental destas coisas. É reproduzindo-as na cabeça que se lhes procura o estatuto mental, que se pode compará-las entre si, entender-lhes os contornos, as estruturas essenciais, movimentá-las em determinadas direções. (1982: 89).

O autor reconhece quatro parâmetros para as evocações:

1. Os hábitos evocativos da vida cotidiana, ou seja, decorrentes da vida no meio específico de cada criança;
2. A escola é a fonte dos hábitos evocativos escolares elementares. É nesse espaço que o professor deve intervir para explicar *como* evocar. O autor levanta a hipótese de que a capacidade individual, mais ou menos desenvolvida, de evocar pode ser uma das causas das diferenças de "capacidades" ou de "níveis de inteligência", identificada entre as crianças de uma mesma sala;
3. O terceiro parâmetro é aquele que tem como conteúdo as estruturas escolares de operações racionais complexas, em particular a indução e a dedução. O autor pondera que não há uma idade específica para a aquisição desses três parâmetros. Todavia, lembra que são ordenados e seguem em paralelo com os estágios de desenvolvimento descritos por Piaget;
4. O quarto parâmetro é o da imaginação que completa, prolonga e inova a partir das evocações.

O autor frisa, ainda, que *a* "compreensão é filha da evocação, não da percepção" (1987: 59). Por isso, o professor precisa deixar um tempo para evocar os elementos da matéria em estudo, para formar uma reapresentação mental (evocação) desses elementos.

Na concepção dos exercícios do livro de fichas, cuidou-se em apresentar, simultaneamente, o conceito e sua imagem, assim como diversificar os exercícios para atender às diferenças pessoais. Os exercícios incitam a perceber os conjuntos e os contrários, a reproduzir e a interpretar, no tempo e no espaço, por meio de imagens mentais e de suas evocações.

Psicopedagogia

> "A educação tradicional sempre tratou a criança como um pequeno adulto, como um ser que sente e pensa como nós, mas sem conhecimento e sem experiência. Assim, sendo a criança, apenas, um adulto ignorante, a tarefa do educador objetivava *enchê-lo*

> de conhecimentos, no lugar de formar-lhe o pensamento. Os conhecimentos trazidos de fora deveriam ser suficientes [...]. À nova escola importa, fundamentalmente, saber qual é a estrutura do pensamento da criança e quais são as relações entre a mentalidade infantil e a de um adulto."
>
> Piaget, *Psychologie et Pédagogie*

Em seus trabalhos, Piaget nunca se referiu à Geografia. Todavia, uma leitura atenta de sua obra traz elementos preciosos para uma reflexão sobre o ensino dessa disciplina. O primeiro é a base fundamental do pensamento piagetiano, a saber, os estágios de desenvolvimento e estruturação do pensamento da criança e do adolescente. Em pesquisas feitas na África (Goze, 1976; Dasen, 1978; Salem, 1979; Guilleron, 1980) observou-se a ordem dos estágios descrita por Piaget, mas com uma defasagem nas faixas etárias. Essa mesma defasagem foi observada nas crianças brasileiras.

Pensando na estruturação de noções ligadas ao espaço, extrai-se do pensamento piagetiano:

1. No decorrer do período sensório-motor, a criança de 0 a 2 anos descobre o meio em que vive, povoado de seres e objetos móveis, ou não, num espaço cuja exploração ela está começando;
2. No período seguinte, ela prepara e organiza as operações concretas. Essa fase é dividida em dois tempos: o das representações pré-operatórias e o das operações concretas (2 a 6-7 e 7-8 a 11-12 anos de idade, nas crianças suíças observadas por Piaget);
   a. No decorrer do primeiro tempo, a criança transforma suas percepções e os movimentos num sistema de conceitos e esquemas mentais. É a fase da evocação simbólica, constituída de imagens mentais de realidades ausentes:

   > O pensamento representativo se inicia em oposição à atividade sensório-motora desde que, no sistema de significados, que constitui qualquer inteligência e, sem dúvida, qualquer tomada de consciência, o significante se diferencia do significado (Piaget, 1948: 172).

   b. No segundo tempo, o da inteligência operatória concreta, a atividade cognitiva da criança se torna operatória

   > quando ela adquire uma mobilidade tal que a ação efetiva do sujeito (classificar, adicionar, etc.) ou uma transformação percebida no mundo físico [...] pode ser anulada por uma ação orientada em sentido inverso e compensada por uma ação recíproca (Piaget, in Inhelder, 1947).

Isso corresponde ao acesso à reversibilidade e à noção de conservação. As implicações pedagógicas são importantes. A matemática deve apoiar-se em conceitos concretos que incentivem a classificação, a organização, a seriação, a partir de elementos geográficos do meio no qual vive a criança, todavia, sem esquecer os limites de suas aptidões. Piaget e Inhelder lembram que:

> é importante notar que esses diferentes agrupamentos lógico-matemáticos e espaço-temporais estão, ainda, longe de constituir uma lógica formal aplicável a todas as noções e a todos os tipos de raciocínio. Deve-se lembrar de um ponto importante, tanto para a teoria da inteligência, quanto para suas aplicações pedagógicas, se se pretende adaptar o ensino aos resultados da psicologia do desenvolvimento, em oposição ao logicismo da tradição escolar. Com efeito, as mesmas crianças que chegam às operações qualitativas que estruturam o espaço [...] são, habitualmente, incapazes de usá-las quando param de manipular os objetos e são convidadas a raciocinar por meio de simples proposições verbais. (1955: 155)

É a situação das crianças entre 9-10 e 11-12 anos de idade, que estão finalizando a estruturação dos sistemas ligados ao espaço e ao tempo, passando das operações simples às operações complexas.

A criança alcança o período das operações formais quando pode distanciar-se do concreto para encontrar soluções para os problemas lógico-matemáticos e espaço-temporais a partir da formação de hipóteses, cujos resultados ela testa sistematicamente: o pensamento formal é, essencialmente, hipotético-dedutivo. Isto é, o adolescente, diferentemente da criança, pode desenvolver raciocínios abstratos e deduzir leis a partir de experiências organizadas sistematicamente. Ele é capaz de emitir hipóteses, de testá-las e de deduzir leis.

Esse fato pode explicar uma das causas dos problemas de aprendizado da noção de escala. Faltaria uma (ou mais) estrutura que possibilitasse aos estudantes a reconstrução das soluções para os problemas encontrados com o conceito de escala. "O materialmente possível depende então do estruturalmente possível" (Piaget, 1955: 230).

A principal aplicação pedagógica da psicologia genética é a lição de que uma criança pode compreender (apreender = pegar, com = consigo) apenas o que lhe é acessível por meio das estruturas mentais que já elaborou. Não adianta querer que uma criança, nas primeiras séries do ensino fundamental, entenda o ciclo das estações do ano a partir do movimento de translação da Terra. Com certeza o assunto a instiga muito, porém, não está pronta para entender o mecanismo que requer um raciocínio abstrato. Uma representação teatral, na qual terá um papel concreto, ativo, na representação do Sol, da Terra e de seu movimento, poderá proporcionar-lhe uma percepção aproximada do fenômeno. Todavia, o entendimento racional não acontecerá. Isso acontece com muitas noções trabalhadas em sala de aula e o fato escapa à percepção dos professores. A etapa não foi vencida e as consequências aparecerão mais tarde, quando a memória vier a falhar.

Semiologia gráfica

> A Semiologia Gráfica constitui-se no *instrumento de trabalho* que utiliza todas as propriedades da percepção visual. É um instrumento construído por nós mesmos, que pode ser completado ou reduzido, transformado e classificado de novo. A Semiologia Gráfica é a *forma visual* da reflexão *lógica*. O visual e a lógica são dois domínios nos quais a criança é excelente.
>
> Bertin, *Le test de base de la graphique.*

A semiologia gráfica constitui-se numa linguagem visual, cujas bases são a percepção e a lógica. É um instrumento que possibilita "ver para aprender". Em seu livro *La graphique et le traitement graphique de l'information*, Bertin explica que a semiologia gráfica utiliza "as propriedades do plano para revelar as relações de semelhança, de ordem ou de proporcionalidade entre conjuntos de dados. A semiologia gráfica é o nível monossêmico do mundo das imagens" (1977: 176).

A percepção é o primeiro meio mobilizado pela criança para apreender o mundo. Inconsciente, no início, a percepção, com o pensamento lógico, constitui para ela o instrumento de aproximação da realidade e lhe possibilita o entendimento do meio no qual vive e age.

Para Bertin, "a semelhança, a ordem e a proporcionalidade são os três significados da Semiologia Gráfica". A criança percebe as igualdades e as diferenças, as ordens e, mais tarde, as proporções. A característica mais importante da semiologia gráfica é, sem dúvida, seu caráter monossêmico: um círculo é percebido como diferente de uma cruz; o vermelho é diferente do azul; o grande, o médio e o pequeno são ordenados, assim como 10, 20, 30 e 40 são proporcionais, de modo universal, sem necessidade de recorrer a uma legenda. Essa percepção, natural na criança, foi modificada no adulto por uma educação cartográfica tradicional, de caráter polissêmico. Na medida em que um mesmo símbolo pode ter mais de um significado, ele trava o raciocínio lógico: "a monossemia é condição para a lógica" (1977: 179).

A semiologia gráfica não se limita à percepção (Bonin, 1975). É um instrumento completo porque introduz técnicas de classificação de uma tabela por permutações sucessivas, técnica que mobiliza a efetiva participação do aluno: ele age, pessoalmente, no material concreto que representa os dados de uma tabela de dupla entrada. Gimeno caracteriza a contribuição da semiologia gráfica nestes termos:

> A Semiologia Gráfica obriga a adotar uma atitude científica frente ao conhecimento. Os problemas devem ser colocados de modo preciso e delimitados. Professores e alunos tomam consciência de que não existe conhecimento sem perguntas, sem questionamentos. A cada pesquisa, experimentam dois fatos fundamentais e complementares. De um lado, toda conclusão é verdadeira para um conjunto determinado de objetos e caracteres: todo conhecimento é relativo. De outro lado, a introdução de novos objetos ou caracteres complementares levará, provavelmente, a novas conclusões, a novas descobertas: o saber estático e fechado é substituído por um conhecimento dinâmico e aberto. (1980: 11)

A semiologia gráfica constitui-se num método profundamente diferente dos métodos tradicionais de ensino, uma vez que, além da informação, possibilita a estruturação, a formação científica do aluno:

> A criança poderá dominar uma ferramenta e um método que o instrumentalizarão para abordar com segurança um conjunto cada vez maior, cada vez mais complexo de dados sobre o mundo que o cerca para descobrir-lhe a estrutura interna e suas relações. (1980: 11)

A semiologia gráfica, como método, é desenvolvida em duas etapas diferentes: a do tratamento dos dados, seguida pela da comunicação. Assim,

> a Semiologia Gráfica de tratamento é um instrumento móvel que possibilita descobrir por si mesmo o que deve ser falado ou feito [...]. A Semiologia Gráfica de comunicação é um meio de transmitir, para os outros, o que descobrimos. (1980: 13)

Uma das conclusões de Garanderie, sobre a análise do ato de compreender, era que, para alguns, entender é ter condições de explicar, para outros, de aplicar. Tem-se na semiologia gráfica um método completo, uma vez que, para descobrir por si só, é preciso aplicar certo saber-fazer para encontrar algo a ser transmitido aos outros. É ter condições de explicar e repassar o conhecimento descoberto.

O paralelismo entre as características da psicogênese da criança, os princípios da pedagogia e aqueles que embasam a semiologia gráfica fazem dessa o instrumento privilegiado para qualquer prática pedagógica.

Concluindo, os métodos educativos contemporâneos convergem no sentido da participação efetiva do aluno, o que envolve motivação e trabalho individual. Trata-se de "desenvolver as funções intelectuais" (Clarapède, 1921, apud Ulmann, 1982) do "ser em processo de metamorfose" (Wallon, 1968).

A *pedagogia dos meios de aprender* ensina que os processos de aprendizado correspondem a "gestos mentais: a atenção, a reflexão, a memorização e a imaginação" (Garanderie, 1982). Esses gestos se originam do "projeto" pessoal de atenção, reflexão, memorização ou imaginação; ou seja, da participação efetiva do sujeito, no processo de aprendizagem.

A psicologia genética demonstra como a criança constrói seu conhecimento e o saber-fazer, progressivamente, do concreto ao abstrato, por meio de ação direta com atividades de classificação, de adição, de permutação, de seriação, que lhe possibilitam perceber relações, igualdades, diferenças. O adolescente torna-se capaz de formular hipóteses, de testá-las e de deduzir leis.

A Semiologia Gráfica revela ser um instrumento pedagógico ideal no contexto teórico escolhido neste trabalho. Assim, as técnicas que a compõem serão adaptadas às diferentes etapas da evolução psicogenética dos alunos.

O material didático foi baseado em três parâmetros que apresentam evoluções próprias:

1. O aluno, considerando-se seu desenvolvimento psicogenético;
2. O conceito e as etapas de sua construção;
3. A técnica de representação utilizada.

Portanto, a tese discutida neste trabalho é a seguinte: se os três parâmetros evoluem em paralelo, o aprendizado do aluno poderá ser real, estável e durável.

Os conceitos e a Geografia

Grande parte da obra de Piaget tem por tema a construção conceitual, na criança e no adolescente. Esse autor reconheceu diversos níveis de assimilação conceitual. O primeiro nível é intuitivo e se transforma, aos poucos, em saber-fazer ou esquema de ação "equivalentes funcionais dos conceitos, mas sem pensamento nem representação; são conceitos práticos". Mais do que o conceito, o psicólogo procura o processo, e, em geral, o geógrafo procura o conceito através do processo. Por exemplo, a análise de dados geomorfológicos de um lugar possibilita a definição de sua filiação a tal categoria ou a tal conceito.

Barth (1987) recomenda tornar o conhecimento transmissível e, para tanto, "delimitar o conteúdo no que é essencial para um dado público, estruturá-lo numa hierarquia formal". A delimitação do conteúdo é tarefa do professor. Todavia, Piaget lembra que o conteúdo deve ser adaptado ao aluno em função de sua maturidade. Barth, lembrando Bruner (*A study of thinking*, 1956), reafirma que um "conceito não existe isoladamente, mas sempre pertence a uma rede conceitual", o que corresponde às árvores conceituais de Piaget.

Em síntese, a construção de um conceito acontece em etapas diversas: da percepção à imagem mental ou, ainda, às imagens mentais organizadas, das quais o aluno tira um elemento central que contém significado, a "ideia geral abstrata" (Larousse) ou a "etiqueta" (Bruner). Barth lembra o "caminho intelectual que deve ser percorrido para adquirir o conceito". Todavia esse autor não esclarece o que seria esse caminho intelectual. O ato pedagógico da transmissão do saber foi estudado por Garanderie, mais especificamente, no nível das operações mentais do aluno. Na figura 1 propõe-se uma síntese das etapas do ato de aprender.

Figura 1 – Processo de elaboração de imagem mental.

Espaço real percebido		**Percepção** (tato, visão, olfato, audição)
	Gravação	*Filtro* (afetividade, vivência, capacidade de observação)
		Imagem mental memorizada
	Solicitação	**Imagem mental selecionada**
		Filtro (nível de compreensão do pedido)
	Evocação	**Imagem mental ativa**
		Filtro (nível de linguagem, capacidade gráfica, capacidade psicomotora)
Espaço real representado	Comunicação	**Representação** (oral, pictórica, corporal) (fala, desenho, movimento)

Fonte: Le Sann, 1992.

A pesquisa-ação, método desenvolvido nos anos 1980 por professores e pesquisadores universitários preocupados com a qualidade do ensino, aproxima os professores dos ensinos fundamental e médio dos pesquisadores teóricos. Assim, o profissional opera uma reflexão teórico-metodológica de sua prática em sala de aula. Marbeau definiu, assim, a pesquisa-ação:

> São professores das universidades e professores dos ensinos fundamental e médio que realizam pesquisa-ação. Não existe corte entre pesquisadores universitários e campo de pesquisa na escola. Os professores dos ensinos Fundamental e Médio são atores do ensino, os observadores de seus alunos, aqueles que experimentam e avaliam. No início, esses professores não possuem as competências teóricas reconhecidas nos universitários: são as equipes que vão, rapidamente, na ação concreta (1983: 200).

Esse método inspirou o trabalho desenvolvido, com as fichas de exercício, pelas professoras dos ensinos infantil e fundamental durante o tempo que decorreu os testes realizados nas escolas.

Com relação à Geografia e ao ensino da disciplina em sala de aula, verifica-se, ainda hoje, uma grande confusão. Daudel, em 1986, priorizava "uma classificação da identidade como disciplina escolar da Geografia, de seu estatuto como ciência e de suas finalidades". Se se considerar que o principal objetivo da escola é formar pessoas capacitadas para a vida, o foco deveria ser o desenvolvimento da pessoa humana em formação. A escola do início do século XXI ainda focaliza sua prática nas disciplinas e nos seus conteúdos. A tendência dos especialistas é querer transmitir um saber muito elaborado, em sintonia com as mais recentes descobertas de cada ciência. Todavia, não podemos esquecer que os alunos que passam pelas diversas séries formais de ensino (do infantil ao pré-vestibular) são, para o professor, diferentes a cada ano. Isso significa que o professor deve recomeçar sua prática de ensino a partir dos alunos, de seus conhecimentos prévios, de sua maturidade. Portanto, novas descobertas devem ser adaptadas ao aluno. Descobertas são fruto do amadurecimento do pensamento científico, que o professor precisa dominar, mas que os alunos não têm estruturas mentais e conhecimentos científicos para acompanhar. Fazendo um paralelo com a Língua Portuguesa, isso significa que os professores de Geografia (entre outras ciências) cobrem o domínio da literatura a analfabetos. Não raramente, esperam-se dos alunos, na disciplina escolar Geografia, um domínio e uma maturidade conceituais incompatíveis com seu estágio de formação. O programa de Geografia da 5ª série é extremamente revelador, nesse sentido.

Pesquisas realizadas a partir da década de 1990, com professores de redes de ensino particular, levaram Le Sann e Valadão a desenvolver uma reflexão a respeito da estrutura curricular para o ensino da Geografia, de modo a resgatar-lhe os conceitos estruturadores: o conceito de espaço, assim como os de escala e de tempo (figura 2).

Entendendo a geografia como o estudo da Terra (geo) por meio de representações (grafia(s)), percebe-se que o estudo da geografia passa pela leitura do mundo, construída a partir de representações pessoais. O espaço constitui o objeto principal do estudo da geografia (o que lhe confere especificidade diante das demais ciências). Todavia, o espaço, hoje, é resultado de processos, tanto naturais, quanto antrópicos, desenvolvidos ao longo do tempo. A escala resgata a dimensão do olhar, da abrangência da apreensão dos fenômenos reconhecidos num determinado espaço. O ato de reconhecer implica o de conhecer, ou seja, a formação de uma representação mental do "sujeito" ou, ainda, seu conhecimento prévio: para reconhecer é necessário conhecer!

Figura 2 - Da geografia à representação do espaço geográfico.

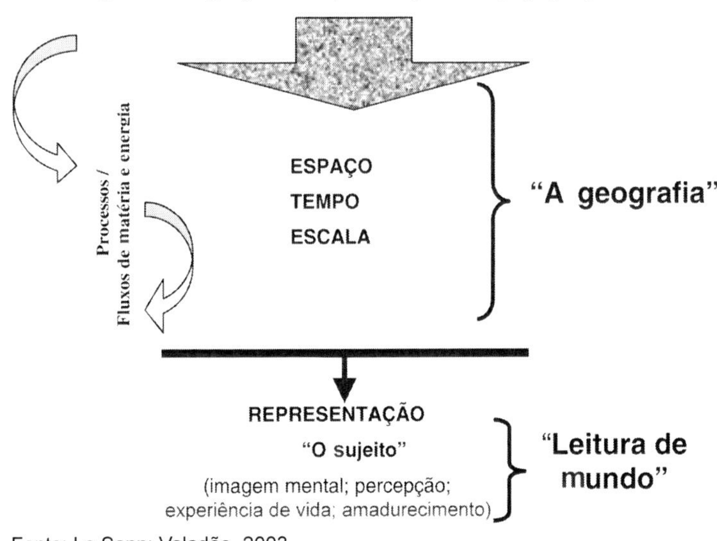

Fonte: Le Sann; Valadão, 2003.

Os anglo-saxônicos Biddle (1978) e Bruner foram os primeiros a estudar a geografia por meio de conceitos, publicando, inclusive, livros didáticos nessa linha de pensamento. A definição de conceito construída por Biddle constitui uma síntese das de Bruner e de Piaget:

> Os conceitos são significados ou entendimentos organizados pela mente do indivíduo como resultado da percepção sensorial de objetos externos, ou de fatos, e a interpretação cognitiva da informação percebida. São conjuntos generalizados de atributos associados a um *símbolo* para uma categoria de coisas, fatos ou ideias usualmente chamados *palavra.* (1978: 31)

Biddle reconheceu três tipos de conceitos:

- Concretos ou substanciais, tais como escarpa, circo, cidade;
- De categoria superior numa zona limítrofe indefinida, entre o concreto e o abstrato;
- Abstratos ou organizacionais, ideias generalizadas, derivadas de experiências, como, por exemplo, região, localização.

O autor descreve a cadeia conceitual com o seguinte exemplo:

Escarpa, circo	➔	Relevo glaciário	➔	Região de glaciação
Concreto	➔	Categoria	➔	Abstrato

Em seu artigo, Biddle cita o trabalho de Chapman (1966) e traz o modelo de subordinação da estrutura conceitual da geografia, apresentado na figura 3. Esse modelo sugere uma estruturação para programas de ensino de Geografia, baseados nos seus conceitos estruturadores.

Coleções de livros didáticos publicados na Inglaterra foram concebidos a partir desse modelo, mas não trazem uma hierarquização dos conceitos numa árvore lógica.

Conceitos estudados

O primeiro conceito escolhido foi o de escala, por ser um conceito estruturador da geografia. Conceito de alto nível de abstração, sua gênese é particularmente complexa e, por isso, precisa ser trabalhado por etapas ao longo do currículo dos ensinos fundamental e médio. O conceito de escala é formado por duas vertentes complementares, construídas paralelamente: as noções de proporção não quantificada e de quantidade.

O conceito de espaço é a essência da Geografia. Sua construção começa pela localização da criança no seu espaço de vida, conceito intermediário na elaboração de espaço.

Os conceitos de localização e de espaço pertencem ao universo das noções infralógicas – quantidade e escala – e ao das operações lógico-matemáticas.

Figura 3 – Modelo de subordinação da estrutura conceitual da geografia.

Fonte: Biddle, 1978.

A construção conceitual

Wittwer (1964) identificou quatro aspectos diferentes numa mesma criança: o biológico, o social, o psicológico e o epistêmico. Esse último envolve as características cognitivas da criança e a liga às demais, no mesmo nível de desenvolvimento. É nesse aspecto que o aluno é identificado num determinado nível operatório e no qual assimila os conceitos. Esses quatro aspectos evoluem concomitantemente. Sanner observa que:

> aprender não é um dado isolado! É um processo, cujos diferentes momentos mobilizam não apenas o ser atual do aluno, o sistema cultural e o contexto científico, ou não, que ele traz, mas também sua história, ou seja, da criança que foi, com seus potenciais biológicos, epistêmicos e o meio no qual vive [...] (1983: 89).

Aqui optou-se pelos aspectos psicológicos e epistêmicos, todavia, sem esquecer os outros. Assim, o tema para reflexão foi a adequação de um novo conhecimento geográfico paralelamente aos conhecimentos anteriores do aluno.

Vários autores chamam a atenção para as condições de um aprendizado eficaz. Assim, a motivação, o resgate do prazer da descoberta e a ajuda mútua entre pares são algumas dessas condições. A troca de conhecimentos entre alunos de uma mesma turma, com um nível de linguagem semelhante, pode ser uma resposta para diminuir as eventuais diferenças entre as linguagens do professor (escola) e do aluno (meio no qual vive). Um colega de turma que entendeu uma determinada noção pode explicá-la com palavras e lógica próprias, facilitando o entendimento por parte de seus pares.

Outro ponto essencial é o reconhecimento do valor do erro como fator positivo no processo de aprendizagem. O aluno tem direito de errar. Sanner (1983: 13) escreveu a respeito do erro: "está no ponto de partida do conhecimento porque o conhecimento científico nunca começa do zero, mas de conhecimentos preexistentes". Reconstituir a gênese do erro significa percorrer o caminho lógico que levou o aluno a dar uma resposta errada. Esse percurso é riquíssimo porque o professor deve reconstituir o raciocínio que falhou para entender a natureza do erro. O professor não soma mais os erros de seus alunos, mas procura suas raízes para entendê-los e corrigi-los. Corrigir não é dar nota, mas sim retificar o rumo do aprendizado, identificando os nós do processo de ensino-aprendizagem. Isso é o verdadeiro trabalho do professor! O processo de elaboração e o raciocínio lógico, que devem ser avaliados e eventualmente corrigidos, são mais importantes que a resposta. Uma resposta certa pode ter sido "colada" ou o resultado de erros compensados. Uma correção efetiva significa identificar o erro, desmontar as fases do raciocínio que o produziu e reestruturá-lo, senão o "aluno tem uma ilusão do saber puramente verbal, a aplicação estereotipada de uma receita, mas as antigas concepções renascerão na próxima solicitação um pouco diferente" (Sanner, 1983: 171).

Tem-se um elemento de explicação para o problema da "perda de memória" da noção de escala. Como acontece o processo de conhecimento? Bruner (citado por Biddle,1978) enfatiza que o "conhecimento não é um produto, mas um processo" (1966: 76).

Piaget definiu três etapas no processo de aquisição do conhecimento:

1. A ação material: a criança coordena entre si, num saber-fazer, porém, sem conceitualização;
2. A conceitualização: a criança toma consciência, aos poucos, de seus esquemas de ação; daí nasce o conceito;
3. As abstrações refletidas: isso é a base do raciocínio abstrato (1974: 277-8).

Resumindo, a representação se forma em dois tempos: no das funções cognitivas (percepção, imitação e imagem mental) e no das funções operativas.

Uma criança que chega à escola com sete anos de idade encontra-se, em princípio, no estágio das operações concretas; é capaz de desenvolver estruturas de agrupamento (classificação, seriação, correspondências simples, entre outros). Seus desenhos deveriam ser o produto do que ela vê, característica do estágio chamado realismo visual, no lugar do que sabe (realismo intelectual). Entretanto, nem todas as crianças possuem o mesmo nível de desenvolvimento, o que pode estar ligado ao "obstáculo epistemológico [...], o que trava a tomada de consciência objetiva de uma determinada estrutura" (Sanner, 1983: 172).

Seis pressupostos embasam este trabalho:

1. O conhecimento é adquirido por meio de um processo construtivo: a criança constrói seu saber;
2. A criança traz um conhecimento prévio sob a forma de representações estruturadas que independe do ambiente escolar;
3. O processo de aprendizado é, de fato, um processo de equilibração, cuja energia vem da afetividade do aluno;
4. É essencial dar continuidade ao "processo natural", informal, de aquisição de conhecimento em concomitância à aquisição de novos conhecimentos, no contexto escolar;
5. As representações apresentam qualidades diferentes. Algumas são resultados de obstáculos epistemológicos, devendo o professor ficar atento a eventuais deformações conceituais apresentadas pelos alunos;
6. A construção conceitual não se processa isoladamente, mas resulta de uma estruturação comparável à de uma árvore, em constante crescimento: o tronco, os galhos são estruturas de crescimento permanente; as folhas, as flores e os frutos são as noções e os conceitos nas suas diversas fases de amadurecimento; cada parte da árvore depende das anteriores para nascer, crescer e amadurecer.

As noções infralógicas

Piaget demonstrou que as noções ligadas ao espaço são topológicas, projetivas e, finalmente, euclidianas. As evoluções psicogenéticas das noções de localização, de espaço e de escala são descritas no livro *A representação do espaço pela criança* (1947). Da percepção egocêntrica das noções topológicas à estruturação de sistemas de referência, por meio das mudanças de ponto de vista, as representações espaciais amadurecem, na criança, até a superação do espaço euclidiano. O entendimento do sistema de coordenadas desenvolve a percepção do espaço com suas características matemáticas, através de paralelas, da conservação dos ângulos, das proporções, das noções de distância e de ângulos retos.

O desenho de Lívia, menina de 7 anos de idade, ilustra bem o caminho a ser percorrido, da representação topológica (na qual as posições estão registradas) à representação euclidiana (a planta do bairro) (figura 4). O prédio da escola está no centro do espaço a ser representado; os outros elementos do espaço giram em torno desse centro. A passagem para a representação, em planta, levará algum tempo.

Figura 4 – Bairro São Luís, em Belo Horizonte, desenhado por Lívia.

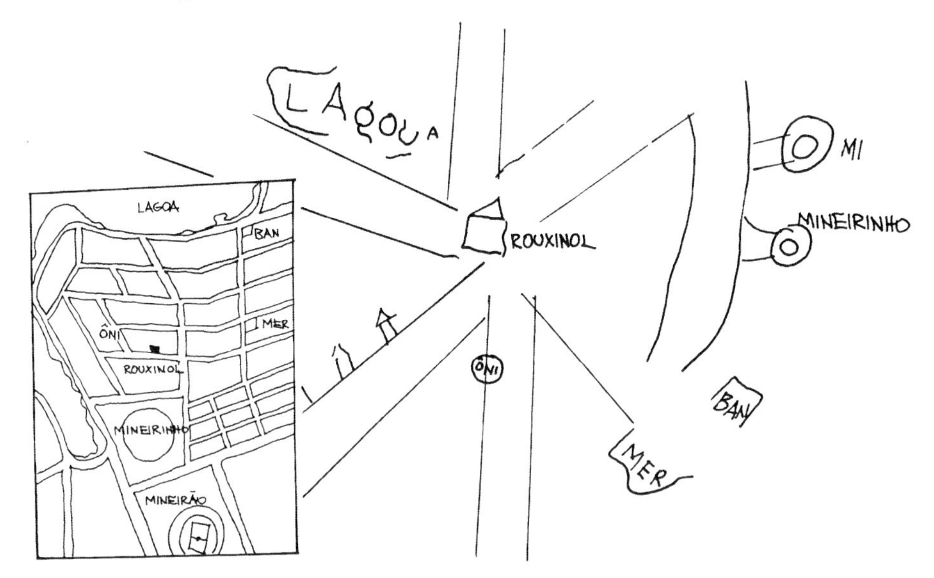

O papel da escola é proporcionar situações que favoreçam o amadurecimento perceptivo da criança, até a estruturação de um sistema próprio de coordenadas. A passagem pela etapa da maquete é fundamental nesse processo. Observou-se, ao longo da aplicação dos testes, que as noções são construídas em três etapas diferentes, a partir:

1. Do corpo da criança, na fase egocêntrica. É a fase da experimentação das noções topológicas pelos sentidos;
2. Da maquete, construção mental do "fazer de conta". Isso é uma representação descentrada do corpo da criança, que força uma *mudança de ponto de vista*, com percepção tridimensional dos objetos no espaço. Entram nessa categoria todas as brincadeiras com objetos (bonecas, carrinhos, brinquedos em geral, entre outros);
3. Das representações "vistas de cima", feitas numa folha de papel, ou seja, em percepção bidimensional. Estão nessa categoria os pré-mapas, as plantas, os mapas, as representações do espaço "visto de cima", tais como fotografias aéreas ou imagens produzidas por satélite.

Quando uma criança encontra dificuldade para representar o espaço "visto de cima", deve-se voltar à fase das atividades com maquete. Quando tem dificuldades para lidar com maquete, é preciso voltar a trabalhar suas representações a partir de seu corpo. Essa evolução deve ocorrer entre a 1ª e a 4ª série do ensino fundamental, senão o adolescente e, provavelmente, o futuro adulto, terá dificuldades para lidar com as noções e habilidades ligadas ao espaço. Piaget e Inhelder explicam a evolução dessas noções:

> As coordenadas do espaço euclidiano são nada mais, em seu ponto de partida, do que uma vasta rede que se estende sobre todos os objetos, e que consiste de relações de ordem aplicadas às três dimensões de uma vez: cada objeto localizado nessa rede é, portanto, coordenado aos outros por meio de três relações simultâneas: esquerda *x* direita, em cima *x* embaixo, em frente *x* atrás, ao longo de retas paralelas entre si e cruzando em ângulos retos com outro conjunto de retas, também paralelas entre si. (1947: 436)

A ocorrência dessa passagem foi observada em criança com idade de 9 anos. Todavia, devemos lembrar que as crianças brasileiras podem apresentar certa defasagem no tempo.

Gênese da noção de localização

Num primeiro momento, a criança percebe o espaço no qual vive por meio das noções topológicas de vizinhança, ordem, separação, envolvimento e continuidade. Isso passa pelo processo percepção – imagem mental – memorização. A noção de localização diz respeito ao espaço próximo da criança. Paralelamente, a criança tem acesso a representações espaciais feitas no papel. É o momento dos exercícios com marcações em *casas*, *nós*[3] e percursos feitos em grades, utilizando coordenadas. O domínio da lateralidade antecede o dos pontos cardeais. Os exercícios de mudança de ponto de vista levam ao entendimento da orientação de um mapa. A noção de coordenada geográfica pode ser introduzida. Deve-se lembrar que o aluno não tem maturidade matemática para lidar com graus e minutos, noções do programa de matemática da sétima série.

A noção de localização apresenta duas vertentes (ou galhos de sua árvore conceitual): a localização precisa (o nó, a coordenada) e a relativa (o sítio, a situação geográfica). Essa última corresponde à noção de espaço. Para delimitar o sítio, isto é, as características topográficas e físicas de um dado lugar ou, ainda, sua posição relativa num contexto regional, é necessário analisar elementos daquele espaço. Isso requer o domínio de redes conceituais próprias da geografia.

A noção de localização é construída, na tese que originou este capítulo, na sequência de 43 fichas. Os objetivos são:

1. Verificar a aquisição das noções topológicas;
2. Trabalhar a localização de objetos em grades;
3. Fixar a noção de lateralidade;
4. Observar e colocar elementos do espaço em posições diferentes, numa maquete, operando mudanças de ponto de vista;
5. Usar coordenadas para localizar objetos espaciais;

6. Introduzir o uso dos pontos cardeais;
7. Perceber a localização dos meridianos e dos paralelos na superfície da Terra;
8. Localizar, simultaneamente, elementos espaciais, por meio da distância e da orientação.

Gênese da noção de espaço

Esta é a primeira noção caracteristicamente geográfica. Varia do espaço local ao sideral, em função da escala. O espaço é percebido por meio da observação, seguida pelo seu registro, num primeiro momento sob a forma de desenho, num segundo momento, por uma representação, ou seja, um desenho fiel à realidade. Piaget mostrou que a criança estrutura a percepção do espaço a partir de seu próprio corpo na fase conhecida como egocêntrica: ela é o centro, os elementos espaciais se organizam ao seu redor. O desenho de Lívia ilustra esse fato.

A fase seguinte é a da mudança de ponto de vista. A estruturação do espaço depende de observação precisa, rigorosa e sistemática e se dá em escalas diversas, afastando-se até o infinito, cuja percepção pode ser, apenas, abstrata.

As noções ligadas ao conceito de espaço são desenvolvidas, na tese, numa sequência de 54 fichas, ao longo de quatro anos. No decorrer dos dois primeiros anos, os objetivos são levar a criança a:

1. Perceber seu espaço de vida;
2. Entender as representações espaciais;
3. Localizar-se no espaço e nas suas representações (maquetes, mapas, entre outras);
4. Entender que cada elemento espacial tem, no mínimo, uma função;
5. Conhecer as formas do espaço brasileiro;
6. Produzir uma planta;
7. Ler uma planta;
8. Analisar documentos diversos: tabelas, quadros, mapas, croquis, perfis, textos, entre outros. (A lógica de construção de uma tabela, ou de um quadro, corresponde à organização espacial de dados e de suas respectivas características: cada dado possui um endereço preciso e específico, na tabela ou no quadro);
9. Organizar os resultados de uma enquete;
10. Raciocinar e tirar conclusões;
11. Entender a organização do espaço;
12. Refletir, tomando como base suas percepções da realidade;
13. Discutir e argumentar sobre um tema de pesquisa.

Na 3ª série, o tema tratado é o município; na 4ª série, o estado. São abordados por meio de dados e de mapas. As técnicas utilizadas são cada vez mais complexas e requerem maior reflexão.

O objetivo principal é instrumentalizar o aluno para a análise de um espaço qualquer, a partir de dados e de documentos diversos. Ele terá condições de juntar, organizar, classificar, analisar e representar esses dados para tirar as informações relevantes e construir seu conhecimento, a partir de seu próprio raciocínio, em contraponto com seus colegas, sob a orientação do professor.

As noções lógico-matemáticas

Inúmeros pesquisadores trabalharam com esse tema. Devem ser, fundamentalmente, citados Piaget e Sziminska (*La genèse du nombre chez l'enfant,* 1941), Piaget e Inhelder (*La genèse des structures logiques élémentaires*, 1959), Bideau (1974), Longeot (1966, 1979-80), Reinish (1980), entre outros.

Resumindo o pensamento desses autores, pode-se definir algumas etapas na construção das noções lógico-matemáticas:

1. A criança reconhece diferenças e semelhanças;
2. Agrupa elementos em conjuntos e subconjuntos, com critérios diversos (cor, textura, tamanho, forma etc.), ou seja, as principais variáveis visuais identificadas por Bertin, em sua obra sobre cartografia temática *Semiologia gráfica: cartas, diagramas e redes* (1967). A variação de tamanho leva a classificações ordenadas ou seriações, embriões da noção de proporção;
3. Da estruturação dessa percepção nasce a noção de número, as operações com números, que levarão à quantificação das proporções quando as operações lógicas se juntarão às operações matemáticas.

O início da estruturação da noção de número está nas percepções das diferenças de quantidade. Suas etapas foram descritas por Piaget e Sziminska:

> A construção da correspondência serial passa, com efeito, por três etapas: comparação global, sem seriação exata, nem correspondência termo a termo espontânea; depois, a seriação e as correspondências progressivas e intuitivas; e, finalmente, seriação com correspondências imediatas operatórias. (1941: 135)

Enquanto a criança não superar a conservação das quantidades, nem a seriação, não estará preparada para contar. A noção de relação de proporção (não quantificada) introduz o entendimento das frações e, em seguida, da proporção quantificada (igualdade entre duas frações). Os esquemas seguintes ilustram essa evolução:

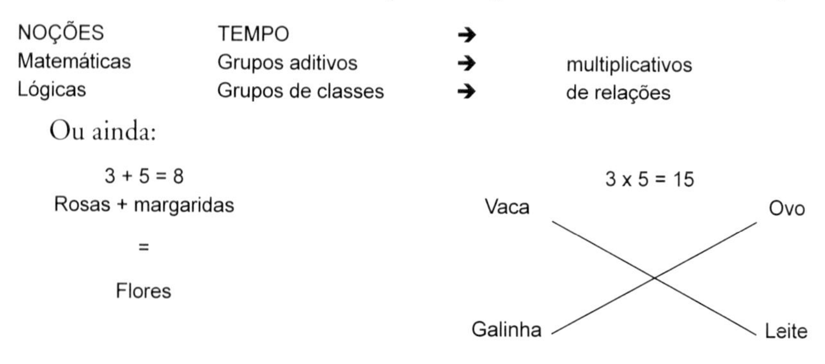

Ou ainda:

Noções lógico-matemáticas se estruturam paralela e concomitantemente. As noções lógicas evoluem da inclusão de classes à classificação simples (com um critério), às classificações múltiplas, aos encaixamentos de relações assimétricas até as estruturas em árvore e dependem da estruturação de noções tais como conservação, reversibilidade e associatividade. As noções matemáticas evoluem a partir do número, em estruturas aditivas e multiplicativas e seus inversos (subtração e divisão).

Gênese da noção de quantidade

A noção de quantidade é fundamental para a estruturação de grande parte do conhecimento geográfico. Muitas vezes constitui uma barreira no aprendizado do aluno, do estudante de curso superior e até de professores formados para lidar com dados quantitativos de cunho geográfico, tais como taxas, índices, escalas, fusos horários, coordenadas, indicadores diversos etc. A própria cartografia, linguagem privilegiada da geografia, é baseada em noções matemáticas.

A criança percebe as diferenças e as igualdades. Daí nasce a percepção de quantidade, de inclusão de classes e de seriação. Piaget observou nas crianças suíças (por volta dos 7-8 anos) a síntese dessas noções. A criança entende a ordem temporal. O número passa a ser usado nas suas dimensões de quantidade e de ordem. Quando a criança entende as relações de equivalência, diferença e ordem, ela está apta a abordar as operações com números, iniciadas pela adição, seguidas pela multiplicação. As demais operações ocorrem posteriormente e precisam de um amadurecimento maior e lento. Da comparação de tamanhos nasce a necessidade de instrumentos de medida. A necessidade de medir situa-se entre o perceptivo e o concreto. O sistema métrico pode ser apresentado. Da medida nasce a noção de fração, de decimal, a regra de três e a escala numérica.

Os exercícios de 44 fichas visam à construção da noção de quantidade. Objetivam:

1. Verificar a aquisição da percepção das variações de tamanho, de intensidade, de quantidade, de ordem etc.;
2. Familiarizar a criança com as estruturas lógicas;
3. Construir a ordem temporal e a noção de escala temporal;
4. Organizar as percepções de modo lógico;
5. Introduzir os modos de representações gráficas (variáveis visuais, mapas, diagramas etc.).

Nas 3ª e 4ª séries o aluno utiliza essas estruturas para apreender os espaços municipais, regionais e nacionais, a partir de dados e de representações gráficas elaboradas por ele mesmo.

Gênese da noção de escala

A definição de escala como proporção entre uma distância real e o comprimento de sua representação gráfica, no papel, revela a correlação conceitual de uma "relação de proporção entre duas dimensões", ou seja, dois galhos da árvore conceitual: o da relação de proporção e o da dimensão. Ambos precisam ser elaborados, paralelamente, às vezes em concomitância, uma vez que a construção de algumas noções depende de outra. A noção de escala tem um altíssimo nível de abstração apesar da aparente simplicidade.

O ramo da noção da "relação de proporção" estrutura-se nos conceitos de representação, relação, relação quantificada, proporção e, finalmente, escala. A noção de proporção é intuitiva, num primeiro momento, e torna-se formal, bem mais tarde. Paralelamente, o galho da "unidade padrão" constrói-se a partir da necessidade de medir, utilizando-se um instrumento qualquer. Em seguida, a necessidade de comparar medidas leva ao conceito de unidade, ou seja, o sistema métrico, entre outros sistemas de medição. A construção da noção de número é fundamental e, obviamente, antecede a de unidade padrão.

Assim, a noção de escala deve ser introduzida, num primeiro momento, apenas na sua forma gráfica. A escala numérica, fração com denominador (em geral muito grande, nos documentos cartográficos) não deveria ser apresentada ao aluno antes de a noção de fração numérica com grandes denominadores ter sido amadurecida.

A noção de escala é trabalhada com 35 fichas temáticas. Os objetivos são:

1. Introduzir as noções de representação, diferença, ampliação, redução e ordem;
2. Verificar a aquisição da estrutura lógica de seriação;
3. Trabalhar a percepção das variações de escala e medidas diversas, com objetos diversos;
4. Orientar as representações com medidas e escalas perceptivas dadas;
5. Construir representações espaciais com escala e mudanças de ponto de vista;
6. Passar da representação em maquete para a representação em planta e em mapas;
7. Operar cálculos usando retas graduadas e escalas gráficas.

Considerações finais

Refletindo sobre as principais conclusões da tese, defendida há mais de quinze anos, percebe-se que muitas, ainda, são atuais. Após essa pesquisa, reconhece-se como fundamentados os seguintes postulados:

1. A inteligência é construída pelo indivíduo ao longo de sua vida, mas, principalmente, em idade da escolaridade formal fundamental. É necessário e urgente repensar o ensino fundamental no Brasil. Seus objetivos específicos foram esquecidos e alterados. As estruturas do pensamento, do raciocínio, precisam ser trabalhadas, assim como os hábitos de estudo, de pesquisa e de postura;
2. Existe uma ordem lógica na aquisição do conhecimento. Os conceitos são interligados e estruturam-se dependentes uns dos outros. Esse fato é fundamental na estruturação de uma grade curricular;
3. Qualquer um pode aprender. Todos têm o direito de aprender, consideradas suas necessidades e potencialidades individuais;

4. A postura do professor e a avaliação escolar, baseadas no negativo (*tirar* pontos), precisam ser mudadas para a avaliação do progresso, do positivo, ou seja, a escola precisa operar uma "mudança de ponto de vista", no sentido piagetiano;
5. A criança passa por fases de amadurecimento cognitivo que precisam ser reconhecidas e respeitadas;
6. A construção de habilidades (saber-fazer) alicerça a construção conceitual.

Na estruturação dos conceitos fundantes da geografia, a noção de localização antecede à de espaço. A localização é o conjunto das características de um ponto preciso no espaço. A noção de espaço é suporte para qualquer estudo geográfico: não há geografia sem espaço, assim como não há escala sem espaço. A escala precisa ser abordada, primeiramente, em sua dimensão comparativa: o conhecimento geográfico nasce das comparações. As comparações introduzem a dimensão temporal.

A coleção de fichas está sendo utilizada em redes de ensino particular. A edição de 2005, revista e corrigida, tem o nome *A caminho da geografia*.

Notas

* Neste capítulo, apresentamos de forma resumida a tese intitulada *Elaboração de um material pedagógico para o aprendizado de noções geográficas de base, no Ensino Fundamental, no Brasil: uma proposta baseada em teorias da Geografia, da Pedagogia, da Psicologia e da Semiologia Gráfica*, que foi defendida em dezembro de 1989, na École des Hautes Études en Sciences Sociales (EHESS), em Paris. Os orientadores foram os doutores Jean-Pierre Raison e Serge Bonin (coorientador). O texto original está depositado no Banco Nacional de Teses da França. Os dois volumes que a compõem aprentam 269 e 182 páginas, respectivamente. Diversos artigos foram publicados na *Revista Geografia e Ensino* (Le Sann, 1992 a e b), da UFMG, no *Caderno de Geografia* (Le Sann, 1993), da PUC-MG. O volume das fichas foi publicado pela Editora Dimensão (Le Sann, 2001). Está, em 2006, na terceira edição.

[1] Ver entre outros: Ulmann, Rogers, Neill e Groupe Français D'Education Nouvelle.

[2] Ver: M. M. Duarte dos Santos e J. G. Le Sann, A cartografia do livro didático de geografia, *Revista Geografia e ensino*, Belo Horizonte, 2 (3): 3-38, jun. 1985.

[3] Casa corresponde ao encontro de uma coluna com uma barra, ou seja, um quadrado; nó, ao de uma linha vertical com uma linha horizontal: um ponto.

Bibliografia

ALAIN. *Propos sur l'éducation*. 15. ed. Paris: PUF, 1972.

BARTH, B.M. *L'apprentissage de l'abstraction*. Paris: Retz, 1987.

BERTIN, Jacques. *Sémiologie graphique*. Paris-La Haye: Mouton Gauthiers-Villars, 1967.

__________. *La graphique et le traitement graphique de l'information*. Paris: Flammarion, 1977.

__________. Le test de base de la graphique. *Bulletin du Comité Français de Cartographie*, Paris, 1979, pp. 3-18.

BIDDLE, D, S. Abordagem conceitual do ensino da geografia na escola secundária. *AGETEO*, Rio Claro, texto n. 2, 1978, p. 53.

BIDEAU, J. *L'acquisition de la notion d'inclusion, rôle de certains facteurs perceptifs, verbeaux et pratiques*. Thèse de doctorat, Université de Paris V, 1974.

BONIN, Serge. *Initiation à la graphique*. Paris: Epi, 1975.

CHAPMAN. The status of geography. *The Canadian Geographer*, vol. 10, 1966, p. 133.

DASEN, et al. *Naissance de l'intelligence chez l'enfant Baoulé de Côte d'Ivoire*. Berne: Hens Huber, 1978.

GARANDERIE, Antoine de la. *Les profils pédagogiques*. Paris: Le Centurion, 1980.

__________. *Pédagogie des moyens d'apprendre*. Paris: Le Centurion, 1982.

__________. *Comprendre et imaginer.* Paris: Le Centurion, 1987.

GIMENO, R. *Apprendre à l'école par la graphique*. Paris: Retz, 1980.

GOZE, T. *Les activités de classification et les opérations logiques chez l'enfant ivoirien*. Thèse. Paris, EHESS, 1976. p. 266.

INHELDER, B. *Le diagnostic du raisonnement chez les débiles mentaux*. p. v. (Préface de Piaget), 1943. [S.l. n.]

GROUPE FRANÇAIS D'EDUCATION NOUVELLE. *Quelles pratiques pour une autre école?* Paris: Casterman, 1982.

GUILLERON, C. Réflexions sur les problèmes de décalage: à propos de l'article de Montagero. *Archives de Psychologie*, n. 48, 1980, pp. 283-302.

LAROUSSE. *Grand Larousse en cinq volumes*. Paris: Larousse, 1987.

LE SANN, J. G. Material pedagógico para o ensino de noções básicas de geografia, nas 1ª e 2ª séries do primeiro grau. *Revista Geografia e Ensino*. Belo Horizonte, 13/14(3), dez. 1992, pp. 35-41.

__________. Elaboração de material pedagógico para o aprendizado de noções geográficas de base, no Brasil. *Caderno de Geografia*. Belo Horizonte: PUC-MG, v. 4, n. 5, dez. 1993, pp. 51-69.

__________. Percepção do espaço na 1ª série do primeiro grau. *Revista Geografia e Ensino*. Belo Horizonte, 13/14(3), dez. 1992, pp. 43-50.

__________. *A caminho das noções básicas de geografia*: uma proposta metodológica. Belo Horizonte: Dimensão, 2001.

__________; VALADÃO, R. C. *Relatório Final de Atividades do CAP – GEOGRAFIA*. Belo Horizonte: UBEE, 2003.

LONGEOT, F. *Expérimentation d'une échelle individuelle du développement de la pensée logique*. Paris: BINOP, n. 22, 1966.

__________. Pensée naturelle, proportionnalité e efficience en mathématiques. *Bulletin de psychologie,* 33 (345), 1979-80, pp. 711-18.

MARBEAU, L. Métodologie de la recherche-action. *Revue Information Géographique*, vol. 47, 1983, pp. 199-205.

MONTMOLLIN, de M. *L'enseignement programmé*. Paris: PUF, 1975. (Coll. Que sais-je? n. 1171.)

NEILL. *Libres enfants de Summerhill*. Paris: Maspéro, 1970.

PIAGET, Jean. *La psychologie de l'intelligence*. 8ª. ed. Paris: A. Colin, 1965, [1947, 1ª. ed.]

__________. *Où va l'éducation?* Paris: Unesco, 1948.

__________. *Psychologie et Pédagogie*. Paris: Editions Denoël, 1969.

__________. *Réussir et comprendre*. Paris: PUF, 1974.

__________; INHELDER, B. *De la logique de l'enfant à la logique de l'adolescent*. 2ª. ed. Paris: PUF, 1970. [1955, 1ª. ed.]

__________; __________. *La représentation de l'espace chez l'enfant*. 5ª. ed., Paris: PUF, 1977. [1947, 1ª ed.]

__________; __________. *Gênese das estruturas lógicas elementares*. Rio de Janeiro: Zahar Editores, 1983. [1959. 1ª. ed.]

__________; SZIMINSKA, A. *La genèse du nombre chez l'enfant*. Neuchâtel/Paris: Delachaux & Niestlé, 1941.

REINISH, A. M. *L'élaboration de la notion de proportion chez l'enfant*: proportion inverse et équilibre de la balance. Thèse de doctorat, Université de Nice, 1980.

ROGERS, C. *Liberté pour apprendre*. Paris: Dunod, 1973.

SALEM, A. *La genèse du dessin de l'enfant algérien de 6 à 10 ans*. Thèse de doctorat, Université de Paris V, 1979.

SANNER, M. *Du concept au fantasme*. Paris: PUF, 1983.

SANTOS, M. M.; LE SANN, J. G. A cartografia do livro didático de geografia. *Revista Geografia e Ensino*. Belo Horizonte, 2(3): 3-38, jun. 1985.

ULMANN, J. *La pensée éducative contemporaine*. Paris: Vrin, 1982.

WALLON, H. *L'évolution psychologique de l'enfant*. Paris: Armand Colin, 1968.

WITTWER, J. *Contribution à une psychopédagogie de l'analyse grammatical*. Thèse de doctorat. Neuchâtel: Delachaux & Niestlé, 1965.

A CARTOGRAFIA TÁTIL NO ENSINO DE GEOGRAFIA: TEORIA E PRÁTICA

Regina Araújo de Almeida

As mais diferentes informações disponíveis ao ser humano são transmitidas principalmente através dos sons e dos signos gráficos, sendo a linguagem o meio de comunicação fundamental. A linguagem oral é apreendida através da audição. A representação gráfica dessa linguagem surgiu a partir da necessidade de organizar, guardar e divulgar a informação e, assim como a forma escrita, é detectada pela visão. O canal visual é o mais importante para o homem; tem um caráter abrangente e sintético e é, sem dúvida, o mais eficaz na transmissão das ideias. Os demais sentidos – tátil, auditivo, olfativo e gustativo – são complementares.

A pessoa com deficiência visual, para a apreensão da linguagem gráfica, conta apenas com a audição e o tato e com alguma visão residual, se possível. A linguagem escrita, por ser altamente estruturada, foi facilmente substituída por uma forma tátil universal que é o sistema braille, inventado por Louis Braille, em 1829, na França.

A percepção do espaço e as relações espaciais são partes integrantes da vida do homem e dependem basicamente do sentido da visão. O olho consiste no único canal de comunicação da informação visual. A imagem espacial não pode ser transcrita e comunicada pela linguagem convencional e por essa razão necessita de uma linguagem gráfica própria, passível de ser percebida pelo tato e também comunicada pelos sons.

O material gráfico disponível para pessoas com deficiência visual é muito limitado, o que tem comprometido a percepção do ambiente e o ensino dos conceitos espaciais. Os mapas e gráficos armazenam informação espacial abstrata e estruturada e devem ser considerados instrumentos indispensáveis ao aprendizado dos temas relacionados com o ambiente, o território e a Geografia como um todo. O mapa fornece uma perspectiva simultânea de uma área e organiza o conhecimento espacial, expressando relações.

A pessoa com deficiência visual não pode prescindir desse meio de comunicação, que, adaptado ao tato, ajuda na organização de suas imagens espaciais internas. Diagramas, gráficos e mapas de qualquer natureza possibilitam o conhecimento geográfico e facilitam a compreensão do mundo em que vivemos. Por essa razão, é preciso adaptar as representações gráficas para que possam ser percebidas pelo tato, dando para a pessoa com deficiência visual oportunidades semelhantes àqueles que podem ver.

Essa adaptação precisa ser estudada profundamente, pois apenas com uma transcrição das informações visuais para a forma tátil não se obtém resultados aceitáveis, devido à diferença de resolução entre o sentido da visão e do tato, dentre outras razões. Essa transformação pressupõe uma maior simplificação e generalização da informação geográfica a ser representada graficamente, tendo em vista o usuário com visão subnormal ou cego.

A cartografia tem um papel importante nesse processo e, dessa forma, precisa fornecer materiais adequados para a pessoa com deficiência visual.* Os mapas são até mais necessários para esse grupo de usuários do que para aqueles que conseguem enxergar. Pessoas cegas podem usar um mapa para se orientar, sem ajuda, dentro de um edifício. Por esse motivo, todos os tipos de materiais cartográficos deveriam estar disponíveis na forma tátil, incluindo mapas temáticos e de referência, em diferentes escalas.

No Brasil, até o final da década de 1980, estudos sobre esse assunto eram inexistentes na Geografia, com poucos recursos gráficos na forma tátil, principalmente mapas e imagens. Na esfera internacional, o tema é estudado há mais de 40 anos e existem inúmeras publicações e pesquisas relatadas. Em 1983, realizou-se o primeiro Simpósio Internacional sobre Mapas e Gráficos para pessoas com deficiência visual, sendo uma tentativa inédita de sistematização dos trabalhos nesse campo. O segundo e o terceiro simpósio sobre esse assunto foram realizados em 1988, na Inglaterra, e em 1989, no Japão. Para viabilizar a pesquisa da autora e estabelecer o estado da arte de um tema na época ainda não estudado no país, foi necessário realizar levantamentos e visitas a centros internacionais. Em fevereiro de 1994, foi realizado na Universidade de São Paulo e na Associação Cartográfica Internacional, sob a coordenação da autora, o IV Simpósio Internacional sobre Mapas e Gráficos para Deficientes Visuais, com mais de 200 participantes, sendo 50 internacionais. Em 2000, ocorreu o Encontro Latino-Americano sobre o Ensino de Geografia para Deficientes Visuais, realizado em parceria com o Centro de Apoio Pedagógico para Atendimento ao Deficiente Visual (CAP) e a Geografia – FFLCH da USP.

De maneira geral, os pesquisadores concordam e até nos dias atuais afirmam que ainda há muito o que pesquisar, principalmente sobre a percepção e interpretação das representações gráficas pelo tato, normatização da linguagem gráfica, legibilidade dos símbolos, treinamento necessário para utilização de mapas e gráficos, dentre outros temas. Considerando o volume e a variedade de informações transmitidas por meio das representações gráficas, constata-se a importância e a urgência das pesquisas que visam procurar novos caminhos para o tratamento gráfico da informação.

As dificuldades envolvidas na criação de uma linguagem gráfica tátil são grandes e não existem ainda regras definidas. Dentre as limitações, destaca-se a já mencionada diferença entre a resolução da visão e do tato, que é incomparavelmente inferior. A quantidade de informação tem que ser compatível com a sensibilidade da percepção tátil; também a forma de representação, o tipo de signos gráficos e o *design* do mapa precisam ser apropriados e, na maioria das vezes, não podem ser semelhantes aos padrões dirigidos à visão. A solução gráfica e a construção dos originais dependem também da técnica selecionada para reprodução do material gráfico.

Os objetivos iniciais da pesquisa realizada podem ser resumidos em:

- Pesquisa e desenvolvimento de uma linguagem gráfica visual e tátil, a ser utilizada para tratamento e comunicação da informação geográfica;
- Aplicação dessa linguagem ao ensino da cartografia e da Geografia para alunos do Ensino Fundamental, das classes de recurso (educação especial) e das escolas para pessoas com deficiência visual;
- Avaliar e desenvolver técnicas de construção e reprodução da representação gráfica tátil, buscando o aperfeiçoamento das formas de tratar e representar graficamente a informação geográfica em mapas e diagramas;
- Destacar a importância da preparação do usuário para decodificação e leitura de mapas, propondo um programa de treinamento para a linguagem gráfica;
- Discutir novas metodologias para o ensino da Geografia e da cartografia nas escolas de Ensino Fundamental, visando introduzir uma forma de tratamento interdisciplinar;

Durante o desenvolvimento da pesquisa, foram definidas algumas metas a serem atingidas:

- Sistematização da cartografia tátil como processo de comunicação: definição das principais etapas relativas à construção e utilização dos mapas, tendo em vista o usuário com deficiência visual;
- Discussão das principais técnicas de construção e reprodução de representações gráficas em relevo, incluindo uma avaliação da viabilidade e dos custos envolvidos;
- Proposta de um programa de treinamento para a linguagem gráfica, visando à preparação do aluno (desde a pré-escola até o 1º grau) para o uso dos mapas, na sua vida cotidiana e na escola. Esse programa inclui a introdução de noções geográficas básicas, tais como, escala, distância, localização, direção e orientação;
- Definição de recursos para facilitar a percepção e construção do espaço pela criança com deficiência visual, através do uso de representações gráficas, particularmente de mapas.

O principal objetivo do trabalho foi pesquisar e desenvolver uma cartografia tátil, propondo uma linguagem gráfica adaptada ao tato e destinada ao aluno com deficiência visual, em vários graus. Independentemente das limitações, os resultados obtidos permitiram o aperfeiçoamento do ensino da cartografia e da Geografia no ensino fundamental e médio, com destaque para as classes de recurso destinadas a alunos com deficiência visual da rede de ensino público.

A cartografia tátil no ensino de Geografia: fundamentos teóricos

Os fundamentos teóricos e metodológicos do trabalho abordam três áreas básicas: a cartografia, o ensino e a deficiência visual. Durante todo o período da pesquisa, foi realizado um extenso levantamento bibliográfico, concentrado nessas três áreas. A bibliografia relacionada a pessoas com deficiência visual aborda questões vinculadas com o desenvolvimento da criança e do jovem com deficiência visual, assim como a especificidade das técnicas pedagógicas. Foi dispensada maior atenção à coleta de informações referentes à representação gráfica na forma tátil (questões teóricas e aplicadas) e particularmente, ao ensino de Geografia, à percepção do espaço e à aquisição de conceitos geográficos básicos por esse grupo de usuários.

A cartografia como processo de comunicação da informação geográfica

O mapa considerado meio de comunicação está inserido em um processo cartográfico que começa com a realidade (o espaço geográfico) e passa por várias etapas: transformação (de tri para bidimensional, de superfície esférica para plana através das projeções), redução (escala) e generalização, codificação (linguagem gráfica e cartográfica), construção e reprodução. Como resultado, chega-se ao mapa que vai ser utilizado por um usuário, que passa pelas fases da percepção, leitura, análise e interpretação da representação gráfica. A última etapa deve ser a avaliação desse processo.

Muehrcke (1981) vê o processo cartográfico como uma série de transformações da informação, em três etapas:

1ª A informação é coletada do ambiente através de censos, levantamentos, sensoriamento remoto etc.

2ª Esses dados são transformados em um mapa, aplicando quatro princípios da abstração cartográfica: seleção, classificação, simplificação e simbolização.

3ª O mapa é convertido, pelo usuário, em uma imagem do ambiente através da leitura, análise e interpretação (uso do mapa).

Meine (1978) resumiu o processo da comunicação nos seguintes termos: *como* nós temos que dizer *o que*, através de que *meios* ou *expressões* para *quem* ou para que tipo de *usuário do mapa*, obtendo quais *resultados*? Para o autor, a cartografia é uma ciência que engloba a teoria e a prática, utilizando duas esferas diferentes para a realização dos mapas: os processos científicos (generalização, minuta etc.) e os processos técnicos (desenho, reprodução etc.).

Para Board (1981), o campo da Cartografia abrange desde a realidade a ser mapeada, a escolha dos dados, até o mapa e sua utilização. Para ele, a comunicação cartográfica enfatiza um processo em vez de um produto, englobando o iniciador, o meio e o recebedor da informação.

Essas considerações sobre o processo de comunicação cartográfica são ainda mais relevantes quando o tema é a cartografia tátil. Os esquemas apresentados por diversos estudiosos precisam ser modificados, visando a um tipo de usuário marcado por diferentes graus de deficiência visual.

Alguns autores analisam temas específicos ou determinadas fases do processo cartográfico. É o caso dos estudos sobre linguagem cartográfica desenvolvidos por Bertin (1967; 1977; 1978; 1980; 1982). J. Bertin é considerado um dos teóricos da comunicação (Paul, 1978; Board, 1983); mas em diversas publicações Bertin (1977: 177; 1978; 1979) critica os fundamentos da teoria da comunicação – a existência de um emissor (cartógrafo), um código (mensagem cartográfica) e um receptor (usuário do mapa), argumentando que esse seria um esquema polissêmico, diferente do esquema monossêmico da representação gráfica. Nesse esquema existe um ator e as três relações (similaridade/diferença, ordem e proporcionalidade), estando transmissor e receptor na mesma perspectiva. No caso da pessoa com deficiência visual, o transmissor e o receptor (usuário) não estariam na mesma perspectiva, na medida em que utilizam linguagens diversas.

Para Bertin, o redator gráfico (cartógrafo) precisa analisar a natureza quantitativa, ordenada ou diferencial dos dados a serem transcritos e selecionar a variável visual correspondente; portanto a escolha dos signos é condicionada pelas propriedades limitadas das variáveis visuais, de modo que permita uma leitura de conjunto (mapas para ver), que é o principal objetivo da representação gráfica. O autor só aceita a normatização de signos convencionais, visando a uma economia de tempo e lugar, obedecendo primeiro à lei fundamental da representação gráfica (*graphique*), que consiste em não destruir as relações entre os elementos representados; e segundo a lei da memorização, que é proporcional à repetição da convenção e é inversamente proporcional ao número de convenções.

Ao identificar essas variáveis gráficas (tamanho, valor, textura, cor, orientação e forma), Bertin foi o pioneiro na sistematização das relações entre os dados e sua representação, de uma maneira exaustiva, indo, portanto, na direção da caracterização de uma linguagem cartográfica. Sua proposta é dirigida apenas à representação gráfica como recurso visual. Entretanto, a maioria dos conceitos da semiologia gráfica e das suas aplicações práticas pode ser convertida para a linguagem gráfica tátil.

A maioria dos teóricos da comunicação tem uma visão bastante diversa daquela expressa na semiologia gráfica, com relação à linguagem cartográfica. As principais divergências são: o papel dos fatores humanos e sociais, da experiência, principalmente com relação ao uso dos mapas, e a possibilidade ou mesmo necessidade de normatização dos signos cartográficos, no sentido de torná-los convencionais, o que inclui a utilização de símbolos.

Gilmartin (1981) escreveu um dos artigos que mais esclarecem essa questão, analisando a interface entre a pesquisa psicofísica e cognitiva na cartografia. Primeiramente a autora define psicofísica (maneira pela qual organismos vivos respondem às configurações energéticas do ambiente), questões psicofísicas (relacionadas com operação e comportamento dos sistemas sensoriais) e cognição (cujo objeto são os processos mentais mais altos que as pessoas usam para adquirir, guardar e usar informações – aquisição de conhecimento).

Gilmartin advoga que "se o objetivo na pesquisa cartográfica é o aperfeiçoamento do nosso produto (o mapa), então nós precisamos saber como as pessoas veem e entendem aquele produto e que tipos de variáveis afetam essa visão e entendimento. As respostas para essas questões não virão somente da psicofísica ou da cognição, mas deverão, fundamentalmente, incluir ambas". De maneira geral, todas essas pesquisas a respeito dos fatores humanos e do papel da experiência, abordando questões sobre a percepção e a cognição, deverão contribuir para o desenvolvimento de uma linguagem gráfica visual e tátil.

As pessoas cegas ou com deficiências graves na vista utilizam a linguagem oral e escrita sem problemas. O sistema braille, como uma imagem escrita tátil, constitui-se no significante dos signos e substitui eficientemente a escrita convencional. Com relação à linguagem gráfica, existem sérios problemas na transformação da forma visual para a tátil. Tratando-se de um usuário com uma especificidade marcante, sem dúvida, a produção do mapa tátil é um exemplo excelente para o estudo do processo de comunicação cartográfica.

No Brasil, a comunicação cartográfica foi estudada por vários autores: Oliveira (1978), Vasconcellos e Simielli (1981; 1983; 1985) e Simielli (1986). Esses estudos refletem as questões teóricas abordadas nos anos 1970, mas uma análise crítica tornou-se obrigatória (Vasconcellos, 1988). Esse tema foi retomado (Vasconcellos, 1993), com o objetivo de ressaltar as tendências em curso e as suas relações com a cartografia tátil.

Castner (1983) é um dos únicos teóricos da comunicação que trata dos mapas para usuários com deficiência visual, discutindo suas implicações para o estudo da comunicação cartográfica visual. Andrews (1988) analisa as aplicações do modelo de comunicação cartográfica para o *design* de mapas táteis, ressaltando que o cartógrafo que faz mapas para pessoas com deficiência visual precisa ser guiado pelas mesmas estruturas e princípios básicos dos modelos de comunicação para mapas visuais.

Recentemente, a comunicação cartográfica está ressurgindo com novos pressupostos e objetivos. Essa mudança ocorreu em função das inovações tecnológicas, com destaque para as áreas da informática (*hardware* e *software*), do sensoriamento remoto e das telecomunicações. O *design* e o uso dos mapas digitais, ao lado do surgimento de novos produtores e novos usuários no mundo de hoje, estão sendo considerados áreas importantes da pesquisa cartográfica.

Muito tem sido estudado nesse sentido, principalmente no âmbito da ciência cognitiva e das novas pesquisas envolvendo os computadores e a inteligência artificial.

Uthe (1993) atualiza as reflexões sobre modelos de comunicação através da discussão das condições da orientação, da comunicação, do uso e da função dos mapas. Woodward (1992) apresenta uma análise brilhante da cartografia no momento atual em "Mapas na Geografia". O autor, dentre outras considerações, faz uma análise crítica dos estudos da comunicação cartográfica desde a década de 1970 até o presente. Ele destaca como o modelo da comunicação tornou-se um paradigma proeminente da pesquisa cartográfica, mas falhou na apresentação de dados empíricos e pesquisas aplicadas. O autor discute também as ideias de Jacques Bertin sobre semiologia gráfica, a importância da generalização cartográfica e as novas fronteiras da cartografia digital.

As etapas de construção e uso do mapa tátil

Os produtores de material cartográfico tátil e os usuários com deficiência visual apresentam sérias dificuldades. Para comunicar a informação geográfica e os dados espaciais, alguns problemas a serem evitados na cartografia convencional tornam-se qualidades e condições necessárias para o *design* de mapas táteis eficazes. Esses precisam de um maior grau de generalização com omissões, exageros e distorções nunca imaginados pelo cartógrafo. A cartografia tátil precisa de outros conceitos e regras, com técnicas distintas para produção de mapas.

Os estudos sobre semiologia gráfica também devem ser considerados, pois os princípios semiológicos propostos por Bertin (1967; 1977) podem ajudar na construção de mapas destinados à percepção tátil. A sua sugestão de organizar a informação gráfica em uma *coleção de mapas* é compatível com as necessidades do usuário com deficiência visual, sendo bastante eficaz em muitos casos.

Nesse contexto é preciso destacar o livro de Polly Edman (1992), que pode ser considerado a publicação mais completa sobre o material gráfico para pessoas com deficiência visual. A autora trabalhou mais de trinta anos produzindo esse tipo de material, na Suécia. Seu livro cobre todos os aspectos relacionados com a produção de representações gráficas táteis, destinadas às várias áreas do conhecimento. O capítulo sobre mapas traz muitas informações, embora o conteúdo sobre cartografia temática seja bastante resumido e incompleto.

M. Coulson, K. Luxton e D. Parkes destacam-se pelas pesquisas sobre novas tecnologias aplicadas à cartografia tátil. Luxton (1983; 1985) desenvolve um projeto para mapeamento do metrô de Nova York, utilizando técnicas de cartografia assistida pelo computador. As matrizes dos mapas são construídas automaticamente por uma máquina, ligada ao computador, que esculpe os relevos em uma placa acrílica.

Toda a literatura sobre esse assunto concorda que a leitura do mapa tátil é um processo sequencial, porque o leitor não consegue sentir o mapa na sua totalidade, em um único momento. A eficácia da leitura depende muito da legibilidade dos símbolos, sendo influenciada também pelas habilidades e pelo conhecimento prévio do leitor. Essas obras apresentam resultados de várias pesquisas realizadas nessa área.

Andrews (l983; 1991) apresenta estudos a respeito de mobilidade tátil, realizados com mapas de referência geral e com mapas temáticos envolvendo pessoas cegas. Os resultados mostram como as informações mapeadas pelo tato ampliam o conhecimento geográfico, enfatizam a perspectiva ambiental, facilitam as tarefas de decisões ligadas ao espaço, podendo ser usadas para formar construções espaciais complexas. A pesquisadora pertence a um grupo muito restrito de autores que abordam, simultaneamente, as quatro áreas às quais este trabalho acha-se vinculado: cartografia, Geografia, ensino e deficiência visual. É o caso também de Miller, Franks e Nolan, Bron e Vlaanderen.

A importância da linguagem gráfica tátil no ensino de Geografia

A educação tem sido um tema amplamente discutido em todos os níveis, inclusive em conjunto com questões políticas, econômicas e sociais atuais. Não há dúvida de que mudanças são necessárias e, acima de tudo, urgentes. Qualquer caminho escolhido precisa repensar as prioridades nacionais e rever conceitos, métodos, técnicas e recursos relacionados com o ensino. Acima de tudo, são fundamentais novas abordagens e novas perspectivas para a educação. É um longo caminho a ser descoberto e percorrido, e no qual utilizar máquinas e aprender técnicas é mais fácil do que alterar conceitos e pressupostos. Um exemplo que tem relação com essa pesquisa diz respeito à educação especial, às necessidades de alunos com alguma deficiência e, em particular, às crianças e jovens cegos ou com visão subnormal.

Com o intuito de despertar o interesse e motivar o aluno, foi organizado um programa de ensino da Geografia para crianças com deficiência visual, introduzindo noções básicas e trabalhando o conteúdo da disciplina através de jogos, histórias e outras atividades. A proposta inicial, que incluía recursos audiovisuais e de multimídia, não pôde ser aplicada na íntegra. De qualquer forma, os testes demonstraram uma enorme aceitação da metodologia por parte das crianças. Por exemplo, o exercício de escala desenvolvido com carros, bonecas e bichos de vários tamanhos, com maquetes e mapas, evidenciou que é possível "conquistar" o usuário.

Figura 1: Exercício de proporção e escala.

Shepherd (1967) fornece exemplos práticos e inúmeras ideias para viabilizar a introdução desses temas no currículo, através de abordagens multidisciplinares e trabalhos integrados na escola. Merece destaque a lista dos recursos para realizações e apresentações. Para trabalhos gráficos bidimensionais é apresentada uma relação com 18 tipos de representações gráficas e imagens (mapas, desenhos, quadrinhos etc.), além de outros recursos, tais como modelos tridimensionais, fitas de áudio e vídeo, imagens digitais, artes cênicas e literatura. A linguagem gráfica tem um papel importante nessa abordagem.

As representações gráficas são apreendidas essencialmente pela visão, mas também podem ser percebidas pelo tato, desde que construídas com esse objetivo. A pessoa com deficiência visual depende do sentido tátil para formar conceitos espaciais, entender informações geográficas e criar internamente imagens do ambiente. Para isso, o processo de transformação dos dados geográficos em mapas e diagramas precisa ser adaptado a um produto final específico, através de uma linguagem tátil, preferivelmente combinada à visual.

Tendo em vista o grupo de alunos com deficiência visual, trabalhar com as representações gráficas significa romper barreiras e enfrentar desafios. Existe uma extensa lista de pesquisas e estudos sobre o uso da linguagem gráfica por pessoas com deficiência visual, sejam elas cegas ou com visão subnormal. Resultados atingidos com a realização e análise de inúmeros testes mostram a eficácia da linguagem gráfica tátil, assim como sua importância na percepção do espaço pela criança, principalmente aquelas com deficiência visual. Os mapas são recursos fundamentais no processo de aquisição de conceitos geográficos e de conhecimentos relacionados com o ambiente.

A cartografia convencional não se tem ocupado o bastante com o *design* e uso dos mapas no formato visual, e ainda menos com as necessidades do usuário e suas limitações com relação à percepção. A cartografia tátil pode, certamente, melhorar o entendimento dos mapas e a prática cartográfica, no que diz respeito à utilização dessa linguagem não só pela pessoa com deficiência, mas também pelos usuários com visão, particularmente as crianças.

Produção e uso da cartografia tátil: procedimentos metodológicos

Desde o início, algumas hipóteses básicas nortearam os caminhos da pesquisa, as quais podem ser sintetizadas em quatro questões. A primeira delas consistiu na possibilidade ou não da adaptação da linguagem gráfica, um recurso visual na sua essência, a uma forma tátil destinada a pessoas com deficiência visual. Em um primeiro momento, a viabilização dessa ideia parecia uma tarefa difícil, um grande desafio.

A segunda questão relacionava-se ao ensino fundamental: como motivar o aluno, despertando seu interesse para a geografia e a cartografia? Principalmente em se tratando de alunos com deficiência visual, cuja percepção e noção de construção do espaço são bastante prejudicadas pela falta da visão.

Em terceiro lugar estava a definição da importância do treinamento para a linguagem dos mapas e quais os procedimentos necessários para atingir essa meta. Quais eram os conceitos básicos para entendimento dos recursos gráficos e em que momento eles deveriam ser introduzidos ao aluno com deficiência visual?

Na verdade, todas as hipóteses e propósitos estavam contidos em uma questão: "como implementar a sistematização da cartografia tátil como processo de comunicação da informação geográfica?" Nesse sentido, o principal objetivo da pesquisa foi a definição das etapas básicas relativas à construção e à utilização das representações gráficas e dos mapas, em particular, pelos usuários com deficiência visual. Seria uma forma de aplicar as ideias da comunicação cartográfica, tomando um exemplo onde as características particulares do usuário geravam uma necessidade de propor formas inovadoras de representação gráfica. Todas essas questões e hipóteses sofreram transformações ao longo do trabalho. Algumas já foram sendo respondidas durante a pesquisa e, por essa razão, assumiram novos rumos e novas dimensões.

De um lado, os testes sempre surpreenderam em relação ao potencial da linguagem gráfica com a criança e o jovem com deficiência visual. Foi possível notar progressos em apenas uma tarde de atividades, mas ao mesmo tempo, tomou-se consciência que poderia ser um longo processo recuperar todo o tempo perdido, durante o qual essa linguagem não foi utilizada.

Outros problemas foram levantados, a partir de experiências adquiridas durante a pesquisa. São exemplos as questões políticas, culturais e econômicas, das quais fazem parte as dificuldades financeiras para aquisição de materiais adaptados ou produzidos para pessoas com deficiência visual. Igualmente importantes são as variáveis médicas,

Figura 2: Perspectivas e dimensões da cartografia.

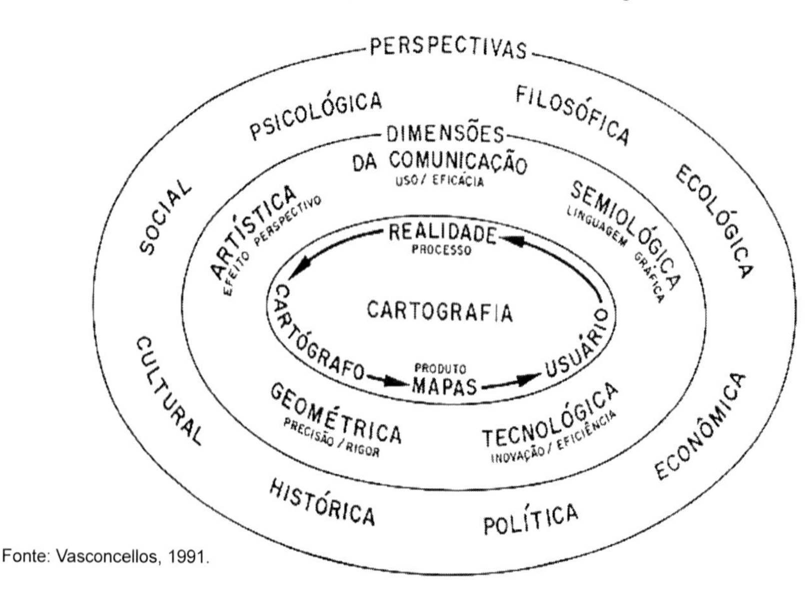

Fonte: Vasconcellos, 1991.

psicológicas e sociais que levam ao preconceito, à segregação, à falta de confiança na sua capacidade de superar barreiras de várias naturezas. Surgiram indagações, tais como: quais são as limitações mais relevantes?; em que grau elas atuam?; e como superá-las?. Todos esses fatos podem determinar um melhor ou pior aproveitamento do aluno quanto à aquisição de novos conhecimentos.

Os procedimentos metodológicos da pesquisa partem de uma concepção da cartografia expressa na figura 2, na qual são definidas as suas perspectivas e dimensões. No centro do esquema, a cartografia é apresentada como um processo que parte da realidade, englobando as etapas de produção e utilização do mapa.

Figura 3: As variáveis gráficas na forma tátil.

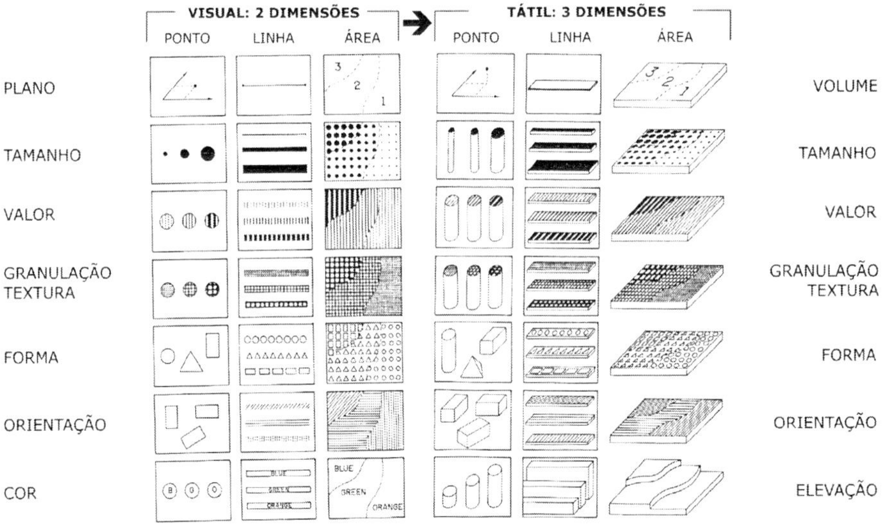

Fonte: Vasconcellos, 1991.

A primeira tarefa da pesquisa foi analisar as variáveis visuais conhecidas e transformá-las em variáveis gráficas táteis. O signo gráfico terá como significante uma imagem passível de ser percebida pelo tato. Para atingir esse objetivo, as variáveis visuais definidas por Jacques Bertin foram adaptadas para seu emprego em terceira dimensão (figura 3). Nessa figura, foram acrescentadas as variáveis gráficas em relevo, passíveis de serem percebidas pelos usuários com deficiência visual. A elevação (diferentes alturas) passou a ser utilizada, inclusive em combinação com outras variáveis. A cor não pode ser usada na forma tátil quando o usuário é totalmente cego; nesse caso, diferentes texturas substituem as cores.

Para os usuários com visão subnormal é recomendável o emprego das cores, desde que seguidas algumas normas. Em qualquer situação, é fundamental que seja analisada a natureza das informações, que pode ser qualitativa, quantitativa ou ordenada, para selecionar as variáveis corretas. No caso da textura e da cor, ambas podem ser escolhidas para indicar ordem ou diferenciação dos dados a serem representados.

De maneira geral, são quatro os principais fatores que influenciam a discriminação dos símbolos: tamanho, elevação, forma ou configuração e orientação. Diversos autores têm discutido e pesquisado a respeito da legibilidade da simbologia tátil. Nolan e Morris (1971) testaram um conjunto de símbolos zonais, lineares e pontuais, visando melhorar a qualidade dos mapas táteis. Os resultados dessas pesquisas foram bem sintetizados por Edman (1992). A metodologia proposta por Bertin (1967), embora exclusivamente dirigida ao sentido visual, foi adaptada pela autora à cartografia tátil com resultados muito positivos.

Para a aplicação da metodologia, foi proposto um programa de ensino integrado voltado para o aluno com deficiência visual. A literatura infanto-juvenil e as artes foram usadas com a finalidade de despertar o interesse pela Geografia e pelos mapas. Dentro desse programa, a Amazônia foi introduzida em alguns dos seus aspectos, ressaltando fatos, problemas e conflitos. Em uma segunda fase, iniciada no final de 1992, o estado de São Paulo foi escolhido como área de estudo. Ambos os projetos procuraram trabalhar com uma proposta interdisciplinar de ensino, envolvendo outras disciplinas que compõem o currículo do ensino básico.

Durante a pesquisa, foi detectada uma carência considerável de recursos didáticos para o ensino da Geografia no nível fundamental e médio, não somente nas classes e escolas destinadas ao aluno com deficiência. Em função da avaliação de questões básicas apresentadas nos fundamentos teóricos e nos procedimentos metodológicos, foram definidas três áreas essenciais para análise, durante a fase de construção das representações gráficas propostas: escala e generalização (em função da resolução do tato), linguagem gráfica tátil (adaptação das variáveis visuais), *design* e reprodução do material cartográfico em relevo. Essas áreas concentram os principais problemas do processo de comunicação cartográfica, tendo em vista o usuário com deficiência visual.

A comunicação cartográfica e a especificidade do usuário com deficiência visual

As ideias aqui apresentadas sugerem uma nova proposta para o conjunto de etapas do processo de comunicação gráfica e cartográfica, adaptada ao usuário com deficiência visual. Os mapas na forma tátil são exemplos eficazes para destacar a relevância da cartografia como processo de comunicação, o que tem sido estudado extensivamente por cartógrafos de todo o mundo por duas décadas. As perguntas *o quê?*, *como?* e *para quem?* resumem a essência desse processo que começa com a realidade a ser mapeada. É possível acrescentar outras perguntas, tais como *quando?*, *onde?*, *por quê?* e *com que resultados?*

O retorno (*feedback*) e a avaliação do aluno com deficiência visual devem ter um papel fundamental nas decisões relacionadas com a produção de mapas, gráficos e ilustrações destinadas à percepção tátil. Essa atividade deve ser permanente, caracterizando um processo contínuo de avaliação da eficácia das soluções gráficas definidas e implementadas. Certamente, atitudes dessa natureza proporcionarão melhores resultados, significando um aumento da eficácia dos mapas.

A questão fundamental é responder a pergunta *como*?, tendo em vista as características do usuário com deficiência visual e, ao mesmo tempo, considerando as técnicas de reprodução. A pesquisa mostrou que é impossível responder essa pergunta sem a realização de testes e a avaliação dos materiais.

Por outro lado, esse grupo de usuários é extremamente heterogêneo e complexo, o que dificulta o estabelecimento de regras e a definição de princípios dirigidos à confecção e ao uso de material cartográfico. Esses princípios são viáveis de serem estabelecidos, porém limitados a determinadas condições, tais como treinamento prévio e habilidades do usuário. Por exemplo, diferenças individuais têm uma influência no uso de mapas impressos em tinta, mas no caso do material em relevo, essas variáveis assumem uma importância bem maior.

Há um conjunto de variáveis que interferem na decodificação dos mapas pelo usuário com deficiência visual e que foi acrescentado no esquema da comunicação cartográfica. Entre estas variáveis se encontram: motivação/interesse; aspectos cognitivos; capacidades/restrições sensoriais, intelectuais e mentais; habilidades/múltiplas inteligências; experiência anterior; treinamento.

Tendo em vista o produtor dos mapas ou cartógrafo, um outro conjunto de variáveis pode interferir no processo de produção: motivação/interesse; formação teórica; conhecimento técnico; habilidades/múltiplas inteligências; recursos financeiros e técnicos; apoio político, prioridades sociais e institucionais; acesso a novas tecnologias. Em ambos os casos, a relação das variáveis que interferem na produção e uso de mapas foi organizada por ordem de importância dos fatores selecionados, considerando os resultados da pesquisa.

Merecem ser destacadas de todo o processo cartográfico as etapas do *design* e da reprodução, inclusive a introdução de novas tecnologias. Na cartografia tátil, o uso dos computadores e de outros recursos técnicos pode alterar muito o resultado, melhorando a eficácia do mapa como meio de comunicação da informação geográfica.

Pesquisa, desenvolvimento e aplicação da linguagem gráfica tátil

Em um primeiro momento, a pesquisa centrou-se no desenvolvimento da metodologia a ser utilizada. Para isso, procedeu-se a análise, preparação e teste de representações gráficas construídas com diversas técnicas e materiais. Na última etapa, o principal objetivo foi definir as melhores técnicas e construir novos materiais já incorporando as avaliações realizadas anteriormente. Essa fase caracterizou-se pela aplicação e consolidação de resultados anteriores. Foram também incluídos testes com duas técnicas de reprodução a serem discutidas posteriormente.

Inicialmente, foi organizado um programa para preparação do aluno com deficiência visual para o uso de mapas, com a introdução de conceitos básicos através de jogos e de atividades. São eles: linguagem gráfica tátil (jogo da memória); escala (exercício do tapete); pontos de vista (representação de objetos vistos de frente e de cima, excluindo a noção de perspectiva que depende fundamentalmente da visão); localização e orientação (rosa dos ventos em relevo, bússola em braille e jogo "Batalha geográfica"); decodificação e leitura de mapas.

Figura 5: Jogo "batalha geográfica".

Os mapas temáticos com outras informações geográficas só seriam introduzidos após essa etapa de preparação. Além de novos conceitos, aqueles apresentados nas fases iniciais, deveriam ser revistos e aprofundados. Verificou-se que esse treinamento é imprescindível para que o usuário com deficiência visual possa utilizar a linguagem gráfica de forma eficaz. Essa preparação é também condição para o entendimento da linguagem dos mapas por crianças que usam todos os sentidos sem restrições. Sabe-se que alunos do ensino fundamental não conseguem retirar muitas das informações representadas nos mapas. No caso de alunos com deficiência visual, a situação é mais grave ainda, pois normalmente eles não têm material didático em alto-relevo para ser percebido pelo tato ou na forma adaptada à visão residual (subnormal).

O material desenvolvido compõe um programa de introdução da linguagem gráfica para alunos da pré-escola e séries iniciais do ensino fundamental, visando atingir os seguintes objetivos: melhorar a percepção e construção do espaço pela criança; facilitar o entendimento de noções geográficas básicas (proporção, escala, distância, localização, direção, orientação); preparar o aluno para o uso de mapas, diagramas e maquetes, introduzindo as variáveis gráficas e o uso de legendas (com exercícios mostrando os vários pontos de vista, a simbolização e aplicação de legendas, as projeções e rede de coordenadas).

Esse treinamento deve ser realizado com aplicação de técnicas as mais variadas, tais como atividades e jogos, de forma a conquistar o interesse do aluno pela representação gráfica. Acima de tudo, o cotidiano e a experiência da criança, integrando esses conhecimentos na sua vida, assim como suas necessidades e limitações devem ser considerados. Foram definidos alguns níveis de complexidade, organizados em uma sequência, de acordo com as diferentes faixas etárias, graus de desenvolvimento e prontidão dos alunos. Os materiais foram também classificados, tendo em vista os objetivos a serem atingidos em cada nível.

Técnicas para produção das representações gráficas táteis

Os materiais desenvolvidos para esta pesquisa são destinados a crianças e jovens com restrição da visão. Neste trabalho, foi considerado o conceito de deficiência visual como sendo um impedimento total ou a diminuição da capacidade visual decorrente de imperfeição no órgão ou no sistema visual, sendo considerados pessoas com deficiência visual os cegos e os de visão subnormal. Os aspectos médicos da deficiência visual não fizeram parte dos objetivos da pesquisa, mas alguns fatos básicos relacionados à percepção visual e tátil são relevantes.

É fundamental destacar a capacidade de síntese da percepção visual em contraposição à percepção tátil, que só consegue processar informações por partes para depois tentar formar o todo. A visão faz exatamente o contrário, pois se vê instantaneamente o todo e depois se passa a uma análise das partes. Essa característica vai determinar as formas diversas de leitura dos mapas e das imagens, em se tratando da visão ou do tato usado conjuntamente com o sentido sinestésico.

A sinestesia diz respeito ao sentido pelo qual são percebidos os movimentos musculares, o peso e a posição dos membros. Ela é sempre acionada conjuntamente com o tato para a leitura das imagens em relevo. Durante este trabalho, quando for mencionado o tato e sua utilização para a percepção da linguagem gráfica, está implícita a participação do sentido sinestésico como a força motora que movimenta a mão e os dedos, possibilitando a sensação tátil dos materiais.

A característica mais importante na comparação da percepção visual e tátil é, sem dúvida, a sua diferença de resolução. O olho humano pode perceber uma quantidade enorme de detalhes, quando comparado com o tato. Todo material gráfico construído em relevo e destinado à percepção tátil precisa ser, consideravelmente, simplificado em função dessa limitação de resolução. Por essa razão, as variáveis gráficas devem sofrer adaptações em função das características do tato e da complexidade de variáveis existentes, tais como os vários graus e formas de visão subnormal.

Construção e reprodução de materiais em relevo

Para a construção das representações gráficas em relevo apresentadas neste trabalho foram utilizados diversos tipos de materiais, dentre eles vários tipos de tecido e papel, além de isopor, cortiça, lixas de madeira e ferro, fios e linhas, miçangas, pedrinhas, areia, palitos de sorvete, folhas secas, bucha vegetal, espuma, gesso, massa corrida, papel machê, ferramentas de desenho e pintura etc. Outros materiais são mais especializados, sendo a maioria estrangeira. São eles: máquina Perkins para escrita braille e reglete e punção, gabarito para braille, bússola em braille, aparelho de rotex em braille e com letras grandes, alumínio, instrumentos de dentista, plástico para Thermoform transparentes e opacos, carretilhas diversas, canetas sem tinta, pranchetas de borracha e de tela, espátulas de bambu e madeira, entre outros.

Além desses recursos, foi bastante utilizado o Tactile Graphics Kit, comercializado pela American Printing House for the Blind, em Louisville, Kentucky. Esse kit para desenho vem acondicionado em uma maleta e é composto por vários símbolos para a construção de linhas, pontos e superfícies acompanhados de um Manual de Instruções (Barth, 1987).

A esses materiais foram sendo incorporadas novas ideias e novos recursos, alguns de custo muito baixo ou mesmo custo zero. É o caso do papel que embrulha as folhas para cópias xerográficas e que apresentou ótimos resultados para trabalhar no kit de desenho nacional. Foi encontrado um alumínio nacional, quase equivalente ao importado. Canetas sem tinta, instrumentos de dentista, palitos e todo tipo de sucata foram também utilizados em diversos materiais didáticos.

Para esse trabalho foram selecionadas e testadas algumas técnicas e escolhidos materiais para a construção das matrizes e dos mapas. As principais técnicas utilizadas foram:

Alumínio: utilização de diversos materiais, tais como alumínio, papel carbono, papel de seda ou papel vegetal, caneta sem tinta, carretilhas, espátula, instrumentos de dentista, placas com texturas para áreas, símbolos pontuais etc. O alumínio importado tem uma das faces pintada de branco, o que facilita a transferência do traçado escolhido para a preparação da base. Para se fazer um mapa, um gráfico, uma ilustração ou qualquer outra representação gráfica no alumínio, é necessário, em primeiro lugar, copiar a figura em papel de seda ou vegetal; depois, utilizando-se o papel carbono, passa-se o desenho invertido para o verso do alumínio (parte branca). A partir daí, pode-se utilizar as carretilhas, a caneta sem tinta, ou qualquer instrumento de dentista para levantar os contornos, resultando em linhas de diferentes texturas e formas (sempre no verso do alumínio). Para se levantar uma área toda, utiliza-se a espátula, fazendo um baixo-relevo que pode ser de textura lisa ou outra qualquer (através do uso das placas ou de algum instrumento).

Colagem: Utilizando-se uma grande variedade de materiais é possível construir matrizes de ótima qualidade para cópias em máquina Thermoform (movida a calor e vácuo) com plásticos, translúcidos e opacos. Utilizando uma base feita com papel mais duro e resistente (papelão, cartolina, papel-cartão etc.), pode ser traçado o mapa, a figura ou o gráfico na própria base e, em seguida, procede-se ao corte e colagem das partes com os materiais diversos acima descritos. Assim, para indicar linhas de diferentes formas e texturas pode-se utilizar desde papéis até fios e linhas. A indicação de texturas diferentes em áreas pode ser feita com lixas, tecido, areia, tinta plástica, papéis etc. A elevação pode ser conseguida com a sobreposição do material utilizado, sejam

eles papéis (cartão, cartonado etc.), cortiça e/ou outros. É importante destacar que quando o objetivo é preparar uma matriz em colagem para ser copiada no sistema Thermoform, não devem ser utilizados materiais que não resistam ao calor, tais como plásticos e isopor. A técnica da colagem é um excelente recurso para professores e escolas em geral que não dispõem de muitos recursos financeiros ou não possuem o conhecimento necessário para testar outros métodos.
Para a reprodução das imagens em relevo e dos materiais desenvolvidos, foram selecionados os seguintes tipos de cópias:

Cópias em plástico na máquina Thermoform: Tanto os mapas em alumínio como em colagem podem ser copiados em plástico. Para isso, utilizou-se uma máquina da Thermoform Company, importada dos EUA, que foi recebida como doação para o Laboratório de Ensino e Material Didático do Departamento de Geografia da FFLCH-USP – LEMADI (esse equipamento faz cópias tamanhos 28 cm x 29 cm e 48 cm x 35 cm). Durante a pesquisa, várias representações foram copiadas nesse equipamento, no intuito de testar tanto materiais que resultassem em melhores texturas como sua resistência ao calor, além dos tipos de plástico disponíveis e sua utilidade para cada tipo de representação.

Cópias em serigrafia: Esta técnica, comumente denominada *silkscreen*, é amplamente utilizada para inúmeras finalidades. As principais são as impressões de papéis (cartazes, cartões etc.) e estamparia de tecidos em geral. Existem diversas tintas no mercado para uso conforme a técnica e o material a ser impresso. Para esse trabalho, foi preciso realizar vários testes, pois nosso objetivo é bastante diverso do convencional. Essa técnica utiliza uma tela de seda com o desenho a ser estampado e tintas específicas para cada uso, no caso da pesquisa foi utilizada tinta *puff*. Para imprimir com tinta *puff*, a qual apresenta uma expansão após aquecimento, é preciso usar náilon de trama média (50 a 80 fios). Acima de 80 fios, a precisão do desenho impresso é maior, mas a trama não é compatível com a tinta densa para que se realize a impressão do desenho. Para a técnica da serigrafia, é preciso realizar matrizes especiais para reprodução e apenas a cópia apresenta relevo. O original sobre papel vegetal com tinta nanquim, ou sobre transparência (acetato) impressa pelo sistema de cópia xerográfica ou desenhado diretamente no acetato com canetas de tinta permanente, não permite sua percepção através do tato.

No caso do alumínio e da colagem, os materiais construídos podem ser usados como matrizes para cópias em plástico feitas na máquina Thermoform ou similar. Também podem ser utilizados diretamente pelo usuário com deficiência visual. Outras técnicas existentes no exterior não foram testadas pela ausência de recursos técnicos na universidade ou mesmo no país até a conclusão da pesquisa. São elas:

– Impressora braille conectada ao computador com capacidade de impressão de representações gráficas, inclusive mapas, em papel especial.

– Copiadora de estereocópias da marca Minolta, que produz cópias em relevo de excelente qualidade e com rapidez, a partir de originais em tinta. A única restrição é o alto custo da máquina, inviabilizando sua introdução no país.

Teoria e prática da cartografia tátil: resultados e propostas

Para a reprodução dos mapas e ilustrações em relevo foram testadas e avaliadas duas técnicas: as cópias em plástico realizadas na máquina Thermoform e as cópias impressas pelo processo de serigrafia. Os originais para cópias em plástico podem ser confeccionados em alumínio ou utilizando colagem. Esses recursos foram amplamente usados durante a pesquisa. Em ambos os casos, os originais podem ser utilizados diretamente pelo usuário com excelentes resultados. As pessoas com deficiência visual dão preferência à leitura do original, em relação à cópia em plástico. Há sempre uma perda de detalhes durante o processo de reprodução e uma uniformização das texturas, que atrapalha o reconhecimento das variáveis contidas no mapa, assim como a decodificação da informação a ser transmitida.

Comparando essas duas técnicas, observou-se que cada uma delas apresenta vantagens e limitações. A colagem permite uma combinação de materiais e, consequentemente, uma gama ampla de variáveis gráficas contidas em um mesmo mapa, além de ser viável atingir maiores elevações. Outra vantagem consiste na possibilidade de produzir materiais sem recursos técnicos especializados, utilizando-se apenas sucata e retalhos diversos.

Quanto à técnica da impressão em serigrafia, o processo é bastante diverso do anterior. A confecção dos originais é feita em tinta, no papel vegetal ou na transparência. Isso significa a possibilidade de reproduzir mais detalhes e contornos mais precisos, mas, por outro lado, inviabiliza o uso do original pelo usuário com deficiência visual. Entretanto, a aplicação da técnica é muito mais complexa e exige muitos testes. Para atingir uma maior eficácia é preciso pesquisar e testar os recursos disponíveis, tais como tipos de tela e tinta. Esse método de reprodução tem um enorme potencial, em função do custo baixo e da possibilidade de realização de um número elevado de cópias.

Avaliação da produção e uso do mapa tátil

Os usuários da cartografia tátil, como pessoas com deficiência visual, caracterizam-se por uma especificidade no que diz respeito à produção e uso dos mapas. Isso significa que existe uma série de limitações durante o processo de comunicação da informação geográfica. Considerando a figura 2 (Vasconcellos, 1991), que apresenta as dimensões e define as perspectivas da cartografia, é possível constatar que o cenário da cartografia tátil é diferente. Os pesos de cada dimensão não são os mesmos quando comparados àqueles da cartografia convencional. Por exemplo, na cartografia tátil, a dimensão geométrica é a menos relevante porque não é viável construir um mapa tátil com a mesma precisão e o rigor do mapa visual ou digital. Também complexa é a incorporação da arte na cartografia tátil. Por outro lado, a semiologia, a comunicação e a tecnologia são igualmente importantes para ambas as formas. A tecnologia é vital durante o processo de produção de mapas para usuários com deficiência visual, provavelmente mais importante do que para a cartografia convencional.

É fundamental definir e sistematizar os princípios da cartografia tátil, visando à eficácia dos mapas para esses usuários com necessidades especiais. O *design* dos mapas deve incorporar várias qualidades e evitar os principais problemas. É preciso um maior grau de generalização com omissões, exageros e distorções, que, com certeza, seriam consideradas falhas graves pelo cartógrafo convencional.

É importante medir a quantidade de informação a ser representada e nunca sobrecarregar o mapa, é preferível fazer diversos mapas a concentrar informações em um só mapa. O tamanho de cada mapa, maquete ou gráfico não deve ultrapassar 50 cm, porque o campo abrangido pelas mãos é muito mais restrito que o campo da visão. Algumas limitações poderão ser contornadas, aplicando-se o contraste que é um princípio fundamental nas representações gráficas e a redundância na escolha das variáveis como maneira de garantir a comunicação da informação.

Sempre que possível, as representações utilizaram a linguagem gráfica visual e tátil conjuntamente. Esse procedimento facilitou os testes aplicados em grupos de alunos do ensino fundamental: alunos com deficiência visual em vários graus, desde a cegueira total até visão parcial, incluindo os cegos congênitos e os adquiridos.

Desde o início, foi muito difícil definir o grupo de amostragem para teste dos materiais, colocando restrições quanto a série, idade, graus de deficiência visual, assim como outros parâmetros. As escolas e as professoras especializadas solicitavam que a experiência fosse estendida a todos os alunos, o que impossibilitava a escolha de um grupo mais homogêneo para a realização dos testes. Durante o desenvolvimento dos projetos, entre 1990 e 1993, foram feitas avaliações com mais de 180 alunos com deficiência visual e 100 professores e profissionais ligados à educação especial, assim como outros interessados.

Resultados atingidos com a realização e análise desses inúmeros testes mostram a eficácia da linguagem gráfica tátil, assim como sua importância na percepção do espaço pela criança, principalmente aquelas com deficiência visual. Os mapas são recursos fundamentais no processo de aquisição de conceitos geográficos e de conhecimentos relacionados com o ambiente.

Como resultado das avaliações feitas a partir da utilização das imagens táteis e mapas em relevo foi possível analisar as limitações, além de levantar sugestões e propostas que se acham resumidas a seguir:

- Noções geográficas básicas, tais como proporção, escala, localização e orientação, precisam ser bem compreendidas antes da introdução dos mapas;
- A linguagem gráfica tátil deve ser introduzida através de exercícios com as variáveis gráficas em relevo, como preparação à leitura de mapas;
- A criação e uso de convenções são fundamentais para facilitar a utilização da linguagem cartográfica e a leitura das representações gráficas. A legenda do mapa é um recurso muito importante para o usuário com deficiência visual, desde que ele apresente bastante facilidade na sua decodificação;

- A escolha do nível de redução e generalização é vital, da mesma forma que o tamanho é importante. A percepção tátil não é global como a visão e possui uma menor resolução, o que significa que uma pessoa com deficiência visual precisa juntar pequenas parcelas de informação para formar uma imagem completa;
- A escolha da linguagem gráfica (*design* ou solução gráfica), na maioria dos casos, é a etapa mais importante de todo o processo de produção das representações gráficas destinadas à percepção tátil. Daí a necessidade de uma sistematização das regras básicas para construção dos mapas adaptados à resolução do tato;
- Modelos em três dimensões e maquetes de relevo ajudam a criança a entender o espaço físico. São representações menos abstratas e devem preceder o uso dos mapas;
- Atividades e jogos geográficos podem facilitar o processo de aprendizagem da Geografia e da cartografia, na medida em que motivam o aluno e tornam o ensino mais interessante;
- Todos os materiais didáticos, incluindo os mapas, devem ser classificados considerando níveis de complexidade, em função de algumas variáveis importantes: idade e nível de desenvolvimento cognitivo do aluno, interesse e experiência anterior, adequação à série que o aluno está cursando, entre outros.

Figura 6: Atividades com rosa dos ventos tátil para prática de orientação e localização.

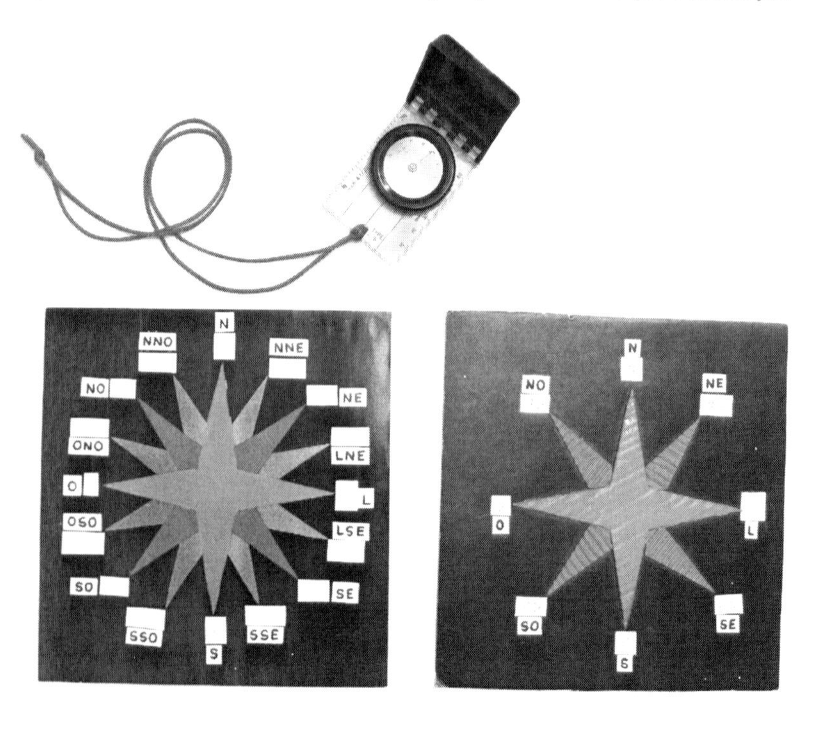

Os testes realizados até o momento mostraram que é difícil atingir um conjunto único de sugestões e regras, por várias razões. Dentre elas, destacam-se as preferências individuais e o nível de habilidade do usuário com relação à leitura do mapa e ao domínio da linguagem gráfica. Esse ponto foi bem discutido por Hampson (1989), que chegou a conclusões semelhantes.

Por essas razões, um programa de introdução aos conceitos geográficos básicos e treinamento para uso de mapas foi delineado na segunda etapa da pesquisa. Materiais gráficos em relevo, exercícios e jogos foram planejados e desenvolvidos para introduzir cada uma das noções geográficas selecionadas: proporção, escalas, distância, ponto de vista, localização e orientação.

O programa também inclui a introdução de todas as variáveis gráficas em relevo para o sentido do tato, no formato de cartões para formar um jogo da memória. A legenda do mapa (processo de simbolização) e o uso de um sistema de coordenadas, também devem ser conceitos entendidos antes do último estágio que seria o da decodificação e leitura dos mapas.

Algumas representações gráficas que não puderam ser incluídas na pesquisa deverão ser construídas e testadas, preenchendo as lacunas detectadas nos testes realizados até 1993. É o caso de croquis e plantas de grande escala, representando a sala de aula, a escola, seguidas de plantas do bairro e da cidade de São Paulo. São os mapas voltados para a orientação e mobilidade do usuário com deficiência visual e que requerem um estudo aprofundado quanto à escolha da linguagem gráfica e do *design*.

Considerações finais: cenários atuais da cartografia tátil

Este trabalho desenvolveu uma área de pesquisa ainda não abordada por geógrafos ou cartógrafos no país, beneficiando pessoas com deficiência visual dependentes do tato e da audição para incorporar conhecimentos geográficos. A linguagem gráfica tátil, aplicada às ilustrações e mapas, facilita a transposição de barreiras informacionais, na escola, no trabalho e na vida cotidiana. A pesquisa e o contato com pessoas com deficiência visual mostraram também novos caminhos a serem percorridos, destacando a importância de uma valorização de todo o potencial do ser humano.

Certamente, precisamos aprender a usar as nossas várias inteligências e todos os recursos disponíveis, incluindo as várias percepções sensoriais que nem sempre são utilizadas. Nesse sentido, foi proposta uma nova Cartografia Multissensorial para substituir a cartografia tátil, que foi trabalhada desde o início da pesquisa. A relevância da linguagem gráfica e dos mapas para alunos com ou sem deficiência foi confirmada a partir das avaliações e das experiências vividas durante a pesquisa. Como escreveu Hall (1992):

> através do processo de percepção, a informação na forma gráfica entra nas dimensões da mente humana... depois da percepção criar um mapa interno do mundo, a mente se apropria dele e o transforma em um instrumento de

> pensamento e nós começamos a pensar sobre o mundo de uma maneira diferente. O pensamento humano consegue reduzir ou expandir a informação, inclusive a espacial. Esse processo demanda não apenas o intelecto, mas também criatividade e imaginação. Esses mapas cognitivos de paisagens abstratas e distantes promovem novas geometrias de pensamento, novas associações e, dessa forma, novas formas de pensamento sobre o mundo exterior. Mapas permitem aproximar e entender o mundo, até suas complexidades e incertezas... podem reinventar o mundo que vivemos, mostrando suas imagens...

Essa colocação deve ser estendida às pessoas com deficiência visual, principalmente os cegos que nunca puderam ver o espaço geográfico. Para eles, os mapas têm o poder de criar imagens mentais dos lugares e fornecer uma noção do espaço que depende da visão. Além disso, para os usuários com deficiência visual, um mapa e uma bússola podem auxiliar na sua mobilidade, significando autonomia para se orientar nos percursos da vida cotidiana, em roteiros e até possíveis viagens.

Atualmente, convivemos com a geração do audiovisual, da multimídia e da realidade virtual, onde a televisão sobrepõe-se à linguagem escrita dos jornais e livros. A tecnologia favorece e estimula o uso da linguagem audiovisual, basta mencionar a revolução causada pelas comunicações modernas (satélites artificiais, telefonia fixa e celular, aparelhos de fax, DVD etc.) e, acima de tudo, pelos computadores e redes de comunicação como a internet. Também as pessoas com deficiência visual dependem hoje das inovações tecnológicas, tais como o computador com sintetizadores de voz, lupas digitais e as impressoras braille e relevo.

Por inúmeras razões, observa-se, desde o final do século XX, um aumento do potencial da representação gráfica e das imagens, o que significou novos processos e produtos (no *design* e na reprodução), implicando em novos produtores e usuários de mapas. Ambos caracterizam-se pela ausência de treinamento para trabalhar e entender a linguagem gráfica. Por essa razão, é fundamental uma ampla discussão a respeito dos conceitos e dos fundamentos teóricos da cartografia e dos mapas, assim como sua utilização e seu papel social.

A representação gráfica sempre comunica uma versão limitada da realidade, sendo, portanto, uma abstração. É salutar considerar também as limitações e os perigos dessa linguagem. Brian Harley (1989: 2) argumentou que mapas não são nem científicos nem objetivos, e que a noção de cartografia como uma ciência progressista é um "mito criado por cartógrafos no curso de seu próprio desenvolvimento profissional".

Durante o trabalho foram mencionados os principais problemas relacionados com a linguagem cartográfica. Os resultados da pesquisa mostraram também que, no caso da cartografia tátil, a ocorrência de distorções, omissões e imprecisões são necessárias em maior número e grau. Erros devem ser evitados, com as manipulações e falsificações que são fruto da desonestidade e de questões ideológicas e políticas.

Existem caminhos para superar esses problemas, minimizar as falhas e evitar erros. A seguir estão algumas propostas nesse sentido:

1. Conscientização dos produtores e usuários com relação à natureza da linguagem gráfica visual e tátil, suas vantagens e suas limitações;
2. Treinamento dos usuários e produtores para a construção, reprodução e uso de mapas, gráficos e ilustrações, nas formas visual, tátil e auditiva;
3. Desenvolvimento de pesquisas para superar as questões técnicas ou financeiras relacionadas com a produção de representações gráficas multissensoriais, incluindo as novas tecnologias, assim como os equipamentos e os instrumentos convencionais.

Dessas questões, algumas precisam ser estudadas com mais profundidade, devendo ser testadas e avaliadas, qualitativa e quantitativamente. Uma delas está relacionada com o *design* das representações gráficas. Talvez seja a principal etapa do processo (carto)gráfico que precisa, urgentemente, de uma nova abordagem dentro das pesquisas desenvolvidas por cartógrafos. É preciso contar com a participação e avaliação do usuário em todas as fases de produção dos mapas.

Atualmente, as tecnologias digitais trouxeram novos recursos e perspectivas futuras ainda estão sendo delineadas; os sistemas de multimídia que utilizam mapas, gráficos e imagens com interfaces múltiplas criam realidades virtuais. As metáforas de viagens e explorações geográficas permeiam os sistemas de multimídia, na medida em que estamos entrando em um novo mundo de linguagens multissensoriais. Inicialmente, o mundo chegava até nós através de formas auditivas e escritas, principalmente visuais. Agora, ele será transmitido e comunicado por sistemas mais semelhantes com a comunicação humana, na qual todos os sentidos são acionados (Taylor, 1991, 2005; Almeida, 2005).

A resposta às necessidades das pessoas com deficiência visual será trabalhar todos os seus sentidos. No caso dos mapas e ilustrações, principalmente a audição, o tato e uma eventual visão residual devem ser incluídos, enquanto as percepções olfativa e gustativa são de aplicação mais difícil. Para efetivar essa proposta, foi também avaliado o equipamento desenvolvido na Austrália e denominado Sistema Audiotátil (NOMAD), que transforma os mapas em representações falantes. Esses recursos facilitam imensamente o uso de mapas e ilustrações pelos usuários com deficiência visual. O NOMAD consegue transformar a representação gráfica em um recurso dinâmico e multissensorial. O cartógrafo estaria trabalhando em direção ao aumento da eficácia dos produtos gráficos e, certamente, qualquer pessoa com necessidades especiais, ou não, teria melhores condições de vivenciar a linguagem dos mapas se incorporados outros recursos.

Os resultados alcançados com a pesquisa em questão levaram à implantação de um núcleo permanente para atendimento a professores, profissionais e alunos com deficiência visual. Nesse núcleo, nosso principal objetivo é oferecer assessoria a professores que precisam de orientação sobre confecção e utilização dos materiais. Este grupo de estudos criado no LEMADI é ainda um espaço aberto ao desenvolvimento de pesquisas na área de cartografia tátil e tornou-se um centro de referência sobre o tema. Surgiram também oportunidades que possibilitaram trocas de experiências com pesquisadores e instituições no Brasil e no exterior. Desde 1995, o LEMADI vem participando de projetos internacionais, desenvolvidos em conjunto com pesquisadores do Chile e da Argentina, que visam discutir a elaboração e uso de representações gráficas táteis para pessoas com deficiência visual.[1]

Atualmente, o LEMADI[2] participa dos projetos "Diseño y Producción de Cartografía para las Personas Ciegas de América Latina" e "Cartografía Táctil en Latinoamérica: Capacitación, Sociedad y Tecnología Multimedial para la Persona Ciega del Siglo XXI", com apoio financeiro da Organização dos Estados Americanos – OEA e Instituto Panamericano de Geografia e História – IPGH, respectivamente. Esses projetos foram apresentados e são coordenados por professores do Departamento de Cartografía da Facultad de Humanidades y Tecnologías de la Comunicación Social da Universidad Tecnológica Metropolitana (UTEM) de Santiago do Chile, e há a colaboração direta da Argentina e do Brasil na elaboração de material e organização de cursos de capacitação. Todo o trabalho está sendo realizado em parceria, utilizando a experiência acumulada nos últimos anos e contribuindo para a melhoria do ensino e da qualidade de vida das crianças e jovens com deficiência.

É preciso desenvolver as várias habilidades e inteligências e usar os vários canais de comunicação, proporcionando experiências diversificadas a todos os cidadãos, também àqueles com deficiência visual, que são, normalmente, excluídos do mundo das imagens que nós videntes temos acesso a todo o momento. Dessa forma, a cartografia tátil consiste em um caminho para essas pessoas "verem" o espaço geográfico e o mundo que os cerca.

Notas

* Originado de *A cartografia tátil e o deficiente visual: uma avaliação das etapas de produção e uso do mapa*. Tese de doutorado apresentada na Faculdade de Filosofia, Letras e Ciências Humanas da Universidade de São Paulo, 2 volumes, 1993.

[1] No período de 1995 a 1998 foi desenvolvido o projeto intitulado "Cartografia Tridimensional para el Uso y el Adiestramiento del Discapacitado Visual", e no período de 1999 a 2001, o projeto "Cartografia Táctil como Instrumento de Apoyo para la Mobilidad Espacial del Ciego", ambos com apoio financeiro do Instituto Panamericano de Geografia e História – IPGH.

[2] Equipe composta pelos pesquisadores: Waldirene R. do Carmo, técnica responsável pelo LEMADI; Carla G. Sena, doutoranda em Geografia Física; Aline A. Bittencourt e Marcelo Machado, graduandos em Geografia, FFLCH/USP. Atualmente, participam também alunos e alunas do Curso de Lazer e Turismo da EACH/ USP, Campus Leste.

Bibliografia

ALMEIDA, R. Mapas na educação diferenciada: experiências com professores e alunos. *Anais Cartografia para Escolares*: Cartografia para Escolares no Brasil e no Mundo. Diamantina/MG: Universidade Federal de Minas Gerais, 2002.

ALMEIDA, R. A.; TSUJI, B. Interactive Mapping for People Who Are Visually Impaired. In: TAYLOR, F. (org.) *Cybercartography: Theory and Practice*. Elsevier, 2005.

ANDREWS, S.K. Applications of a Cartographic Communication Model to Tactual Map Design. *The American Cartography*, v. 15, 1988, n. 2, pp.183-95.

__________; OTIS-WILBORN, A.; MESSENHEIMER-YOUNG, T. Pathways: *Beyond Seeing and Hearing. Pennsylvania.* The National Council for Geographic Education, 1991.

BARTH, J. L. *Tactile Graphics Guidebook.* Louisville, Kentucky: American Printing House for the Blind, 1987, p. 64.

BERTIN, J. *Sémiologie Graphique:* les diagrammes, réseaux, les cartes. Paris, Monton & Gauthier-Villars,1967.

__________. *La Graphique et le Traitment Graphique de l'Information.* França: Flamarion, 1977, p. 277.

__________. *Theory of Communication and Theory of the Graphic.* International Yearbook of Cartography, 1978.

__________. Visual perception and Cartographic Transcription. *World Cartography.* New York, v. 15, 1979.

__________. New Look at Cartography. In: TAYLOR, D. R. F. (ed.) *Graphic Communication and Design in Contemporary Cartography.* John Wiley & Sons, 1983, pp. 69-86.

BOARD, C. Cartographic Communication. In: GUELKE, L. (ed). *Cartographica*: Maps in Modern Geography, v. 18, 1981, n. 2, pp. 42-78.

CASTNER, Henry W. Tactual Maps and Graphics: Some Implications for our Study of Visual Cartographic Communication. *Cartographica*, v. 20, 1983, n. 3, pp. 1-16.

COULSON, Michael R. C. et al. Progress in Creating Tactile Maps from Geographic Information Systems (G.I.S.) Output. *Proceedings 15th Conference Mapping the Nations – ICA*, Bournemouth, v. 1, 1991, pp.167-74.

EDMAN, Polly K. *Tactile Graphics.* New York: American Foundation for the Blind, 1992, p. 529.

GILMARTIN, P. The Interface of Cognitive and Psychophysical Research in Cartography. *Cartographica*, v. 18, 1981, n. 3, pp. 9-20.

HALL, Stephen S. *Mapping the Next Millennium.* New York: Random House, 1992, p. 477.

HAMPSON, P. J. Individual Variation in Tactile Map Reading Skills: Some Guidelines for Research. *Journal of Visual Impairment & Blindness.* New York: American Foundation for the Blind, 1989, pp. 505-9.

HARLEY, J.B. Deconstructing the Map. *Cartographica*, v. 26, 1989, n. 2, pp.1-20.

LUXTON, K. *The New York MTA Tactual Subway Project:* Final Report. New York: New York Community Trust, 1985.

MEINE, K. H. Certain Aspects of Cartographic Communication in a System of Cartography as a Science. *International Yearbook of Cartography*, 1978, n.18, pp. 102-17.

NOLAN, C. Y.; MORRIS, J. E. *Improvement of Tactual Symbols for Blind Children.* Kentucky: American Printing House for the Blind, 1971.

OLIVEIRA, Livia de. *Estudo metodológico e cognitivo do mapa.* São Paulo: Universidade de São Paulo (IG-USP), 1978, p. 130.

PARKES, Don. Nomad. *Intact Newsletter*, n. 3, Londres: Spring, 1991.

PAUL, S. J. Commentary about the Connection between Cartographic Communication: Bibliography as seen in French Cartographic Literature. *International Yearbook of Cartography*, 1978, pp. 50-3.

RHIND, D. Mapping for the New Millenium. In: *Proceedings of the 16th International Cartographic Conference (ICA/ACI)*, v.1, Germany: 1993, pp. 3-14.

SHEPHERD, O. Map work with blind students. *International Council of Educators of Blind Youth.* Watertown, MA: 1967.

SIMIELLI, Maria Elena R.; VASCONCELLOS, R. O Mapa como Meio de Comunicação. *X Congresso Brasileiro de Cartografia.* Brasília/DF: Sociedade Brasileira de Cartografia, 1981.

__________. *O mapa como meio de comunicação:* implicações no ensino de Geografia do 1º Grau. São Paulo, 1986. Tese (Doutorado) – Departamento de Geografia da Faculdade de Filosofia, Letras e Ciências Humanas da Universidade de São Paulo.

TAYLOR, D. R. Fraser. A Conceptual Basis for Cartography: new directions for the information era. *Cartographica*, v. 28, n. 4. Canada: University of Toronto Press, 1991, pp. 1-8.

__________ (org.) *Cybercartography*: Theory and Practice. Elsevier, 2005.

UTHE, A.D. Directing the Design of Maps for Public information on the Base of a user Oriented Communication Model. *Proceedings of the 16th International Cartographic Conference (ICA/ACI)*, v.1 , Germany, 1993, pp. 265-72.

VASCONCELLOS, R.; SIMIELLI, M. E. R. O processo da comunicação cartográfica e a avaliação da eficácia do mapa. *XI Congresso Brasileiro de Cartografia.* Rio de Janeiro: Sociedade Brasileira de Cartografia, 1983.

__________; __________. A leitura e a avaliação do mapa no processo de comunicação cartográfica: sua relevância nas pesquisas acadêmicas. *Anais XII Congresso Brasileiro de Cartografia*, Brasília, 1985.

__________. *O tratamento gráfico do conforto térmico no estado de São Paulo:* um ensaio metodológico. São Paulo, v. 1 e 2, 1988. Dissertação (Mestrado) – Departamento de Geografia da FFLCH/USP.

__________. Knowing the Amazon through Tactual Graphics. *Proceedings da XV Conferência da ACI:* Mapping the Nations, v.1, 1991, pp. 206-10.

__________. Representing the geographical space for visually handicapped students: a case study on map use. *Proceedings 16th International Conference (ICA).* Cologne, Germany, v. 2, 1993, pp. 993-1004.

__________. Tactile Mapping for the Visually Impaired Children. *Proceedings 17th International Conference (ICA).* Barcelona, Espanha, v. 2, 1995, pp. 1755-64.

__________. Mapas para e por crianças. *Anais do I Colóquio de Cartografia para Crianças,* Rio Claro, pp. 81-90.

__________; ANDERSON, J. Maps for and by Children: possible contributions by cartographers. *XVII Conferência da Associação Cartográfica Internacional (ICA),* Barcelona. Proceedings, v. 1, 1995, pp. 384-92.

__________. Tactile Map Design and the Visually Impaired User. In: KELLER, C. H. Wood (org.). *Cartographic Design:* Theorectical and Pratical Perspectives, John Wiley & Sons Ltda, 1996, pp. 91-102.

__________. Mapping Memories and Places: a Cartography for and by the elderly. *XIX Conferência da Associação Cartográfica Internacional (ICA).* Ottawa. Proceedings. v. 1, 1999, pp. 429-35.

__________. *Atlas geográfico ilustrado e comentado.* São Paulo: FTD, 2000.

__________. Tactile Maps in Geography. In: HANSON, Susan; WEINERT, Franz E. et al. (org.). *International Encyclopedia of Social & Behavioral Sciences.* Elsevier, 2001.

WOODWARD, David. Representations of the World. *Geography's Inner Worlds.* USA, RUTGERS, THE STATE IN UNIVERSITY, 1992, PP.50-73.

UMA PROPOSTA METODOLÓGICA PARA A COMPREENSÃO DE MAPAS GEOGRÁFICOS

Rosângela Doin de Almeida

"Pensando bem, um mapa é algo impossível",
disse Mathew (um comandante de navio),
"porque transforma algo elevado em algo plano".
Sten Nadolny, *A descoberta da lentidão*.

Com a experiência no ensino de Geografia, notei grandes dificuldades dos alunos para entender os mapas geográficos. Depois, ao lidar com a formação de professores na disciplina Prática de Ensino para o curso de Licenciatura em Geografia (Unesp), constatei a quase inexistência de publicações sobre a representação espacial, o que indicava a necessidade de se realizar estudos sobre esse tema. Decidi, então, que a construção da noção de espaço e sua representação deveriam ser estudadas, o que resultou na publicação do livro *O espaço geográfico: ensino e representação* (Almeida e Passini, 1989).

Continuei a estudar o assunto na tese de doutoramento, na qual apresentei uma orientação metodológica para o ensino de conceitos cartográficos fundamentada na representação espacial pela criança. A preocupação principal consistiu em saber como proceder no processo de ensino para que o aluno pudesse construir formas de representação gráfica do espaço, com vistas a posterior leitura e compreensão de mapas.

Elaborei um conjunto de situações de ensino, nas quais os alunos deveriam lidar com problemas com o fim de mobilizá-los na direção de noções cartográficas (escalas, localização, projeção no plano e legenda). A proposta, inicialmente, foi organizada em três fases, sendo que cada uma delas aborda as mesmas noções cartográficas, porém em níveis mais complexos.

A primeira fase, "iniciação cartográfica", foi detalhada e submetida a uma avaliação em turmas do ensino fundamental. Hoje, sabe-se que a complexidade das condições de ensino nas escolas pede um delineamento de pesquisa que também leve em conta perspectivas como os saberes e as práticas dos professores.

Selecionei do texto da tese os pressupostos teórico-metodológicos, a pesquisa em sala de aula e seus resultados para serem apresentados neste capítulo, porque parte da tese já foi publicada em outro livro (Almeida, 2002).*

Pressupostos

Desde o início do século XX, o estudo da capacidade humana de localizar-se e criar registros que facilitem a localização tem aproximado geografia e psicologia, na tentativa de responder questões relativas ao domínio humano sobre o espaço.

O estudo realizado por Hardy (1939) a respeito dos povos descritos em obras sobre colonização traz uma revisão histórica da geografia desde a Antiguidade, considerando-a como uma revisão psicológica dos povos e seu ambiente. O autor apresenta a ideia da "paisagem psicológica dos povos" como uma etnografia das paisagens.

Já um trabalho mais antigo, porém mais avançado, foi realizado por Cornetz (1914), o qual relata um estudo sobre o senso de direção entre nativos do Saara tunisiano. O autor constatou que a visão e a audição são essenciais para o senso de direção.

Estudos mais recentes apontam que o domínio do espaço pelo homem é influenciado por fatores psicofisiológicos bem como socioculturais. O trabalho de Marie Germaine Pêcheux (1990) analisa a hipótese de que as experiências espaciais e suas consequências são as mesmas para todos os homens. Após uma discussão detalhada dos diversos aspectos que essas ideias envolvem, Pêcheux apresenta um quadro do desenvolvimento das relações da criança com o espaço, levando em conta, simultaneamente, as práticas da criança e as práticas espaciais das sociedades humanas. A interação entre fatores biológicos e sociais é essencial no desenvolvimento do domínio espacial do indivíduo. No entanto, as performances espaciais individuais variam muito. A autora pergunta, então, que componentes influem na variabilidade das performances espaciais? E qual a trajetória do desenvolvimento dessas performances?

Essas questões foram objeto de estudo de diversos pesquisadores na área da psicologia, os quais tiveram como preocupação saber como se desenvolve a compreensão das informações espaciais no homem. Os mecanismos perceptivos são considerados básicos. Pêcheux trata de três modalidades sensoriais: a visão, a audição e a propriocepção em relação ao tato.

Após discutir diversas pesquisas sobre a influência da visão e da audição nas percepções do espaço, Pêcheux conclui que a percepção auditiva do espaço é difícil de ser dissociada da percepção visual e das percepções cinestésicas. A audição é considerada uma modalidade muito importante na percepção da direção e da distância.

Não serão detalhados esses aspectos, uma vez que interessam especialmente aos estudos da percepção espacial em crianças muito pequenas. A leitura da obra de Pêcheux, a qual apresenta uma sequência de quadros que detalham o desenvolvimento motor e da locomoção, da preensão e da precisão espaço-temporal dos movimentos, todos referentes aos primeiros 24 meses de vida, é esclarecedora.

O trecho anterior ressalta a importância do sistema sensório-motor na organização psicológica do espaço. As progressivas aquisições em nível corporal ampliam o domínio do espaço, e a postura influi na apreensão das informações sobre o entorno. Dessa forma, estabelecem-se, desde o início, referenciais espaciais com relação ao próprio sujeito. Chega-se, então, ao *esquema corporal*, cujo papel na organização espacial demanda certo aprofundamento.

A noção de esquema corporal foi inicialmente elaborada por Schilder, que a definiu como "unidade do corpo vivido, conhecido e utilizado nas relações do sujeito com o mundo exterior".[1] Essa noção é bastante complexa, razão pela qual diversos pesquisadores têm formulado sua própria conceituação de esquema corporal. Le Boulch (s.d.: 37) o definiu como: "intuição global ou conhecimento imediato de nosso corpo, seja em estado de repouso ou em movimento, em função da inter-relação com o espaço e os objetos que nos rodeiam".

Já Lurçat (Wallon e Lurçat, 1962: 1-33) apresenta uma concepção do esquema corporal extraída de um trabalho que realizou com H. Wallon: o esquema corporal não coincide com o corpo anatômico, mas há nele relações de diversas ordens (no espaço, no espaço postural e no ambiente) e que no estudo do esquema corporal devem ser levadas em conta as posições do corpo no espaço, com relação aos objetos e às pessoas.

Lurçat estudou as relações entre o esquema corporal e o espaço sob a perspectiva do desenvolvimento infantil, contribuindo para o entendimento das relações espaciais e de suas implicações na lateralização, localização e orientação. A autora adverte que o meio ambiente é "lateralizado" a partir dos vetores do esquema corporal: frente/atrás, direita/esquerda, acima/abaixo. Segundo ela, os lados direito e esquerdo são percebidos simultaneamente pela criança, porém frente/atrás não, pois a passagem da frente para trás supõe uma conversão. No esquema corporal, há uma polarização do campo superior e da frente devido aos movimentos de alimentação e à ação dos órgãos faciais. Lurçat constatou que o amadurecimento da lateralidade ocorre pela projeção gradativa do esquema corporal, primeiro do eixo frente/atrás, depois esquerda/direita.

Lurçat aborda um aspecto do conhecimento do espaço pela criança que é a referência no objeto. A orientação espacial apresenta modalidades específicas que dependem da linguagem e do meio ambiente. Na familiarização com o espaço convergem duas fontes de conhecimento interligadas que são: a atividade através da manipulação dos objetos e do deslocamento, e o meio familiar, no qual a designação dos objetos e dos lugares está impregnada de sentidos e valores próprios como crenças, castigos e proibições. Apresentaremos, agora, as conclusões de Lurçat sobre a relação entre o esquema corporal e a lateralização, pois elucidam algumas de nossas constatações relatadas adiante.

A autora afirma que "o conhecimento do corpo procede do conhecimento do espaço e ao mesmo tempo o torna possível" (Luçart, 1979: 23). A projeção do esquema corporal como sistema de referência no espaço pode tomar as formas de radiação ou de transferência. Na *radiação*, os planos e eixos relativos ao esquema corporal determinam as orientações do espaço. Na *transferência* relativa a um objeto, a organização dependerá desse ser ou não ser orientado, e poderá ocorrer por translação, rotação ou reflexão.

Lurçat também verificou que a projeção do esquema corporal ocorre de modos diferentes, uma vez que se considerem lugares, seres vivos e objetos. Os *lugares* recebem a projeção da lateralidade do sujeito; por exemplo, quando se diz "2º piso à direita" (direita do sujeito). No caso dos *seres vivos*, ocorre obrigatoriamente uma transposição, exigindo uma análise da posição desse ser vivo em relação ao sujeito, para determinar o que está à sua direita (do ser vivo), à sua esquerda etc. Quanto aos *objetos*, ocorrem as mesmas operações anteriormente citadas.

Nos mecanismos de projeção dos referenciais do esquema corporal, o eixo frente/atrás determina o eixo esquerda/direita, o que os torna necessariamente vinculados. É bom lembrar que há polarização do campo superior e da frente devido à locomoção, à alimentação e à ação dos órgãos faciais. As complicações nesse processo ocorrem porque há objetos que possuem uma parte anterior e uma posterior, porém há outros que não as possuem. Nesse caso, elas podem ser determinadas pelo uso, não apresentando uma lateralidade definida.

Percebeu-se, então, a grande importância da atividade sensório-motora na construção do espaço pela criança, e sua relação com o esquema corporal. Este consiste no centro de referência sobre o qual será estabelecido o domínio do espaço. Podemos perguntar se nossa cultura tira todo proveito possível dessas constatações, pois na escola valoriza-se mais a inércia do que o movimento.

Constatou-se ainda que a motricidade é a geradora da ordem espacial, a qual se desenvolve com a idade. No entanto, a construção da representação do espaço ocorre lentamente. Piaget atribui à ação um papel crucial no desenvolvimento cognitivo. É através dela que são mobilizados os esquemas adquiridos e os dados perceptivos são postos em relação.

A representação do espaço

A teoria que Jean Piaget, com o apoio de uma equipe de pesquisadores, construiu permanece como aporte teórico fundamental para estudos sobre a representação do espaço, principalmente porque trata da construção do espaço matemático pela criança (relações topológicas, projetivas e euclidianas), sobre a qual o espaço cartográfico se apoia. Para não repetir o conteúdo do livro *Do desenho ao mapa*, serão citados pontos pouco explorados da obra mais específica de Piaget sobre o assunto, escrita com Barbel Inhelder: *La Représentation de l'Espace chez l'Enfant* (1981),[2] enfocando aspectos que ainda não constam dos capítulos anteriores deste livro.

A primeira parte dessa obra trata das relações topológicas elementares. Os autores afirmam que a principal dificuldade na investigação do espaço se refere ao fato de a construção das relações espaciais ocorrer em dois planos: o *plano perceptivo* ou sensório-motor e o *plano representativo* ou intelectual. O objetivo da obra é estudar o desenvolvimento do espaço representativo, o qual se constrói a partir das conquistas do espaço sensório-motor.

Sobre o espaço perceptivo destacam-se os aspectos que parecem ser mais importantes para entender a construção do espaço representativo. O que caracteriza o espaço perceptivo são as relações espaciais elementares, sendo que a principal é a de *vizinhança* (elementos percebidos dentro de um mesmo campo). A partir dela surgem as demais relações espaciais elementares: separação, ordem (que se refere a percepções ordenadas tanto no espaço como no tempo), circunscrição (envolvimento) e continuidade.

Será por volta dos 7-8 anos que surgirão estruturas do espaço intelectual. No entanto, este e o espaço perceptivo são construídos com base na motricidade. Esta foi, aliás, a fonte das percepções espaciais mais elementares e é, também, a fonte das operações.

Na busca da reconstrução genética do espaço representativo (dissociar a percepção e a representação), os autores, primeiro, fizeram um estudo sobre o desenho, que foi usado porque confirma o predomínio das relações topológicas antes da criança atingir as formas euclidianas de representação. O estudo sobre o desenho infantil apresentado por Piaget apoiou-se nas fases do desenho infantil de Luquet (1935).[3]

Nos capítulos subsequentes, Piaget e Inhelder tratam das relações elementares de ordem, envolvimento e continuidade. A relação de *ordem* foi estudada entre crianças de 3 a 7 anos, às quais solicitaram que ordenassem contas segundo um modelo linear ou cíclico (um colar em forma de 8). A evolução das correspondências de ordem observada no experimento mostrou-se contínua, partindo de semelhanças de base perceptiva, até atingir a operação de ordem em sentido direto e inverso. Ela supõe a vizinhança, a separação e um sentido constante de percurso. Nesse processo, a coordenação motora parece ter um papel decisivo. A noção de ordem depende, então, da intervenção de dois fatores: o restabelecimento das vizinhanças deslocadas pela separação e a escolha de um percurso entre dois sentidos, que deve ser mantido sem oscilação.

O *envolvimento* foi estudado através de uma sequência de nós verdadeiros e falsos que a criança deveria identificar e reproduzir. A evolução do envolvimento pode ser assim resumida: durante o estádio II as ações descobertas no estádio I interiorizam-se em representações intuitivas e articulam-se aos poucos.[4] A operação constrói-se com a representação tridimensional da ação, possibilitando, finalmente, a reprodução do nó.

A noção de *continuidade* foi estudada através de um experimento em que a criança era solicitada a dividir um quadrado em partes cada vez menores e, num segundo momento, reconstituir uma linha a partir de vários pontos. Concluem que "enquanto separação intelectual (e não mais perceptiva ou intuitiva) dos pontos vizinhos, as operações de divisão encontram no contínuo sua expressão generalizada e realizam a conciliação entre as relações de vizinhança e de separação. Enquanto preenchendo as vizinhanças de cada ponto, o contínuo permite às operações de ordem e de envolvimento encontrar também sua forma geral aplicável às linhas, superfícies e espaços em três dimensões, e fornece igualmente um fundamento racional às suas manifestações intuitivas, das quais vimos a precocidade a propósito das relações de fronteira" (Piaget e Inhelder, 1993: 163).

O espaço projetivo constitui o objeto da segunda parte do livro em questão. A esse respeito destaca-se que a principal diferença entre as relações topológicas e as relações projetivas e euclidianas está no modo de coordenação das figuras entre si. O espaço topológico é interior a cada figura e exprime suas propriedades intrínsecas, não há um espaço total que inclua todas as figuras. Trata-se de uma análise de cada objeto considerado em si mesmo, faltando um sistema de conjunto que organize todos os objetos em uma única estrutura.

No espaço projetivo e no espaço euclidiano, ao contrário, os objetos são situados uns em relação aos outros através de projeções ou perspectivas e de coordenadas. Por isso, as estruturas projetivas e euclidianas são mais complexas e de elaboração mais tardia.

Os autores abordaram o espaço projetivo a partir da construção da reta projetiva e, em seguida, da projeção das sombras, das coordenações do conjunto de perspectivas, das secções e, no último capítulo sobre esse assunto, trataram do rebatimento de superfícies.

A descrição da gênese da reta projetiva foi feita a partir da ação de "mirar" e de analisar a construção de perspectivas elementares. No experimento realizado, os autores pediram às crianças que alinhassem postes (fósforos plantados em uma rodela de massa de modelar) sobre uma mesa quadrada ou retangular e uma mesa redonda. Os palitos representavam postes que deveriam plantar para construir uma linha telefônica bem reta ao longo de uma estrada também reta. O experimentador plantava o primeiro e o último poste e pedia à criança para plantar os demais. Constataram que, acima dos 5 anos, as crianças apresentam reações intermediárias entre relações topológicas e projetivas; a criança descobre que a visão não é a mesma de diferentes pontos de vista, descobrindo a reta projetiva através da operação da "mirada". Nessa operação, a criança mira o último poste a partir do primeiro e alinha os demais segundo esse ponto de vista. Há, pois, o início da coordenação de pontos de vista. Por volta de 7 anos, surgem condutas de "miradas", chegando à *reta euclidiana* como o trajeto mais curto entre dois pontos.

Os autores destacam que existem duas espécies de representações espaciais: uma intuitiva, que não passa de uma imitação interior (imagem mental), favorecida ou inibida pelas configurações perceptivas (características dos estádios I e II A); outra fundada nas operações, não mais submetida à influência perceptiva. A partir do estádio III, pode-se falar em reta projetiva em oposição à linha topológica dos estádios anteriores. A linha topológica apresenta características de ordem, de sucessão etc., ordenados sob apenas um ponto de vista, que se sucede segundo a relação frente/atrás, podendo dar lugar a linhas curvas. Já a reta projetiva, em oposição às curvas, é a única linha que conserva sua forma, qualquer que seja o ponto de vista.

Ainda sobre a construção da perspectiva, realizaram um experimento para verificar a representação de objetos isolados, sob vários pontos de vista. Solicitaram às crianças que antecipassem sob que forma aparente um objeto, colocado em diversas posições, deveria se apresentar.

Tomando o conjunto dos dois experimentos acima, os autores constataram três fatos quanto à construção do espaço projetivo. O primeiro fato é a construção da reta projetiva, o segundo refere-se à compreensão da lei das *transformações perspectivas*, e o terceiro é a descoberta do ponto de vista próprio.

Ainda sobre o espaço projetivo, Piaget e Inhelder investigaram o relacionamento das perspectivas. Apoiaram esse estudo nas posições dos objetos, uns em relação aos outros, e cada um em relação a diversos observadores. São estudadas as relações frente/atrás e direita/esquerda (relações de ordem). Como técnica de estudo, eles utilizaram um maciço com três montanhas que poderiam ser distinguidas por terem cores diferentes e por apresentarem detalhes distintivos, como pico com neve, nascente etc. Foram entrevistadas 100 crianças com idades entre 4 e 12 anos. A seguir, um resumo dos resultados desse estudo.

No subestádio II A (4 a 5-6 anos) ocorre o seguinte: na primeira técnica, quando o sujeito passa da posição A para a posição B e pode reproduzir, através dos cartões, sua visão atual de B e sua visão anterior de A, ele consegue coordenar uma intuição perceptiva e uma intuição representativa. No entanto, como ainda não consegue antecipar uma perspectiva diferente da sua, apresenta uma perspectiva espacial não descentralizada. No comentário final sobre a primeira técnica, os autores consideram que a ilusão egocêntrica impede as crianças desse estádio de inverter as relações de esquerda e direita, de frente ou atrás etc., para mudar as perspectivas de acordo com as mudanças do ponto de vista.

Segundo Lurçat, o desenvolvimento da lateralidade pode estar relacionado com a coordenação da perspectiva, uma vez que somente aos 8-9 anos a criança reconhece, com precisão, direita e esquerda no próprio corpo, não podendo, pois, coordenar esses referenciais, para determinar perspectivas, antes dessa idade, que corresponde ao estádio III.

Com relação às crianças do subestádio II A, as do nível II B apresentam um progresso que consiste em prever que um observador em uma posição diferente da sua verá os objetos de outra maneira. É apenas no subestádio III A que as crianças passam a compreender que as mudanças de posição implicam transformações nas relações internas do maciço. Porém, ainda ocorrem "erros residuais", que se referem às relações de esquerda e direita, uma vez que as relações frente e atrás são modificadas com maior facilidade, tornando-se reversíveis mais rapidamente do que esquerda e direita.

Retomando, mais uma vez, os estudos de Lurçat, julga-se pertinente colocar a seguinte questão: a razão não estaria também no processo de passagem do espaço postural ao espaço circundante, durante a qual se realiza a construção do esquema corporal? Sabemos que os estudos de Lurçat foram posteriores aos de Piaget e que seguiram outro eixo teórico, porém a relação entre ambos amplia o entendimento de como o ser humano desenvolve relações espaciais.

No subestádio III B, a correspondência entre as posições do observador e as perspectivas assumidas torna-se *biunívoca*, o que indica o aparecimento de um esquema operatório de natureza antecipadora. Nesse nível, conclui-se a construção das operações de coordenação de perspectivas. Isso se dá devido, primeiro, à correspondência, para cada posição do observador, de um sistema de relações esquerda/direita e frente/atrás entre as montanhas. E, segundo, devido à correspondência entre cada posição de um observador (uma perspectiva) e a dos demais observadores, que se traduz por uma transformação determinada das relações de esquerda e de direita ou de frente e de trás.[5]

Ainda sobre a representação do espaço projetivo, Piaget e Inhelder desenvolveram uma investigação sobre secções de volumes geométricos por um plano através de um experimento, usando sólidos geométricos feitos de massa de modelar, que eram cortados por uma faca larga e plana (fazendo a vez de um plano). As crianças deveriam antecipar a secção a ser feita pela faca no sólido através de um desenho que indicasse como o sólido ficaria após o corte. Ao incluírem o corte feito pelo plano, os autores puderam verificar a interação das operações euclidianas (um plano que corta o volume do sólido) e das operações projetivas, que consistem em imaginar o sólido sob certa perspectiva.

As crianças menores desenharam a superfície do corte considerando, e ao mesmo tempo o conjunto do volume e a secção feita, representando-a com uma "mistura de pontos de vista". As crianças maiores já mostravam, no desenho, uma representação mais sistemática do corte em relação ao sólido.

Verificaram ainda que a representação das superfícies de secção constitui uma abstração que supõe a atividade do sujeito, pois implica não só a intervenção de duas espécies de ações (uma relativa ao objeto e outra relativa ao ponto de vista), mas também o relacionamento desses dois tipos de ações ou operações.

Nos desenhos de crianças de 7-9 anos aparecem "transparências" e "rebatimentos" que não podem ser considerados traços de representação projetiva, mas são ainda traços da intuição topológica de envolvimento a três dimensões. A análise da evolução desses aspectos foi objeto de mais um experimento, no qual os autores pediam às crianças que desenhassem volumes geométricos (um cubo, um cilindro, um cone e uma pirâmide) como se tivessem sido desdobrados sobre um plano.

Antes de passarmos aos comentários dos resultados desse experimento, gostaríamos de destacar um trecho muito curioso: "mas no caso do cubo encontramos, às vezes desde os 6 anos e meio a 7 anos, isto é, desde os inícios do estádio III A, sujeitos excepcionais que, em razão ou de aptidões particulares ou de hábitos escolares (dobraduras, construção etc.), encontram a solução exata" (Piaget e Inhelder, 1993: 307-8).

Esse trecho nos leva a pensar que os procedimentos usados no ensino podem favorecer, ou não, a construção de um tipo de pensamento mais avançado.

Piaget e Inhelder notaram que no subestádio II A, em relação à representação com rebatimento e desenvolvimento de figuras, o desenho do volume não desenvolvido e o do mesmo volume desenvolvido permanecem idênticos. Falta para essas crianças a experiência das ações de dobrar e desdobrar. Já no subestádio II B há um início de diferenciação de pontos de vista entre o volume desenvolvido e o volume não desdobrado (incluem linhas que indicam a intenção do desdobramento). O estádio III inaugura a descoberta do desenvolvimento e do rebatimento corretos, que é feita em duas etapas: no subestádio III A, a criança representa uma fase do desdobramento, mas não chega à recomposição, ou, então, fica presa em manter e ordenar a vizinhança, porém com rebatimentos incompletos, mas já há um início de coordenação de pontos de vista, e, no subestádio III B, atinge as soluções corretas para o cilindro e o cone. Apenas no estádio IV chega à representação correta do desdobramento do cubo e da pirâmide.

Dessas constatações depreende-se que, para a criança passar da percepção do volume para seu desdobramento, é necessário que ela, de modo concomitante, execute mentalmente uma ação e coordene os pontos de vista em pensamento. O êxito iniciado no estádio III só é possível devido à coordenação dos pontos de vista, pois se trata de uma representação em três dimensões. As ações, que precisam ser interiorizadas para resolver o problema do rebatimento, são relativas ao objeto (ou ao deslocamento) e ao sujeito. O ponto de vista único assumido resulta de ligar (uns aos outros) os diversos pontos de vista de modo que correspondam a esse único ponto de vista.

A forma do objeto representado também é importante para se obter o sucesso no seu desdobramento. O cone e o cilindro são mais fáceis de desenvolver porque, segundo os autores, a curvatura de sua superfície facilita a ação de desdobrar.

Em suma, para conseguir imaginar corretamente o rebatimento de um objeto não é suficiente percebê-lo em três dimensões de forma correta. Por exemplo, a percepção das seis faces do cubo não é suficiente para desenhá-las com rebatimento de forma acertada. Essa passagem implica, entre outras, a da ação às operações coordenadas entre si.

Para finalizar o estudo da representação do espaço, falta estabelecer as relações possíveis entre os objetos, ou melhor, abordar como se estabelecem as coordenações entre os objetos, organizadas pela construção dos sistemas de coordenadas, o que se refere ao *espaço euclidiano*, abordado por Piaget e Inhelder através do estudo da construção das paralelas, das semelhanças das proporções e das coordenadas (da horizontal e da vertical).

No estudo do desenvolvimento espontâneo do desenho, o paralelismo e as proporções manifestam-se como formas de transição para chegar à estruturação do espaço euclidiano. A figura do losango foi usada para o estudo da conservação do paralelismo, porque figuras como o quadrado e o retângulo (que também são formadas por retas paralelas) têm apenas ângulos retos e são compostos por verticais e horizontais. Elas não ajudam na verificação das transformações das figuras, necessária ao estudo da conservação de retas paralelas, a qual implica a conservação dos ângulos e das distâncias. Para estudar o paralelismo dos lados do losango, essa figura deveria ser submetida a transformações "afins", em que há conservação das paralelas, mas modificações dos ângulos e das distâncias.

Em resumo, desse estudo depreende-se que o paralelismo constitui-se de forma concomitante à noção de ângulo, e que essa noção não precede a de paralelas. Além disso, o paralelismo não é percebido sem erros, mesmo por adultos, o que confirma o caráter racional das noções geométricas. As noções de reta e de paralelas constituem um início de coordenação dos sistemas de coordenadas.

Agora é a vez do estudo das semelhanças e das proporções. A construção geométrica das proporções implica as noções de ângulo e de semelhança. Os autores estudaram como a criança reconhece as semelhanças de dois triângulos encaixados a partir do paralelismo de seus lados, e como passa desse paralelismo dos lados à igualdade dos ângulos.

Quanto ao desenvolvimento das proporções, os autores constataram que no estádio II a criança não se preocupa com o comprimento, aumentando-o; porém, tenta não modificar a altura. No estádio III, a criança descobre a relação entre comprimento e altura do retângulo, e no nível III A isso ocorre de modo perceptivo, aparecendo graficamente só no estádio III B, quando também ocorre o equilíbrio da semelhança dos triângulos, fundada na igualdade dos ângulos. No estádio IV, a criança generaliza sua descoberta em todos os casos.

A descoberta do estádio III é a *invariância* da diferença entre as medidas nas figuras proporcionais. Essa descoberta permite definir uma proporção matemática.

A *escala cartográfica* expressa uma proporção entre as medidas do mapa e as medidas reais. Sua compreensão, por parte das crianças, implica, então, a equilibração da proporção, o que tem também uma implicação pedagógica: o ensino da escala deve levar o aluno a estabelecer essa relação de proporção como base para a compreensão da escala.

O penúltimo estudo sobre o espaço euclidiano, por Piaget e Inhelder, foi sobre o sistema de referências: a horizontal e a vertical. A construção da horizontal foi estudada através de um experimento em que as crianças deveriam antecipar o nível da água contida em vidros de formas diferentes, quando esses eram inclinados. A vertical foi estudada com o uso de um fio de prumo preso na tampa dos vidros, e com o uso de outro material: uma montanha de areia em cima da qual as crianças deveriam espetar postes, árvores e casas. Em seguida, eram solicitadas a desenhar a montanha com esses objetos espetados.

A principal preocupação dos autores, nesse estudo, foi investigar a gênese das coordenadas, que têm a possibilidade de coordenar indefinidamente as colocações dos objetos. Através de diversas técnicas combinadas de questionamento sobre a horizontal e a vertical, estabeleceram o seguinte: no estádio II A, já há abstração das superfícies e das linhas de nível, mas quando a garrafa é inclinada o nível da água também varia, porém sem referência externa (plano horizontal) e mesmo sem referência às paredes do vidro. Conclui-se que, nesse nível, a criança não sabe utilizar os sistemas de referência exteriores ou interiores à garrafa. Quanto à vertical, elas desenham os postes perpendiculares aos flancos da montanha. No nível II B, a criança indica corretamente a direção do líquido, mas ainda não coordena esse nível previsto com um sistema de referência exterior ao vidro. Ela usa a horizontal apenas quando o vidro é virado de boca para baixo. Quanto à vertical, ela consegue plantar corretamente as árvores e postes no flanco da montanha, mas desenha perpendicularmente aos lados e malogra na previsão da direção do fio de prumo. No nível III A (7-8 a 9 anos), ocorre a descoberta da horizontalidade e da verticalidade, porém as crianças fazem a previsão de posições oblíquas por falta de referências aos sistemas imóveis exteriores ao vidro. No nível III B (a partir de 9 anos, em média), ocorre a antecipação da vertical e da horizontal, constituindo um sistema de conjunto de coordenadas.

O atraso na construção da horizontal e da vertical (pois são atingidas, em média, somente aos 9 anos) foi objeto de uma análise mais detalhada por parte dos autores. No nível II A, a incapacidade para representar a horizontal e a vertical, no desenho, já identificadas oralmente, acontece porque, nesse nível, o sujeito ainda está centrado nas relações espaciais topológicas. Mesmo no final do estádio II, há ausência de um sistema de referência que englobe o conjunto dos elementos, o que é, em princípio, a causa do atraso em questão.

O último bloco de experimentos realizado pelos autores foi feito sobre os esquemas topográficos e o mapa da aldeia. Eles consideraram que o mapa de uma área pequena seria um meio adequado para o estudo de dois problemas decorrentes das constatações anteriores. O primeiro consiste em situar um objeto em relação a um sistema de referência natural. O segundo, refere-se a fazer reproduzir a área em questão através de peças de um arranjo ou de um desenho. O primeiro problema foi estudado com o uso de dois relevos exatamente iguais (modelo A e modelo B), e o segundo foi invertido (rotação de 180°), os modelos eram separados por um anteparo. As crianças eram solicitadas a colocar um boneco no modelo B, na mesma posição que ocupava no modelo A. A segunda prova consistia em pedir às crianças que desenhassem sobre uma folha de papel reduzida uma aldeia, vista de 45° ou de cima.

O resultado da primeira prova apontou que crianças com menos de 4 anos determinam as posições graças às relações topológicas de vizinhança e de envolvimento. No curso de estádio II (de 4 a 7 anos), já interferem os fatores perceptivos e intuitivos, e no subestádio II A há um início de coordenação entre as posições de diversos elementos; as relações de esquerda e de direita, de frente e de trás intervêm na escolha do sujeito, mas não há, ainda, coordenação de conjunto por falta de compreensão dos efeitos de rotação. No subestádio II B há uma coordenação progressiva tanto das relações projetivas como euclidianas, mas ainda há falta de coordenação entre o sistema interior dos objetos e o sistema exterior constituído pelo enquadre retangular (base do modelo). O estádio III é marcado pelo sucesso geral em todas as relações, o boneco é colocado, de imediato, em função de um duplo sistema de referência segundo as duas dimensões do plano.

O experimento do mapa da aldeia apresentou os seguintes resultados: no estádio II (de 4 a 6-7 anos), a criança coloca os objetos em correspondência lógica, mas não chega à localização em função de um sistema de coordenadas, por não saber "multiplicar" as relações de ordem e de distâncias entre si segundo as três dimensões. No subestádio II B (5-7 anos), as crianças começam a coordenar os conjuntos parciais de objetos entre si na construção e a marcar as duas dimensões no desenho, mas não chegam às coordenações de conjunto, nem euclidiana, nem projetivamente; as noções de semelhança e de proporções também não aparecem ainda. No subestádio III A, há o início das coordenadas de conjunto euclidianas e projetivas. Aproximadamente aos 7-8 anos a criança reproduz os modelos pela técnica da construção imitativa, abstração feita das distâncias exatas e reduções de escala; nesse nível, apenas as distâncias métricas permanecem inexatas, porém os sujeitos dispõem os objetos segundo as relações de esquerda ou direita e de frente ou atrás. Além disso, o plano de visão perpendicular começa a diferenciar-se do plano visto a 45º. Apresentam-se, entretanto, planos intermediários com telhados cortados, vistos de lado e vistos de cima. No subestádio III B há uma melhoria das distâncias e das proporções – as crianças desse nível reduzem o conjunto das proporções, quer se trate do tamanho dos objetos, quer do intervalo que os separam. O desenho topográfico está resolvido no que se refere às posições e às distâncias, à perspectiva e às proporções. Falta, no entanto, a esquematização capaz de substituir a representação dos objetos concretos pelo desenho da superfície ocupada. No estádio IV, o plano esquemático e as coordenadas métricas são atingidos.

Pode-se estabelecer agora uma relação entre o desenvolvimento de estruturas cognitivas e a aprendizagem escolar. Sobre os esquemas topográficos, percebe-se uma passagem do concreto ao abstrato, o que torna "possível a aquisição das noções escolares relativas aos esquemas cartográficos e aos eixos de coordenadas", mais adiante os autores afirmam que os conhecimentos escolares presentes nas respostas indicam que nenhuma aquisição de conhecimentos é possível a não ser por assimilação a esquemas prévios (Piaget e Inhelder, 1993: 465-6).

Na escola, os alunos são submetidos ao ensino de uma série de conteúdos que nem sempre são assimilados. A assimilação desses conteúdos requer esquemas e estruturas prévios, cuja gênese prolonga-se através de alguns anos, caracterizados por formas próprias de pensar. Mas ainda permanece em nosso espírito a seguinte indagação: se o meio escolar pode favorecer o desenvolvimento da inteligência, até que ponto esse favorecimento interfere no processo natural de desenvolvimento cognitivo? Sabe-se que há outros estudos, igualmente profundos, sérios e pertinentes sobre a psicologia da inteligência (como os de Vygotsky e Wallon), que contribuem para o esclarecimento das questões anteriores.

Outras publicações de interesse

Nussbaum (1989) desenvolveu um trabalho detalhado sobre a ideia de que as crianças fazem da Terra como corpo cósmico, sob um enfoque cognitivo. O ponto de partida foi o conceito mais primitivo sobre a Terra: é plana e o céu estende-se paralelamente a esse plano. A transição do conceito mais primitivo para o científico exige mudanças na concepção de espaço pelas crianças. A dificuldade cognitiva que as crianças apresentaram, segundo o autor, decorre da visão egocêntrica do mundo. Parece, no entanto, que essa dificuldade está relacionada também com aspectos do pensamento topológico, como a ausência de coordenação de pontos de vista e a determinação da localização a partir de referenciais do próprio sujeito. Esses referenciais baseiam-se no esquema corporal, cuja construção estende-se até a adolescência.

Outra pesquisa interessante sobre a representação do espaço foi realizada por Isabel Cottinelli Telmo (1986), que fez um estudo experimental com crianças portuguesas de 8, 10 e 12 anos de uma escola rural e de uma escola urbana. Elas deveriam desenhar a frente do prédio de sua escola, primeiro de memória, depois com observação. A finalidade da pesquisa era verificar como as crianças apresentavam, em seus desenhos, "o espaço na casa" e "a casa no espaço". Quanto ao primeiro aspecto, a autora constatou que: a introdução da terceira dimensão está significativamente relacionada com o aumento da idade; a inclusão da terceira dimensão na representação das paredes parece surgir mais tarde e é demonstrada pela habilidade de inclinar a linha de base da parede; os desenhos feitos por observação revelam mais sinais de espaço tridimensional que os de memória; há ligeiras diferenças na presença de elementos da terceira dimensão nos desenhos da frente do prédio feitos por crianças da zona rural e da zona urbana. Notou, também, que as crianças diminuem, previamente, o tamanho dos edifícios para representar a distância, antes de explorarem a ideia de sobreposição. Por isso parece que elas apreendem primeiro que os sinais da distância afetam a percepção do tamanho dos objetos, e só mais tarde coordenam essa informação, colocando um objeto na frente do outro.

Além disso, notou que as crianças da escola rural representam, já com 8 anos, efeitos da distância, o que pode ser devido à escola ser pequena, estar situada em um plano, rodeada por casinhas isoladas, e pelo fato de as crianças irem a pé para a escola e observarem sua aproximação durante o trajeto. As crianças da escola urbana não representam a terceira dimensão das casas adjacentes porque a escola é grande, cercada por edifícios e por chegarem de carro e já entrarem no prédio.

Esse estudo mostrou também que uma das chaves para a representação do espaço tridimensional é o aparecimento da capacidade de usar linhas inclinadas. O aparecimento dessa habilidade parece estar ligado à descoberta de que um plano inclinado representa mais uma informação implícita do que uma informação concreta.

Outro estudo relevante, escrito por Boardman (1988), analisa diversos relatos de pesquisas feitas na Inglaterra sobre o desenvolvimento de habilidades para entender mapas. A seguir, algumas dessas pesquisas. Como se tratam de citações contidas no trabalho de Boardman, elas não constam na bibliografia, mas são referidas em notas de rodapé.

Charlton (1975) trabalhou com 105 alunos da escola elementar e constatou que o entendimento dos quatro elementos do mapa (simbolismo, escala, direção e localização) melhora com a idade, e que a escala e a localização quando atingidas são extensivas ao entendimento de todos os mapas. Os outros dois conceitos, simbolismo e direção, parecem depender de maiores instruções. O simbolismo envolve a habilidade de entender a realidade que está por trás do mapa, usando uma série particular de símbolos; foi mais prontamente compreendido em mapas de escala grande, das vizinhanças, do que em mapas de escala pequena, de áreas mais distantes. O autor concluiu que o trabalho com mapas para crianças menores deveria estar baseado em mapas de grande escala da área local, onde é possível estudá-lo com o reconhecimento do lugar.

Salt (1971) realizou um experimento com 140 crianças de 11-12 anos sobre habilidades para entender mapas. Percebeu que direção e escala eram habilidades bem desenvolvidas quando os alunos entravam na escola secundária. Apesar de que a direção era ainda um problema no final do primeiro ano do secundário, Salt constatou que os alunos manipulavam bem a escala quando envolvia apenas cálculos, mas quando tinham que comparar escalas parece que não haviam adquirido o conceito. Ele sugere que o ensino da escala é apropriado para crianças com idade de 12 anos, o que está de acordo com os estudos de Piaget por mostrarem que o entendimento da proporção depende da obtenção do pensamento operatório formal. As observações de Salt sobre as dificuldades encontradas pelos alunos para desenhar planos também estão de acordo com as constatações de Piaget, de que a compreensão de um plano abstrato requer operações formais e que o verdadeiro entendimento dos mapas não é adquirido enquanto os conceitos espaciais necessários para o traçado do plano abstrato não forem adquiridos.

Bartz (1965) fez um estudo sobre as dificuldades encontradas por alunos na idade de 10 a 15 anos quanto ao uso de atlas escolares. Constatou que com 12 a 13 anos os alunos se referiam à escala apenas para medirem distâncias simples. Percebeu que os alunos interpretam os símbolos dos mapas muito literalmente, considerando-os como elementos principais os termos escritos. Sua pesquisa ressaltou a importância da clareza e simplicidade na apresentação da informação para os alunos. Mapas muito complexos levam os alunos a esquecerem as informações, pois ficam misturadas umas com as outras.

As pesquisas anteriormente relatadas levam a concluir que, mesmo tendo atingido o nível operatório formal, os alunos ainda apresentam dificuldades para entender os mapas. A aquisição da linguagem cartográfica exige um aprendizado, feito na escola, principalmente em aulas de Geografia, com o apoio de uma metodologia que possibilite aos alunos superar essas dificuldades. A proposta apresentada a seguir resulta da busca por essa metodologia.

Uma proposta metodológica para a construção de noções e conceitos espaciais

Nesta metodologia, parte-se dos seguintes *princípios*:

1. A representação do espaço deve, inicialmente, decorrer de uma reflexão sobre o mesmo, através da qual o aluno pondere as relações entre os elementos espaciais e defina pontos de referência;
2. Os modelos tridimensionais devem servir de passagem para a representação no plano;
3. As atividades devem ser problematizadas, levando o aluno a buscar soluções operacionais que envolvam relações espaciais;
4. O aluno deve ter oportunidade de operacionalizar, pessoalmente, os referenciais espaciais, aplicando-os em situações concretas que exijam sua iniciativa.

Os *objetivos* que as atividades propostas visam desenvolver são:

1. A projeção dos referenciais de localização do esquema corporal para os objetos, definindo relações interobjetos, interpessoas, e interpessoas e objetos;
2. Desenvolver diversas perspectivas de um mesmo objeto e sua projeção em duas dimensões;
3. Estabelecer relações proporcionais entre objetos, como base para a noção de redução e de escala cartográfica;
4. Criar meios de representação inicial com uma simbologia voltada para a linguagem cartográfica, através de legendas que usem linhas, pontos e áreas.

Considerando que a *maestria*[6] sobre o espaço surge da ação sobre ele, os procedimentos que melhor contribuem para sua aquisição são aqueles que permitem manipulação e, ao mesmo tempo, instigam a reflexão sobre como representá-lo através de diferentes meios. Maquetes, desenhos (ou fotos) das maquetes, sob diversas perspectivas, e projeções desses modelos no plano são procedimentos que atendem essas exigências.

O ensino do mapa, para respeitar o processo de construção das noções espaciais, necessita partir de um trabalho *preliminar*, no qual a criança estabeleça relações diretas de si mesma no espaço, dos objetos entre si e desses no espaço.

A partir das conquistas conseguidas com esse trabalho preliminar, prosseguindo a construção da representação espacial, o procedimento adequado será tecer uma trama, puxando fios de dois lados: transferindo essas conquistas preliminares para um espaço recorrente e inserindo reflexões sobre espaços geograficamente mais inatingíveis. Não se trata de ir do espaço próximo ao distante, porque o aprofundamento ocorre no grau de abstração desses elementos. Assim, os conceitos cartográficos têm prioridade na definição do trabalho a ser desenvolvido. Organizou-se, então, a proposta em três fases.

A *primeira fase* consiste em situações de ensino que favorecem a relação entre o espaço concreto e formas de representação através de modelos tridimensionais. A relação sujeito-objeto ocorre de forma mais direta, os referenciais espaciais são topológicos, porém já se estabelecem formas de representação euclidiana e projetiva. Destacamos como ponto principal dessa fase a conservação do ponto de vista na representação de uma área conhecida para atingir a projeção ortogonal.

A *segunda fase* refere-se a situações em que o uso de modelos poderá ser dispensado na representação de áreas conhecidas, uma vez que a noção de redução proporcional da área (escala) e a conservação de ponto de vista (projeção no plano) já foram desenvolvidas na fase anterior.

Na *terceira fase,* as situações de ensino exigem conhecimentos mais abstratos de matemática, como cálculo com o uso da escala, latitude e longitude, projeções cartográficas e técnicas de representação temática.

É esclarecedor o fato de ter sido feito um detalhamento de atividades apenas para a primeira fase, a qual se destina à iniciação cartográfica na escola, e que se encontra no livro *Do desenho ao mapa,* publicado pela Contexto.

A intenção era avaliar a adequação da proposta, de modo criterioso, com o fim de lhe dar uma dimensão mais ampla que a recomendasse como metodologia de ensino. Realizou-se, então, uma pesquisa para testar a primeira fase, por meio de uma intervenção, em classes de 4ª e 5ª séries.

A proposta era responder a seguinte questão: Em que um grupo de alunos que desenvolva o trabalho proposto apresentará melhor desempenho na representação espacial? Para responder adequadamente essa pergunta, optou-se por comparar o desempenho desses alunos com o de um grupo de controle. Colocou-se, então, outras questões: Que critérios deverão balizar essa comparação? Como averiguar se os resultados obtidos realmente decorrem da intervenção e não de outros fatores?

Inicialmente, delineou-se um experimento que pode ser considerado do tipo "quase-experimental com grupo de controle e pré-teste e pós-teste" (Campbell e Stanley, 1979: 95-7). A fraqueza desse tipo de delineamento está na possibilidade de se interpretar como efeito da intervenção uma tendência que poderia ser específica do grupo experimental, independentemente da intervenção. Ou, ainda, no caso do experimento, poderiam ter ocorrido situações anteriores semelhantes às propostas, o que comprometeria a interpretação dos resultados. Isso tanto para um grupo quanto para o outro. Além disso, os pormenores do processo bem como os detalhes das produções dos alunos ficariam camuflados sob os escores da análise quantitativa.

Uma vez cientes desses pontos fracos, decidiu-se realizar também uma entrevista com uma amostra (25%) dos alunos submetidos ao experimento. Com a entrevista pretendia-se averiguar situações vivenciadas pelos alunos e que envolvessem a representação espacial. Foi incluído ainda um exame das produções de representação espacial feita por esses alunos.

O desdobramento do objetivo principal exposto mais acima implica dizer que a representação espacial dos alunos do grupo experimental deveria ser melhor.

Como as situações de ensino visavam à estruturação do espaço euclidiano e do espaço projetivo, esses alunos deveriam apresentar em suas produções gráficas: conservação de ponto de vista, proporção entre os elementos e localização a partir de pontos de referência previamente definidos.

Após o estudo de instrumentos usados por outros pesquisadores, chegou-se à conclusão de que para manter coerência com os experimentos realizados por Piaget e seus colaboradores, o instrumento de avaliação deveria ser um *desenho*. E, como o espaço explorado foi a sala de aula, a solicitação de seu desenho sob o ponto de vista vertical pareceu um meio adequado para a avaliação da representação do espaço. Consideraram-se aspectos importantes na avaliação do desenho da sala de aulas: a proporção dos elementos, a ocorrência de rebatimentos, a definição de plano de base e a localização dos objetos uns em relação aos outros.

Depois foi feita a escolha dos grupos que fariam parte do experimento, que deveriam ser escolhidos entre as classes de uma escola estadual em Rio Claro. Indicadores como o nível sociocultural dos alunos, a disponibilidade da escola e dos professores em participarem da pesquisa e as condições de ensino pareceram critérios adequados para escolher a escola.

Após a verificação dessas condições para a definição dos grupos, contatou-se diversas escolas e foram selecionadas duas, entre as quais uma foi escolhida para a realização do experimento, e a outra para o experimento piloto.

Decidiu-se trabalhar com a 4ª e a 5ª séries do ensino fundamental (9 até 14 anos), pois nessa faixa etária há a aquisição das estruturas espaciais projetivas e euclidianas. Para o tratamento dos dados obtidos no pré-teste e no pós-teste, recorreu-se ao uso de métodos estatísticos não-paramétricos.

Piaget e Inhelder utilizaram o desenho espontâneo para estudar o desenvolvimento do espaço representativo, tomando por base o trabalho de Luquet. Serão considerados com os estudos de Jaqueline Goodnow (1979), porque apresentam referências à representação do espaço, as quais auxiliaram na definição de critérios para a avaliação dos desenhos.

Registrou-se a ocorrência dos *aspectos esperados*, para cada um dos elementos do desenho, atribuindo-lhes valor 1 (um) quando ocorrerem e 0 (zero) quando não ocorrerem, num total de 18 pontos, sendo 6 pontos para localização, 6 para conservação do ponto de vista e 6 para proporção. Os aspectos esperados foram:

- Relações Espaciais Topológicas: localização dos elementos uns em relação aos outros, localização do próprio sujeito na sala de aula;
- Relações Espaciais Projetivas: conservação do ponto de vista nos móveis, dos elementos em plano vertical e nas pessoas;
- Relações Espaciais Euclidianas: proporção dos elementos uns em relação aos outros, proporção dos elementos em relação ao plano de base, forma correta dos elementos e quantidade correta.

As provas do pré-teste e do pós-teste eram as mesmas: prova A – desenho da sala de aula vista de cima, em uma folha de papel em branco; prova B – desenho da sala de aula vista de cima, em uma folha com um plano de base traçado, que correspondia ao piso da sala; os desenhos dos elementos eram feitos sob comando. Realizou-se um experimento piloto, cujos testes foram avaliados por um juiz. Para se ter maior segurança quanto à validade dos critérios que foram estabelecidos, os resultados da avaliação do juiz foram comparados com os obtidos através de um teste estatístico.

Os dados obtidos no experimento foram comparados, através de provas estatísticas, em dois momentos:

a) os dados do pré-teste com os do pós-teste de cada grupo do experimento, e
b) os dados do pré-teste do grupo experimental com os do pré-teste do grupo de controle e os dados do pós-teste do grupo experimental com os do pós-teste do grupo de controle.

Com esses procedimentos pretendeu-se avaliar: 1) se há disparidade entre os grupos na fase inicial do experimento; 2) o desenvolvimento de cada grupo decorrido o período do experimento; 3) quais as diferenças e avanços quanto aos aspectos esperados, no grupo experimental em relação ao grupo de controle.

Usou-se, no tratamento estatístico dos dados, métodos não-paramétricos,[7] particularmente o teste "U de Man-Whitney"[8] para a comparação dos resultados entre o grupo experimental e o de controle, e para a comparação entre os resultados obtidos no experimento piloto e os obtidos por um juiz. A prova de Wilcoxon foi usada na comparação entre o pré e o pós-teste de cada grupo.[9]

Os resultados dos testes da 4ª série indicaram melhor desempenho do grupo experimental nas provas A e B. Notou-se que a presença de elementos pictóricos, bastante elevada no pré-teste, diminuiu acentuadamente no pós-teste apenas no grupo experimental, o que reflete uma aproximação do desenho da sala de aula com o mapa, como fruto da intervenção. A prova B (com plano de base traçado) teve como efeito a redução da troca de posição dos elementos (localização) em ambos os grupos.

Os resultados das 5ª séries indicaram que os desempenhos do grupo experimental e do grupo de controle foram iguais quanto à *localização*, tanto na prova A quanto na prova B, mas o grupo experimental demonstrou um desempenho significativamente superior quanto a ponto de vista e proporção.

A prova de Wilcoxon indicou que houve um melhor desempenho dos alunos no pós-teste em ambos os grupos.

Resultados qualitativos foram obtidos por meio de entrevistas feitas uma semana depois do pós-teste, em uma sala separada, com o uso de um roteiro[10] e com o auxílio de um gravador. A intenção era averiguar dois pontos: outros fatores intervenientes no desempenho dos alunos e o que teria levado os alunos a mudar as formas de representação de uma prova para outra.

A pergunta sobre a *localização* dos objetos foi respondida, com facilidade, pelos alunos de ambos os grupos de 4ª série. A resposta mais comum foi a de que localizaram os objetos "olhando a sala". A localização do próprio lugar pelo aluno também foi respondida com facilidade, porém os alunos do grupo experimental, sem exceção, deram respostas mais precisas, usando referenciais preestabelecidos. Os alunos das 5ª séries também responderam com facilidade à pergunta sobre localização; responderam que para saber onde era o lugar dos objetos, observavam e desenhavam.

Em suma, a *localização* dos objetos, no desenho, não apresentou grandes dificuldades para os alunos. Mas é bom lembrar que essas respostas referem-se ao pós-teste, e que muitos alunos, em todos os grupos, fizeram desenhos, na prova A do pré-teste, nos quais os objetos não guardavam correspondência com as posições que ocupavam na sala de aula. Outra constatação é a de que as respostas dos alunos dos grupos experimentais incluíam mais referenciais de localização do que as dos grupos de controle, o que pode indicar um avanço quanto à construção de coordenadas.

Outro aspecto abordado, na entrevista, foi o de como os alunos relacionavam o *tamanho* real dos objetos com aquele representado no desenho (proporção). Nas respostas, os alunos reconheciam que havia uma diferença, e que os tamanhos dos objetos no desenho não correspondiam àqueles da sala de aula.

Na *4ª série de controle*, para a prova A do pós-teste, a maior parte dos alunos respondeu de modo impreciso à pergunta sobre a proporção entre os objetos.

No *grupo experimental de 4ª série*, ocorreram mais respostas comparando o tamanho dos objetos reais e no desenho, eis alguns exemplos sobre a prova A:

> DA (10, 1): "A lousa está maior e a porta deveria ser maior."
> VI (10, 6): "Não, eu fiz um pouco menor, as carteiras tinham que ser maiores."

Na prova B, a maior parte dos alunos entrevistados no grupo experimental havia desenhado os objetos de modo proporcional. Registre-se duas respostas que indicam a ideia de medida:

> GIS (10, 3): "Tinha que medir, eu não medi nada e desenhei."
> JO (10, 5): "Não, não foi medido, eu fiz de um tamanho diferente."

Vejamos agora algumas respostas sobre os desenhos do pós-teste das *5ª séries*:

> FLA (10, 11): "A mesa da professora ficou menor que as carteiras. – Por quê? – Eu pensei que não ia dar para desenhar muito grande" (prova A do grupo experimental).
> AC (11,2): "A lousa está menor, as carteiras estão menores também" (prova B do grupo de controle).

Note-se que a relação de proporção não estava clara, principalmente para os alunos do *grupo de controle das 5ª séries*. Apesar de perceberem, no desenho, que alguns objetos estavam muito grandes ou muito pequenos, não estabeleciam uma relação proporcional ao tamanho real. Por exemplo, no desenho, as carteiras e a mesa da professora poderiam ser proporcionais entre si, porém ambas estavam muito pequenas em relação ao plano de base, o qual deveria determinar o tamanho dos objetos de modo que fossem proporcionais aos da sala de aula. Justamente esse encaixe de tamanhos proporcionais – plano de base/objetos – não apareceu na maior parte dos desenhos.

Nos estudos piagetianos do espaço projetivo, a redução de tamanho poderia indicar uma perspectiva na qual os objetos ficavam menores. Essa pode ser uma razão para que alguns alunos tenham feito os objetos bem menores. Vimos que ao serem questionados, os alunos reconheciam a relação de proporcionalidade entre os elementos da sala de aula e os do desenho, porém não foram capazes de expressar, no papel, a diferença constante entre os tamanhos dos objetos.

Continuando, perguntou-se se o aluno reconhecia, no desenho, algum objeto que estava representado de *modo muito diferente* daquele como se apresentava na sala de aula.

Na *4ª série de controle*, apenas três alunos indicaram objetos que não estavam adequadamente representados:

> FEL (10, 4): "O armário. – Por quê? – Porque em cima do armário tem umas caixas e tem um armário que é mais alto e um que é mais baixo. – Você mostrou isso no desenho? – Não, eu não sei."
> JANA (10, 4): "As carteiras, porque estão umas maiores e outras menores."
> CRIS (10, 3): "O lixo é perto da mesa e eu fiz perto da lousa."

Para JANA, o problema era de proporção, e para CRIS, de localização. No entanto, a resposta mais interessante foi a de FEL, ele percebeu que a altura dos móveis não podia ser representada no desenho.

No grupo de *4ª série experimental*, dois dos alunos entrevistados mencionaram diferenças entre o desenho e a sala de aula, também para a prova A:

> NAT (10, 2): "A mesa, fiz os pés e não dá para ver, de cima não dá para ver. – E por que você fez os pés na mesa? – Eu antes não sabia."
> GIS (10, 2): "A porta não é assim. – Por que você desenhou assim? – Porque eu não sei de outro jeito."

O ponto de vista assumido determinou a inadequação do desenho para NAT. Já para GIS, a forma de desenhar parecia inadequada, porém seu desenho estava correto.

No grupo de *controle de 5ª série*, as respostas afirmativas também foram poucas, como:

> IG (12, 1): "A cadeira. – Por que você acha que está diferente? – Porque desenhei só o quadrado. – Você achou que poderia desenhar assim? – É... difícil desenhar a cadeira, eu resolvi fazer um quadrado. – E você acha que não estava certo desenhar assim? – Não".
> THI (11, 4): "O armário. – Por que você acha que ele está diferente? – A caixa que está em cima dele não é assim. – Como seria, então? (faz outro desenho da caixa em um papel) – Por que você fez diferente agora? – Por que é assim que ela aparece. – Por que você não fez assim antes? – Não sabia. – Como você ficou sabendo? – Com meu irmão."

Nesses exemplos, nota-se uma preocupação, por parte dos alunos, em usar um equivalente que fosse apropriado. Na determinação do equivalente entram dois fatores: a habilidade para desenhar e o nível de conceitualização da representação. Parece que há uma compensação entre ambas. No caso de IG, ele reprovou o equivalente porque tinha ideia de que devia haver uma semelhança clara entre aquele e o objeto. No segundo caso, THI conquistou um equivalente mais eficaz, porque estava de acordo com o ponto de vista dele quando observava a caixa sobre o armário.

No grupo *experimental de 5ª série*, poucos alunos responderam às questões, afirmativamente, e quando o fizeram foi apenas em relação à prova A:

> FER (11, 8): "A janela. – Por quê? – Porque de cima a gente vê só uma ripinha".
> AN (11, 11): "Faltam as cadeiras das mesinhas".
> HE (11, 0): "Não dá para desenhar as cortinas".

Para FER o erro estava na falta de correspondência entre o que foi desenhado e o que poderia ser visto se assumisse a perspectiva de cima. Para AN e HE faltavam objetos, que eles não conseguiram desenhar sob essa perspectiva.

Em suma, a diferença entre as respostas dos dois grupos de 5ª séries está clara: no grupo experimental, o ponto de vista determinou a adequação do desenho aos objetos e, no grupo de controle, essa adequação estava vinculada à forma do objeto.

A representação do *ponto de vista* de cima foi abordada usando as provas A do pré e pós-testes. No pré-teste, essa prova mostra a primeira representação da sala de aula, que, comparada com a do pós-teste, indica a evolução das formas dessa representação. Na entrevista, eram apontados objetos que haviam mudado de representação e pedido ao aluno para justificar a mudança.

Abaixo estão algumas respostas dos alunos do *grupo de controle das 4ª séries*:

> FEL (10, 4): "O vaso e o relógio não estão vistos de cima. – Como você deveria fazer para desenhar visto de cima? – O relógio deveria pôr uma rodelinha assim ... porque só daria para a pessoa ver isso de cima. – E o vaso? – O vaso, eu teria que desenhar só um buraco ... não ia dá para ver o vaso; só ia dá pra ver as flores e o buraco do vaso. – E por que você desenhou diferente no segundo desenho? – Porque eu pensei um pouco melhor e pra não ficar muito demorado."
> JANA (10, 4): "Neste aqui (segundo desenho) eu já olhei de trás e vi o painel, a mesa da professora e aí eu resolvi contar as carteiras para pôr idêntico à sala, né, porque são 34 alunos, eu acrescentei mais. – Por que você mudou a forma de desenhar? – As minhas colegas falaram que se você for fazer assim não vai dá imaginação, então, eu olhei de frente e de trás e vi o que dava para fazer. Este aqui como foi a primeira vez a gente não imagina, né?"

Os alunos perceberam que deveriam mudar a forma de representar a sala de aula no segundo desenho, mudança que resultou de uma reflexão, pois quase todos mencionaram que "pensaram", "imaginaram" que deveriam fazer o segundo desenho diferente. Se considerarmos que esse desenho (prova A do pós-teste) foi a terceira solicitação para desenharem a sala de aula vista de cima, é natural que os alunos, desta vez, tivessem mudado a forma de fazer essa representação.

No *grupo experimental de 4ª série* as respostas continham explicações de outra ordem para a mudança na forma de desenhar:

> NAT (10, 2): "Por que você acha que este desenho (pré-teste) não está mostrando a sala de aula vista de cima? – Porque não dá pra ver igual aqui. – O que não aparece? – Todas as carteiras, a mesa, não aparece assim. – Por que você fez o primeiro desenho deste jeito? – Porque eu não sabia. – E como você ficou sabendo? – Por causa da maquete ... quando eu pus a maquete assim e vi de cima."
> DA (10, 1): "O que não está sendo visto de cima, neste desenho? – Isto, o armário eu fiz com a porta aberta e olhando de cima eu não ia ver isto e a chave, eu fiz esta caixa de desligar (o ventilador) e não ia dar para ver ... – Como você descobriu isso? – Agora eu sei mais como desenhar a classe vista pra cima do que antes. – O que aconteceu que agora você sabe desenhar a classe vista de cima? – Eu sei localizar olhando na minha carteira certa, aqui direita/esquerda, eu sei imaginar mais, ... isso aqui foi depois que eu fiz a maquete e eu vi, eu acho que eu sei melhor."

Quase todos os alunos citaram que foi no trabalho com a maquete que perceberam como deveriam desenhar a sala vista de cima. Eles perceberam uma propriedade desse modelo que, por ter os lados fechados, impede a visão de seu interior através de outros ângulos.

Pode-se concluir, através das entrevistas, que ocorreram aquisições nas formas de representar e de pensar o espaço por parte dos alunos de ambos os grupos de 4ª série. No entanto, os alunos do grupo de controle davam explicações baseadas no próprio desenho para a introdução de novos equivalentes. Já os alunos do grupo experimental correspondiam as mudanças no desenho à ação (como medir, contar, fazer e observar).

Vejamos alguns casos concernentes ao *grupo de controle de 5ª série*:

> IG (12, 1): "Este desenho mostra a sala de aula vista de cima? – É – Como? – Em vez de desenhar o pé da cadeira eu só fiz a parte de cima. – E os outros móveis, também estão vistos de cima? (estavam rebatidos) – O segundo desenho que você fez está parecido com o primeiro? – Tá. – Tem alguma coisa que está diferente do primeiro desenho? – Não. – Por que você fez os dois desenhos iguais? – Porque eu não me lembrava desse desenho."
> AMA (12, 2): "No primeiro desenho você está vendo a sala de cima para baixo? – Tô. – E no segundo? – Também. – E por que você mudou o jeito de desenhar a lousa e a porta (inclinados em relação ao plano de base)? – Para parecer que está olhando de cima."

Observa-se que os alunos sabiam dizer como deveria ser o desenho visto de cima, apesar de nos desenhos os objetos aparecerem rebatidos, mesmo no pós-teste. Isso pode indicar que, por ocasião dos testes, a representação sob esse ponto de vista ainda não estava tão clara para a maioria desses alunos, como nas entrevistas. Cabe dizer que antes da entrevista a professora explicou os diferentes pontos de vista.

No *grupo experimental de 5ª série*, todos os alunos entrevistados justificaram as alterações no tipo de representação devido ao ponto de vista assumido. Vejamos alguns exemplos:

> AN (11,11): "A lousa está desenhada vista de frente... o armário também está visto de frente. – Como você sabe? – Porque quando é vista de cima não dá para ver a lousa toda."
> ER (11, 9): "Você falou que tinha que olhar de cima para fazer o desenho. – Por isso você achou que tinha que desenhar só esta parte do armário? – Eu ia fazer a divisão ó (aponta o desenho do armário) e eu apaguei. – Por quê? – Porque está olhando de cima e não está vendo a repartição do armário. – Você achou que não dava para ver? – Não dava porque de cima era só esta parte aqui, não tinha repartição e a maçaneta."

Esses alunos sabiam que o ponto de vista de cima muda a forma de "ver" os objetos e, portanto, de representá-los. Para alguns era possível fazer uma distinção entre um desenho visto de frente (o observador está dentro da classe) e um desenho visto de cima. A característica da resposta dessas crianças é a de detalhar as diferenças do desenho que não apresenta os objetos vistos de cima (pré-teste), em comparação com aquele no qual os objetos guardam esse ponto de vista, indicando o que "dá para ver" e o que "não dá para ver".

De um modo geral, os resultados mostraram que os grupos submetidos ao experimento apresentavam desempenho distinto quanto à representação do espaço, e que, em todos os grupos, houve uma evolução na forma de representar o espaço, durante o período do experimento. Porém, os grupos experimentais apresentaram melhor desempenho quanto à proporção e ao ponto de vista. Através das entrevistas, notou-se que os alunos desses grupos mostravam uma noção do processo que os levou a usar formas de representação mais avançadas.

Com o objetivo de verificar como a representação do espaço foi se transformando do primeiro para o último desenho, adquirindo atributos mais generalizados que os aproximassem dos mapas, comparamos a sequência de desenhos de todas as crianças que participaram do experimento, e, como exemplo, temos a seguir uma figura com desenhos de um aluno da 4ª série.

O desenho A (prova A do pré-teste) é um exemplo de rebatimentos com desdobramentos: o aluno desdobrou as paredes em torno do plano de base e projetou, na superfície de cada uma delas, os objetos, vistos de frente, na posição que ocupavam. Sobre o plano de base aparecem as carteiras vistas de cima e o encosto das cadeiras rebatido. A mesa da professora também está vista de cima. No desenho B (prova B do pré-teste), vê-se que a introdução do plano de base como chão eliminou parte dos rebatimentos, sobre o qual todos os objetos deveriam ser desenhados; permaneceram ainda rebatidas a lousa, a porta e as janelas (cortinas). O tamanho dos objetos não está proporcional, alguns ficaram pequenos em relação ao tamanho real, como os armários, e outros ficaram pequenos também em relação ao plano de base, como as carteiras. No desenho C (prova A do pós-teste), identificam-se os traços de uma planta baixa: os objetos estão devidamente localizados com proporção e o ponto de vista ortogonal. Da mesma forma que o desenho precedente, vemos no desenho D

Figura 1. Desenho da sala de aula feito por um aluno da 4ª série experimental. Nota-se que os desenhos apresentam, de A para D, a aquisição de atributos de uma planta baixa.

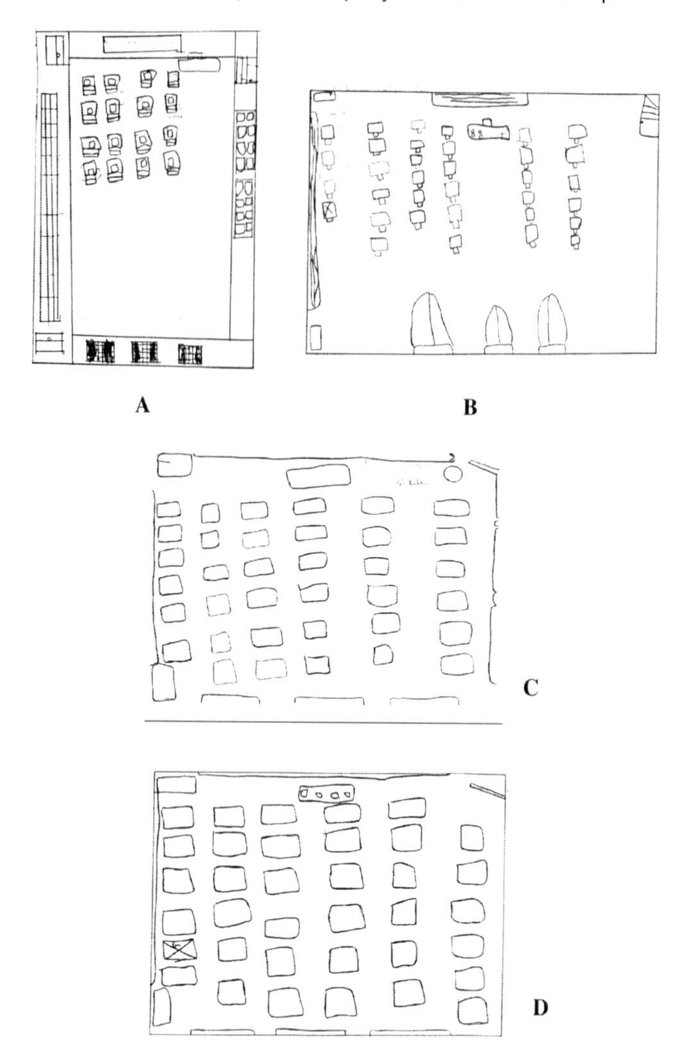

(prova B do pós-teste) os traços da planta baixa. Nota-se que, a partir do segundo desenho, a representação foi assumindo características de uma planta baixa, o que corresponde à passagem do realismo intelectual para o realismo visual, no qual tem início as representações projetivas e euclidianas.

Piaget e Inhelder comentaram a respeito da possibilidade das atividades escolares desafiarem as crianças a atingir determinados conhecimentos em idades mais precoces. Como o meio escolar não inclui a representação do espaço em suas atividades, o primeiro desenho apresentou traços do realismo intelectual (desenharam o que sabiam, não o que viam). Mas bastou uma solicitação mais objetiva para que muitos mudassem o desenho para um tipo mais avançado.

Outra constatação é que a perspectiva de cima foi representada por alguns alunos através da inclusão de linhas inclinadas como recurso para indicar a coordenação de ponto de vista, o que também foi observado por Isabel C. Telmo e por J. Goodnow. Percebeu-se diferentes maneiras dos alunos usarem esse recurso, o que é uma estratégia coerente com a visão natural do ser humano, que vê os objetos a partir de um ponto central, de modo que a visão de cima não pode ser nunca ortogonal. Portanto, a perspectiva oblíqua, nos desenhos, como recurso para indicar o ponto de vista de cima é perfeita e indica uma capacidade avançada. No entanto, não confere com a representação cartográfica que criou técnicas de projeção ortogonal dos pontos da superfície terrestre sobre o plano do mapa, o que precisa ser aprendido para o entendimento do processo de produção do mapa. Esse foi um dos objetivos perseguidos durante a intervenção. Segundo alguns alunos disseram na entrevista, foi projetando os elementos da maquete para o plano que perceberam a "visão de cima".

Analisando os desenhos, nota-se que, nos grupos experimentais, houve uma evolução, partindo de representações típicas do realismo intelectual e atingindo o realismo visual, em quase todos os desenhos. Nos grupos de controle, constatou-se uma persistência de traços do realismo intelectual, principalmente nos desenhos da 4ª série.

Conclusões

Através dos resultados quantitativos, das entrevistas e da análise dos desenhos, podemos dizer que a metodologia de ensino que propusemos favoreceu, nos grupos experimentais, a elaboração de aspectos mais avançados na representação do espaço. Os testes estatísticos apontaram um avanço também nos grupos de controle.

Cabem, agora, algumas conclusões acerca dos procedimentos usados na pesquisa. A avaliação através da atribuição de pontos aos desenhos deixa escapar uma visão de conjunto da produção da criança e detalhes que não constam no protocolo de correção, revelando-se limitada para uma comparação mais abrangente entre os desenhos.

Outra conclusão relevante refere-se à prova B. Esta, ao que parece, contaminou a avaliação do pós-teste. No entanto, descobrimos nela os efeitos de se apresentar um plano de base como pista para a projeção no plano, podendo ser usada, então, como recurso de ensino, pois engendra a representação projetiva do ponto de vista de cima.

A teoria psicogenética de Jean Piaget é um paradigma importante para os estudos da representação espacial, pois possibilita entender o processo de construção do pensamento, dando elementos para se delinear suas implicações no processo de ensino. Em outras palavras, se no sistema projetivo as operações coordenam os dados segundo relações de reciprocidade, ligando as inúmeras projeções de um mesmo objeto, quando uma criança diz que, ao ver a sala de aula de cima, só pode ver uma parte dos objetos (a de cima), podemos dizer que ela pode pensar simultaneamente mais de um sistema (visto de cima/visto de frente), coordenando mais de um ponto de vista. Pode, então, entender outros sistemas de referência, como as coordenadas geográficas.

Para finalizar, a prática do ensino foi retomada: a participação ativa da criança na construção de formas de representar o espaço, resolvendo problemas, consiste num caminho para a inteligência, a criatividade e a autonomia na *maîtrise* sobre o espaço – "*arquétipo da realidade exterior – a qual é metáfora de toda forma de maîtrise*" (Pêcheux, 1990: 303).

Notas

* Originado de *Uma proposta metodológica para a compreensão de mapas geográficos*. Tese de doutoramento apresentada na Faculdade de Educação da Universidade de São Paulo, 1994.

[1] Schilder, The image and appearance of the human body, London; Kegan Paul, 1935, apud, Marie-Germaine Pêcheux, Le développement des rapports des enfants a l'espace, Paris, Editions Nathan, 1990, p. 112.

[2] As citações foram extraídas da tradução brasileira de Bernardina Machado de Albuquerque, publicada pela Editora Artes Médicas, em 1993.

[3] Elaborou-se um quadro comparativo entre essas abordagens (Almeida, 2002, pp. 60-1).

[4] Os estádios correspondem aproximadamente: estádio I, a menos de 4 anos; estádio II, de 4 a 7 anos; estádio III, de 7 a 11 anos; e estádio IV acima de 11-12 anos. As idades correspondentes aos estádios podem variar (ver o capítulo de Lívia de Oliveira, neste livro).

[5] Sobre as conclusões dos autores, destacam-se os seguintes pontos: 1) o ponto de vista próprio só poderá dar lugar a uma representação verdadeira à medida que for diferenciado dos outros pontos de vista possíveis; 2) a construção das relações projetivas supõe uma coordenação do conjunto dos pontos de vista – pois um ponto de vista não poderia existir isoladamente – e, também, a existência de um sistema ou coordenação de todos os pontos de vista (isso diferencia o espaço projetivo das relações topológicas); 3) outra diferença entre as relações projetivas e as topológicas refere-se à maneira pela qual as operações se integram às percepções. No sistema de relações projetivas, as operações consistem em coordenar os dados segundo relações de reciprocidade" (Almeida, 2002, pp. 66-7).

[6] O mesmo que mestria: "qualidade de mestre [...], perícia, habilidade, destreza". Novo Dicionário Aurélio da Língua Portuguesa, Rio de Janeiro, Nova Fronteira, 1986. Considera-se o termo, também, no sentido de domínio e controle do espaço quanto à localização, à orientação e ao deslocamento.

[7] Definiu-se a atribuição de valores numéricos em escala intervalar para poder-se aplicar métodos não-paramétricos, porque podem ser aplicados a dados que não sejam numericamente exatos, isto é, estão simplesmente em "postos" ou números de ordem. Em segundo lugar, essas técnicas podem ser aplicadas em pequenas amostras, como é o caso dos grupos do experimento desta pesquisa. E, em terceiro lugar, para aplicá-las não é necessário fazer suposições sobre a distribuição da população da qual foram extraídos os grupos para análise, como, por exemplo, se a distribuição da população é normal etc.

[8] A prova "U de Mann-Whitney" foi usada porque é uma das mais poderosas provas não-paramétricas quando se tem uma mensuração ordinal para comparação entre dois grupos independentes. Essa prova leva em conta o sentido da diferença entre os grupos. E, no caso, era necessário verificar se o grupo experimental apresentava melhor resultado do que o grupo de controle.

[9] Essa prova compara amostras relacionadas e exige que se tenha dados ordinais não somente dentro dos pares, mas também em relação às diferenças entre pares, portanto, é indicada para a comparação desejada (Siegel, 1977, pp. 85-93 e 131-44).

[10] O roteiro era composto por questões sobre a experiência prévia das crianças com brinquedos e jogos relacionados com a noção de espaço (miniaturas, maquetes etc.), questões sobre o desenho da sala de aula na prova A do pós-teste e questões sobre o desenho da sala de aula na prova B do pós-teste.

Bibliografia

ALMEIDA, Rosângela Doin de; PASSINI, Elza Y. *O espaço geográfico*: ensino e representação. 1. ed. São Paulo: Contexto, 1989.

__________. *Do desenho ao mapa*: iniciação cartográfica na escola. São Paulo: Contexto, 2002.

BARTZ, B. S. *Map Design for Children*. Field Enterprises Educational Corporation, 1965.

BATTRO, A. M. *O pensamento de Jean Piaget*. Rio de Janeiro: Forense Universitária, 1976.

BOARDMAN, David. *Handbook for Geography Teachers*. Sheffield, UK: The Geographical Association, 1988.

CAMPBELL, D. T.; STANLEY, J. C. *Delineamentos experimentais e quase-experimentais de pesquisa*. Trad. Renato Alberto T. Di Dio. São Paulo: EPU/EDUSP, 1979.

CHARLTON, K. E. *A Study of Pupil Understanding of Map Symbolism, Scale, Direction and Location in the Age Range 8-13 years*. Unpublished M. Phil. Thesis, University of Leeds, 1975.

CORNETZ, V. (1914). Le cas élémentaire du sens de la direction chez l'homme. *Bulletin de la Societé de Géographie d'Alger*. Anos de 1913-14, pp. 742-56.

DANTAS, Heloisa. Do ato motor ao ato mental: a gênese da inteligência segundo Wallon. In: DE LA TAILLE, Y.; OLIVEIRA, M. K. de; DANTAS, H. *Piaget, Vygotsky, Wallon*: teorias psicogenéticas em discussão. São Paulo: Summus, 1992.

FERREIRO, Emília; TEBEROSKY, Ana. *Psicogênese da língua escrita*. Trad. Diana M. Lichtenstein, Liana Di Marco e Mário Corso. Porto Alegre: Artes Médicas, 1986.

FISCHER, Gustave-Nicolae. *La Psychosociologie de l'espace*. Paris: PUF: 1980. (Coll. Que sais-je)

FLAVEL, J. H. *A psicologia do desenvolvimento de Jean Piaget*. Trad. Maria Helena Souza Patto. 2. ed. São Paulo: Pioneira, 1986.

GOODNOW, Jacqueline. *Desenho de crianças*. Trad. Maria Goreti Henriques. Lisboa: Moraes Editores, 1979.

GRIZE, J. B. et al. (Org.). *Inventários de Jean Piaget*. Trad. Jorge Correia Jesuíno. Lisboa: Estampa, 1981. Coleção Biblioteca de Ciências Pedagógicas, 33

HARDY, Georges. *La Géographie Psychologique*. Paris: Librairie Gallimard, 1939.

LE BOULCH, J. *Educación por el movimiento en la escuela primaria*. Buenos Aires: Ediciones Paidós, s. d.

LUQUET, G. H. *Le dessin enfantin*. Paris: Librairie Félix Alcan, 1935.

LURÇAT, L. *El niño y el espacio; la función del cuerpo*. Trad. Ernestina C. Zenzes. México: Fondo de Cultura Económica, 1979.

__________; WALLON, Henri. *Dessin, espace et schéma corporel chez l'enfant*. Paris: Les Editions ESF, 1987. (Collection Science de l'Éducation)

NUSSBAUM, J. La tierra como cuerpo cósmico. In: DRIVER, R. et al. *Ideas científicas en la infancia y la adolescencia*. Madrid: Ministerio de Educación y Ciencia/Ediciones Morata S. A./Cap. IX., 1989. p. 259-90. (Colección Educación Infantil e Primaria, 8.)

OLIVEIRA, Lívia de. *Estudo metodológico e cognitivo do mapa*. São Paulo, 1978. Tese (Doutorado) – Instituto de Geografia/Universidade de São Paulo.

PÊCHEUX, Marie-Germaine. *Le développement des rapports des enfants a l'espace*. Paris: Editions Nathan, 1990. (Collection Nathan-Université. Série Psychologie).

PIAGET, J.; INHELDER, B.; SZEMINSKA, A. *The child's conception of geometry*. Trad. E. A. Lunzer. New York: Harper Torchbooks/Harper & Row Publishers, 1964.

__________; __________. *A imagem mental na criança:* estudo sobre o desenvolvimento das representações imagéticas. Trad. António Couto Soares. Porto: Livraria Civilização, 1977.

__________; __________. *La représentation de l'espace chez l'enfant*. 4. ed. Paris: PUF, 1981.

__________; __________. *A representação do espaço na criança*. Trad. Bernardina Machado de Albuquerque. Porto Alegre: Artes Médicas, 1993.

__________. *A formação do símbolo na criança:* imitação, jogo e sonho, imagem e representação. Trad. Álvaro Cabral e Christiano Monteiro Oiticica. 3. ed. Rio de Janeiro: Zahar, 1978.

SALT, C. D. *An Investigation into the Ability of 11-12 year-old* Pupils to read and Understand Maps, unpublished M. A. Thesis, Universitiu of Sheffield, 1971.

SIEGEL, S. *Estatística não-paramétrica para as ciências do comportamento*. Trad. Alfredo Alves de Farias. São Paulo: McGraw-Hill do Brasil, 1977.

TELMO, Isabel C. *A criança e a representação do espaço*: um estudo do desenvolvimento da representação da terceira dimensão nos desenhos de casas feitos por crianças dos 7 ao 12 anos. Lisboa: Livros Horizonte, 1986.

WADSWORTH, B. J. *Inteligência e afetividade da criança na teoria de Piaget*. Trad. Esméria Rovai. São Paulo: Pioneira, 1993.

WALLON, Henri; LURÇAT, Liliane. Espace postural et espace environnant: le schéma corporel. *Enfance*, 1962, p.1-33.

APRENDIZAGEM SIGNIFICATIVA DE GRÁFICOS NO ENSINO DE GEOGRAFIA

Elza Yasuko Passini

Por que o interesse em desvendar a relação entre sujeito e objeto na produção e leitura de gráficos? Difícil responder a essa questão.* Anos e anos em sala de aula do ensino fundamental auxiliando alunos a lerem gráficos... Dificuldades de toda ordem surgiam sem resposta sobre direções a seguir.

Tenho certeza de que na atualidade as informações proliferam em todas as direções e em todos os campos na teia do conhecimento e é mais difícil saber selecioná-las do que acessá-las. Integrar-se a essa teia de informações e comunicações na construção do conhecimento parece ser tão importante quanto saber ler, escrever e contar. Os instrumentos eletrônicos auxiliam no entendimento e na comunicação da linguagem escrita, oral e matemática, porém, para utilizar os meios eletrônicos de comunicação, precisamos aprender a organizar os dados, a transmiti-los. Nesse particular, a habilidade de leitura e construção das representações gráficas[1] parece ser um meio particularmente privilegiado para participar da era da comunicação, pois as informações têm organização lógica, prendem-se à essência, portanto permitem a leitura da síntese com economia de tempo.

Linguagem gráfica e pensamento

O cidadão deve ter habilidades para adquirir informações, através da leitura e compreensão de linguagens disponíveis:

– escritas;
– faladas;
– não-verbais.

No ensino de Geografia, a linguagem gráfica deve ser incluída ao lado de outras linguagens não-verbais, no rol das ferramentas que viabilizam as leituras de mundo.

É importante lembrar que precisamos de autonomia para acessar informações e selecioná-las para não nos submetermos às interpretações de terceiros. Por considerar a advertência de Ricupero (1995) muito oportuna, reproduzi um trecho de seu artigo a seguir:

> Ser informado é ser livre. [...] Ser livre é poder escolher, mas, para isso, é preciso saber quais opções; em outras palavras, é preciso ter informação [...] o que se quer dizer é que burrice nos vem da falta de informação... e esta decorre de uma educação de qualidade cada vez mais medíocre, incapaz até de fornecer-nos o instrumento básico de conhecimento do mundo, que é o manejo das línguas de comunicação internacional. Neste ponto, os povos são como os indivíduos: os deseducados e desinformados têm muito mais dificuldade em resolver seus problemas, simplesmente porque, entre outras razões, ignoram até a existência de opções. (Ricupero, 1995: 2)

Penso que a autonomia precisa ser incentivada nas escolas com circunstâncias que favoreçam reflexões, pensamentos críticos, criatividade, proposta de mudanças, tomada de decisões. "Decidir é escolher, e escolher é, de início, informar-se" (Bertin, 1986).

Penso na autonomia moral e intelectual como par indissociável da cidadania. Para pensar com lógica, o cidadão necessita de um aprendizado de:

– ação;
– pensamento;
– ação;
– pensamento;
– ação.

O cidadão caminha com autonomia quando é informado e tem habilidades para assumir investigações que o possibilitem melhorar seu conhecimento, suas ações e decisões.

O gráfico possibilita leitura imediata: ele é visual, mostra os dados organizados de forma lógica, prendendo-se à essência. É uma linguagem universal que permite *ver* a informação. E a evolução nos níveis de leitura ajuda a:

⇒ definir o problema;
⇒ perceber a organização lógica dos dados levantados;
⇒ simplificar os dados sem destruí-los;
⇒ pesquisar novos caminhos e interpretações possíveis;
⇒ comunicar os resultados das investigações;
⇒ propor soluções: mudanças, permanências, novas investigações?

Articulando Piaget e Bertin

Foi uma descoberta "*apaixonante*" entender a articulação entre a teoria psicogenética de Piaget (apud Macedo, s. d.) e a teoria da neográfica de Bertin (1986)!

Neográfica é o tratamento gráfico da informação com objetivo de construir uma imagem. Bertin diz que para conseguir uma imagem que "fale" é preciso que haja interação entre o produtor e o leitor com o gráfico. O produtor gráfico deve procurar uma comunicação visual eficaz permutando as linhas e colunas N vezes.

Bertin diz que o gráfico pode ter muitas formas e sugere que tentemos diferentes ordenações e grupamentos até conseguir uma imagem que "fale", ou seja, comunique a relação existente entre os componentes da informação. Ele propõe que o usuário faça parte do processo na construção do gráfico numa articulação "viva" entre o usuário e o elaborador do gráfico. Na afirmação: "o gráfico deve ter uma imagem que fale", ele se refere às ações sujeito, tanto elaborador como leitor.

Tanto Bertin (1986) como Piaget (apud Macedo, s.d.) pensam no aluno que vê, lê e entende o objeto agindo sobre ele. Bertin diz que o objeto precisa "falar" para ser visto, lido e entendido e Piaget afirma que o sujeito precisa agir sobre o objeto para desvendá-lo em suas estruturas e assimilá-lo. Percebemos que a relação sujeito ⇔ objeto vista na ótica do sujeito e na ótica do objeto tornam clara a importância da coordenação entre esses dois elementos do conhecimento. É o *sujeito* que constrói o conhecimento por tentativa e criação, utilizando diferentes operações e diferentes combinações para desvendar *o objeto*, avançando, assim, de um conhecimento menor para um conhecimento melhorado.

Piaget e Bertin concordam que a construção do gráfico na escolha das colunas, no grupamento, na ordenação são em si exercícios que utilizam as ferramentas da inteligência e que a ação/reflexão sobre os significantes por invenção ou reconstrução faz o sujeito avançar para a construção do significado.

Interpretando os sujeitos agindo sobre os objetos

Tentei entender o sujeito com questionários e entrevistas aplicados a alunos de 5ª séries, de 10 a 14 anos de idade, sexos feminino e masculino de escolas estaduais de São Paulo da 16ª Delegacia de Ensino (COGSP). Nos questionários e nas entrevistas foram utilizados gráficos copiados de livros didáticos (de 5ª série) como objeto de questionamentos.

Lista dos gráficos utilizados nos questionários e entrevistas com alunos.

Conteúdo	Forma	Trabalhado com
Maiores produtores mundiais de aço bruto	Barras	Questionário
Distribuição da população brasileira	Barras duplas em perspectiva	Questionário
As chuvas no estado de Mato Grosso	Barras simples	Entrevista
População das regiões brasileiras	Setores	Entrevista
Dívida externa brasileira	Linha	Entrevista

Embora a aplicação dos questionários nas duas escolas tivesse transcorrido sem distúrbios e com tempo suficiente, as respostas dos alunos não ajudaram muito na análise por serem vagas ou tautológicas.

Por exemplo, para a questão "Qual o assunto deste gráfico?", as respostas foram vagas: *"Não faço a mínima ideia"*, *"Nunca vi"*, *"Partes"*, *"Gráfico"*.

Muitos alunos pareciam ter dificuldade em entender a pergunta ou em formular suas respostas.

Alguns alunos misturaram leitura de gráfico e interpretação dos fatos, utilizando o conhecimento empírico; outros mostraram leitura apenas da forma do gráfico: compararam as barras em seu tamanho, não diferenciaram as cores e não explicaram como obtiveram a resposta, *"Isso eu vejo no gráfico"*.

As respostas dos alunos confirmaram que eles concebem o gráfico como desenho e têm dificuldade em:

⇒ distinguir forma e conteúdo do gráfico e extrair a informação;

⇒ estabelecer a ordem;

⇒ fazer a leitura do gráfico como meio de informação.

Figura 1 – Gráfico de distribuição da população brasileira.

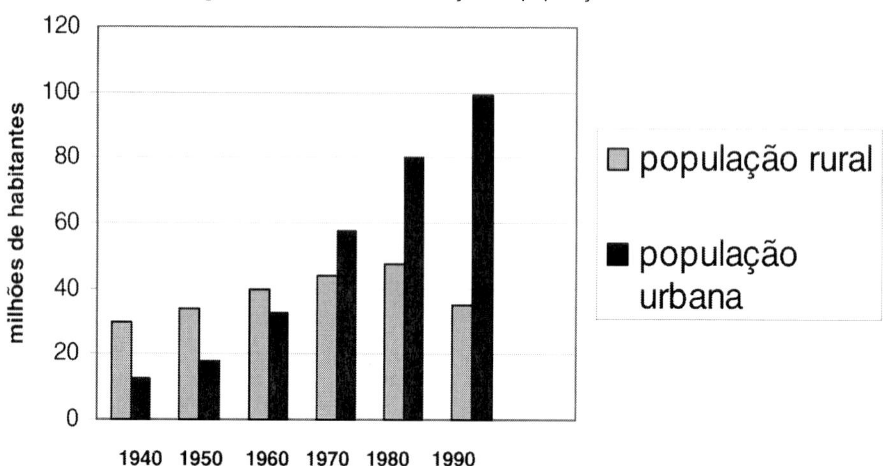

Nesse gráfico, num total de 71 respostas, apenas 2 foram de leitura eficaz:

> "De 1940 a 1980 ela ainda crescia, mas a população urbana já estava maior e dali em diante a população rural começou a diminuir. Então, até 1991, a população rural já estava pequena. Eu sei disso através do gráfico."

> "Diminuiu, vendo a legenda abaixo observei que o verde representava a população rural e o vermelho, a população urbana; sendo assim, em 1940 prevalecia a população rural. Já nos anos de 1970 a população urbana começou a ser maior pouca coisa, em 1991 a população urbana era a que prevalecia, por isso acho que a população rural diminuiu."

Nas duas respostas anteriores, percebemos a distinção entre forma e conteúdo, a observação das duas dimensões do plano para obtenção da informação e a percepção da ordem com comparação das colunas.

Como as outras respostas nos questionários foram vagas, em sua maioria, o professor Lino de Macedo, coorientador na elaboração da tese, sugeriu-me um contato pessoal com os alunos: observações dos procedimentos dos alunos, conversas informais ou entrevistas. Mesmo sabendo que a observação e o acompanhamento do aluno trabalhando com gráficos seria sem dúvida o melhor caminho, optamos pelas entrevistas devido a problemas de tempo. Foi sorteada uma terceira escola, na qual solicitei que dez alunos fossem sorteados e encaminhados, cada um, à biblioteca para serem entrevistados. Mostrei os gráficos a cada um e fiz algumas perguntas sobre "o que viam no gráfico", numa média de 10 a 15 minutos de conversa com cada aluno. Esses alunos da 5ª série do ensino fundamental, com idade variando entre 11 e 14 anos, sexo feminino e masculino, pareceram tranquilos e cooperativos.

As respostas dos alunos nas entrevistas confirmaram a hipótese inicial de que eles têm dificuldades na leitura de gráficos e não lidam com eles de forma sistemática. Nenhum dos alunos entrevistados leu o título e foi generalizada a falta de noção sobre gráfico como fonte de informação, passível de leitura.

Embora eu tenha utilizado três gráficos de conteúdo e forma diferentes na entrevista, como não houve diferenças significativas no desempenho de gráfico para gráfico e as dificuldades ou os equívocos pareciam seguir um padrão. Resolvi fazer a análise com o gráfico de "Chuvas na cidade de Cuiabá/MT".

Figura 2 – As chuvas na cidade de Cuiabá/MT.

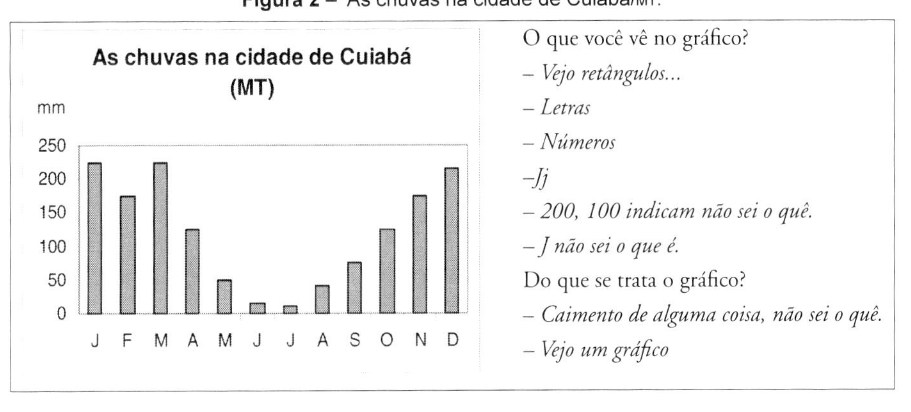

Inicialmente, eles não liam o título para conhecer o conteúdo do gráfico e os números não estavam indicando a quantidade de chuvas em milímetros. Tampouco a altura das barras significava a quantidade de chuvas de cada mês e não houve tentativa em entender as abreviações dos meses (*J*, *F*, *M*). No primeiro momento, responderam de forma aleatória:

– *Nunca vi.*
– *Não faço a mínima ideia.*
– *Legal de ser colorido.*

Entender que existe uma informação no eixo vertical, outra no eixo horizontal e uma terceira informação no cruzamento dos dois eixos é o primeiro passo para a entrada no gráfico: a leitura começa.

Quando apontei o título e o eixo vertical, mostrando que indicavam a quantidade de chuvas em milímetros e que "J" era janeiro, "F" era fevereiro, no eixo horizontal, um aluno percebeu a ordem quantitativa acompanhando o eixo vertical com o dedo para seguir a altura das barras. No primeiro momento, a percepção da ordem foi apenas da forma, sem significação: *"Tem mais em janeiro, não sei o que é"*.

Quando solicitei para ele explicar a diferença das alturas das barras, a resposta continuou sem significado:

– *Quantidade?*
– Quantidade de quê?
– *Dos cm?*
– O que mais você vê?
– *JFM.*
– *Chuva?*
– Essas letras têm algum significado?
– *Não sei.*

Para provocar um avanço, fiz uma pergunta de nível elementar: "Quanto choveu em abril?".

Após significação das letras do mês e dos números do eixo vertical e orientados a seguirem o eixo horizontal (dos meses) em "A" (abril) e encontrarem a medida de chuva no seu cruzamento com a informação do eixo vertical (mm = milímetros), alguns alunos chegaram à resposta:

– *125 mm.*

Para outros alunos, perguntei "em qual mês choveu 125 mm?", que também exige leitura de nível elementar.

– *Abril.*

A passagem da leitura desse nível para o mais avançado pode ocorrer quando o leitor percebe relações existentes entre os elementos da informação: de semelhança/diferença, de ordem, de proporção, e consegue agrupá-los de acordo com um classificador.

"Qual mês choveu mais?" ou "Qual mês choveu menos" seriam duas questões de nível intermediário, exigindo que o aluno perceba a relação entre as barras e identifique a mais alta ou a mais baixa. O raciocínio lógico-matemático é a estrutura dessa operação que possibilita a percepção da ordem nessa leitura.

A expectativa do avanço para o nível de leitura global, a percepção dos grupos e sua classificação não ocorreu. Nenhum aluno conseguiu dizer como era o regime de chuvas em Cuiabá mostrado no gráfico.

As dificuldades observadas com maior frequência entre os alunos entrevistados podem ser assim sintetizadas:

A) Leitura apenas da forma, não distingue forma e conteúdo para extrair informação:
– *Vejo quadradinhos, quadrados, letras... pintura.*
– *Um é maior que o outro.*
– *Vejo formas diferentes.*
– O que significam os quadradinhos?
– *Assim, cada pedacinho tem uma coisa.*

Eles pareciam não se esforçar em buscar o significado dos números que indicavam as medidas das chuvas em milímetros, no eixo vertical: "*Números*". A percepção apenas da "forma" foi observada, também, nas respostas dos questionários: "*Servem para mostrar o crescimento e o caimento de qualquer coisa*".

B) Leitura fragmentada da forma sem conseguir ver o conteúdo global:
– *Vejo medidas.*
– *Medidas do gráfico.*
– *Pedacinhos.*

Difícil afirmar se os alunos têm mais facilidade para a leitura de nível elementar ou nível de conjunto. Para os dois níveis foi preciso auxiliá-los a encontrar a informação. Na leitura de nível global, o aluno consegue visualizar a informação através da observação da imagem: "*Tem mais em janeiro, não sei o quê...*".

– Em quais meses choveu mais e em quais meses choveu menos?
– *JJ.*
– O que é JJ?
– *Junho, julho?*
– Em quais meses choveu mais?
– *Janeiro, março.*

A observação dos procedimentos dos alunos mostrou a importância da imagem útil, dos princípios da neográfica, a importância de se *ver* a imagem, de se construir imagem que *fale* (Bertin, 1986). Antes de significar, o aluno percebeu a ordem através da imagem. Certamente se o aluno tivesse oportunidade de permutar a ordem das barras, o aparecimento das respostas de conjunto teria sido facilitado.

Esse caminho percorrido pelo aluno na significação das letras (do mês) mostra o funcionamento da estrutura operatório-semiótica: observa os significantes (*JJ*)[2] (observáveis do objeto), operando a distinção forma-conteúdo, procura significar aquelas letras (*JJ*) (coordenáveis do sujeito), observa a forma do gráfico entendendo a sua organização (coordenação do objeto) e passa a entender que no eixo horizontal as letras (*JJ*) são os nomes dos meses abreviados. Entendeu o significado do gráfico como expressão da quantidade de chuvas após essas coordenações. Certamente esse sujeito conseguiu melhorar as estruturas envolvidas através das "operações".

Percebemos também que o aluno precisa de "ajuda" para buscar o significado, que ele tem, mas falta-lhe coordenar os dois componentes do signo: JJ ⇔ junho, julho.

O aluno chegou a essa resposta após ajuda: percorrendo o título, buscando a informação no eixo vertical e no eixo horizontal com o dedo, explicando o significado das letras e dos números.

– *Junho e julho choveu menos.*

Essa resposta dada pelo aluno nos mostrou que ele havia chegado ao significado através da leitura da forma. Seria esse o caminho para melhorar o desempenho na leitura de gráficos? Ou seja, levantar questões para conduzir à percepção? Auxiliar o aluno a correlacionar as partes de sua leitura fragmentada?

Outras crianças pareciam distinguir forma e conteúdo, mas quando pedi para explicar a resposta se restringiram à forma.

– O que você vê?

– *Quadradinhos pintados, números, um é maior que o outro.*

– Onde tem mais?

– ...

– Dá para aprender alguma coisa por meio de um gráfico?

– *Mais ou menos.*

– O que, por exemplo?

– *JJ é junho e julho.*

– E o que há em junho e julho?

– *...é menor.*

– Menor em que, o que há menos em junho e julho?

– *Não sei.*

Voltamos a reconhecer a percepção da imagem: Há menos em junho e julho (mas não sabe dizer seu conteúdo) confirma o caráter monossêmico da imagem gráfica. Para significar essa imagem, o sujeito precisa da sua estrutura operatório-semiótica ao mesmo tempo em que a interação (S ⇔ O) possibilita "melhoramento" dessa estrutura.

Os alunos pareciam não seguir um esquema para desvendar o gráfico, como iniciar pela leitura do título, da legenda, dos eixos vertical/horizontal etc. A circunstância presenciada parece indicar que não tem havido um trabalho, uma educação com os alunos nesse sentido.

Embora os procedimentos dos alunos tenham nos mostrado que eles têm muitas dificuldades, a leitura melhorada no terceiro gráfico trabalhado na entrevista nos indicou que orientações simples podem ser auxiliares na articulação da forma e do conteúdo dessa linguagem. Um dos alunos chegou a fazer uma leitura imediata no terceiro gráfico, iniciando pelo título, significando a forma.

Esse trabalho indica outros caminhos a serem perseguidos para uma continuidade das pesquisas bibliográficas e experimentações nessa linha metodológica, para que o professor consiga auxiliar o aluno na tarefa de leitura de gráficos com significação, que, insisto, é importante como instrumento de "equilibração majorante".

Conforme a pesquisa avançava, e eu refletia sobre as respostas dos alunos e lembrava das suas expressões de dúvida, tinha a confirmação de que a linguagem dos gráficos é complexa e que os alunos precisam de ajuda específica para lidar com ela. Eles precisam ser alfabetizados, extrair o conteúdo separando-o da forma, entender os significantes pela leitura da legenda e buscar a informação no cruzamento do eixo vertical e horizontal.

Embora muitas solicitações tenham sido feitas, durante as entrevistas, no sentido de observar melhor ou pedir para explicar suas respostas, muitos pareciam situar suas respostas no terreno da "adivinhação".

Macedo (1994) diz que nos jogos de regra encontramos no primeiro momento atitudes isoladas, que podem ser classificadas como "ensaio e erro", assim como "adivinhação". Quando o sujeito entende as regras do jogo, as ações isoladas vão sendo organizadas em esquemas, considerando as possibilidades, as impossibilidades e as necessidades. O sujeito consegue significar suas ações perguntando e explicando o que, por que, para que e como fazer. Pude perceber essa evolução também na leitura dos gráficos, reafirmando a necessidade de auxiliar o aluno nesses passos, dando-lhes pistas ou solicitando reflexões. Refletir sobre suas ações ou representações auxilia o aluno a melhorar seu pensamento para avançar da adivinhação para uma resposta com mais lógica.

Não houve dificuldade na comparação no que se refere apenas à forma: tamanho das barras, tamanho dos setores do círculo, altura da linha. Os alunos estabeleceram a comparação, perceberam diferença, perceberam a ordem, mas não extraíram o conteúdo:

– *Servem para mostrar o crescimento e o caimento de qualquer coisa.*
– *Sim, porque dá para saber se aumentou ou diminuiu.*

Foi com muitas pistas e tentativas que os alunos chegaram ao conteúdo, confirmando-se a dificuldade de distinção forma/conteúdo para extrair a informação, e pude constatar que a leitura da *imagem* mostrando diferenças, ordem, proporção é imediata. Então estava reconfirmada a assertiva de que a imagem "fala"! Se possibilitarmos ao aluno construir essa imagem, permutando colunas e linhas, estamos abrindo caminhos para ele significar a imagem, ou seja, extrair informação.

Embora os resultados tenham tido pontos comuns quanto à análise das dificuldades, foram as entrevistas que nos levaram a conhecer melhor os procedimentos dos alunos na leitura significativa de gráficos:

– *Não faço a mínima ideia.*

ALUNO ⇔ GRÁFICO ⇔ PROFESSOR ⇔ ALUNO

Tentei entender a interação sujeito ⇔ objeto e a função da mediação do professor, a coordenação entre produtor/leitor de gráficos.

Para que o aluno melhore o seu desempenho na construção/leitura de gráficos, é preciso considerar, além de atividades e orientações para os alunos, alguma intervenção nos outros envolvidos: o professor e o livro didático.

Enfatizamos a importância de produção e leitura de gráficos como ferramenta para o cidadão se informar, investigar, buscar soluções para os problemas identificados. Se o aluno considera a linguagem do gráfico inacessível e não se interessa em decodificá-la, é urgente uma discussão metodológica para desenvolver habilidades de "entrada" no gráfico.

Na interação sujeito ⇔ objeto, os gráficos dos livros didáticos podem prejudicar a construção da imagem, acesso à informação, porque não atendem às normas da gramática gráfica. A ausência do título, encontrada em vários gráficos, não possibilita ao aluno a primeira leitura, a leitura da informação externa do gráfico: "De que trata o gráfico?"; não há resposta.

A falta de orientação para observação dos componentes e suas relações é um problema metodológico que necessita ser revisto. As linguagens gráfica e escrita ficam lado a lado sem que o aluno seja convidado a observar e fazer uma leitura comparativa das duas linguagens. Encontrei também livros nos quais os gráficos são muito pequenos e outros com muita informação; em ambos os casos a leitura é impossível ou pelo menos desanimadora.

A eleição da construção do conhecimento da ciência geográfica como instrumento necessário para a formação da cidadania, entendida como participação responsável, mostra a necessidade de se pensar uma proposta metodológica que oriente o professor a auxiliar o aluno a "entrar" no gráfico e melhorar seu desempenho na construção, leitura e interpretação dessa representação. Na formação de alunos sujeitos de construção do conhecimento, os professores também precisam ser agentes de ensino/aprendizagem/reflexão/investigação.

O professor, talvez, tenha mais de um papel diante dos problemas diagnosticados:

⇒ observar as ações dos alunos para entender como eles articulam forma e conteúdo para extrair informações das linguagens gráficas;
⇒ auxiliar os alunos a melhorar seu desempenho com gráficos, utilizando a gramática gráfica;
⇒ escolher livros didáticos que trabalhem de forma responsável com a linguagem dos gráficos.

Os autores de livros didáticos podem contribuir melhorando a qualidade semiológica dos gráficos inseridos em seus livros, assim como se preocupar com a parte metodológica. Seria desejável que os autores e editores tomassem cuidados em:

⇒ introduzir o gráfico, explicitando a organização dos dados, códigos e coordenadas;
⇒ manter a correção do conteúdo;
⇒ colocar sistematicamente o título e a legenda;
⇒ não distanciar os gráficos e o texto escrito do mesmo conteúdo;
⇒ incluir chamada no texto para observação do gráfico;

⇒ incluir sistematicamente orientações para que o aluno perceba a estrutura do gráfico e consiga efetuar a leitura;
⇒ colocar algumas questões para que o aluno busque a informação no gráfico no nível elementar e no nível de conjunto;
⇒ colocar dados em tabela para que o aluno construa gráficos de diferentes formas para discussão da imagem, utilizando os princípios da neográfica;
⇒ distribuir equilibradamente gráfico, tabela e texto escrito para possibilitar leitura comparativa dessas linguagens, tomando cuidado para que não haja sobreposição de imagens, poluição e ruído;
⇒ utilizar gráficos com a função de comunicar informações e não colocá-los apenas para interromper textos longos e suavizar a leitura;
⇒ respeitar a gramática gráfica na utilização das variáveis visuais, o tipo de gráfico e o tamanho dos gráficos, para permitir visualização clara e correta dos dados e das suas relações.

Ousadia em propor uma metodologia

Este trabalho iniciado com a hipótese de que os alunos têm dificuldade na produção, leitura e compreensão de gráficos me instigou às investigações teóricas e de campo. O percurso da pesquisa, com a coleta, sistematização e estudo dos dados levantados, confirmou essa hipótese. Os estudos teóricos sobre as estruturas do sujeito e do objeto somados às análises das investigações de campo mostraram a necessidade de um trabalho de orientação para produção, leitura e compreensão dessa linguagem com alunos.

Não tenho conhecimento, até o presente e no universo de professores, livros didáticos e alunos pesquisados neste trabalho, sobre uma conduta metodológica para "entrar" no gráfico e buscar a informação nele contida, através de: decodificação, leitura dos eixos horizontal e vertical, leitura das relações entre os componentes. Principalmente no Brasil não parece haver trabalhos da neográfica que trabalhem com os alunos na construção de gráficos, orientando-os a permutar colunas e linhas, reformulando o gráfico e conseguindo a imagem que "fale". Os relatos isolados de professores que dizem "construir gráficos" não seguem uma metodologia fundamentada na coordenação sujeito ⇔ objeto, como sugerimos neste trabalho, e não seguem a gramática gráfica de Bertin (1981).

Bertin propõe uma gramática gráfica com utilização da lógica na seleção das variáveis visuais de forma a manter a coerência na relação existente entre os dados. Essa estrutura do objeto deve ser conhecida e sua compreensão facilitada para que o aluno a entenda e a utilize na elaboração de gráficos. Respeitar as normas da gramática gráfica no tratamento da informação traz como resultado um gráfico que transmite uma imagem, expressando claramente a essência do conteúdo. Bertin propõe o gráfico com mobilidade da imagem, concordando, então, com a proposta de Macedo (1993 e s.d.) sobre a necessidade de o sujeito agir sobre o objeto para assimilá-lo.

Bertin defende a necessidade de uma aprendizagem específica, porque diz que tanto aquele que elabora o gráfico como aquele que o lê deve conhecer a gramática gráfica.

O ensino de Geografia deixaria de ter uma abordagem descritiva e de constatações para se tornar problematizadora, instigadora de discussões na busca de soluções para os problemas. A neográfica possibilita esse caminho para os alunos e professores, porque através da leitura da imagem o problema e as possibilidades de investigação e de decisões aparecem.

Advertem os semiólogos gráficos (Bertin,1973, 1986; Gimeno, 1980, 1982; Bonin, 1981, 1982; Martinelli, 1986, 1990, 1991) que não devemos nos preocupar em construir desenhos perfeitos, baseados na escolha de símbolos convencionais, mas em ter uma escolha responsável através da manipulação dos dados com a finalidade de formar imagens que revelem a relação existente entre eles. Eles sugerem que essa imagem seja construída e reconstruída de forma a possibilitar a eficácia da comunicação visual.

As pesquisas bibliográficas realizadas a respeito das representações gráficas, sua importância metodológica para a aquisição do conhecimento, assim como as leituras das obras de psicologia do desenvolvimento, nos encorajaram a pensar na necessidade de introduzir a "alfabetização" para leitura das representações gráficas desde os primeiros anos de escolaridade.

Macedo (1994) afirma que a passagem de um nível de inteligência ao seguinte é contínua e ocorre por um processo que Piaget chama de equilibração majorante. Ele explica que é por meio de regulações dos desequilíbrios/equilíbrios/desequilíbrios que vai havendo um "melhoramento" progressivo das estruturas que caracterizam um determinado estágio de inteligência do sujeito.

> Para Piaget, a inteligência relaciona-se com o aspecto cognitivo na medida em que sua função é estruturar as interações sujeito/objeto. Estruturar, porque interagir significa, do ponto de vista do sujeito, assimilar o objeto e suas estruturas. Ocorre que ao assimilar, isto é, ao incorporar exteriores, o sujeito deve acomodar suas estruturas. Assimilação e acomodação são, pois, duas funções básicas da inteligência, devendo-se considerar, contudo, que não se tem uma alteração físico-química dos elementos assimilados nem uma modificação orgânica das estruturas, mas, antes, uma incorporação dos objetos pela atividade do sujeito e um ajustamento dessa, tendo em vista esses objetos (Piaget, 1976, apud Macedo, 1994: 154).

A afirmação de Piaget (apud Macedo, s.d.), sobre a interação S ⇔ O na construção do conhecimento e os estudos de Bertin (1973, 1982, 1986), Gimeno (1980, 1982) e Martinelli (1990, 1991) sobre a utilização de gráficos e tabelas como instrumento que melhora o raciocínio lógico do sujeito são claramente complementares. Essa constatação nos encoraja a indicar caminhos metodológicos que criem contingências problematizadoras para que o sujeito observe os dados, organize-os dentro do seu entendimento lógico e elabore o gráfico. A possibilidade de o aluno construir e reconstruir o gráfico até que consiga a imagem que comunique a informação é um importante exercício de lógica.

Macedo (1994) nos adverte insistentemente que não devemos partir de pressupostos teóricos, mas acompanhar os procedimentos do sujeito, tentando entendê-lo enquanto interage com o objeto, desvendando sua organização mental.

A inter-ação constrói uma relação de reciprocidade em que um age sobre o outro: o sujeito pode modificar a organização do gráfico, conhecendo sua estrutura (coordenações do objeto) e pode construir N imagens diferentes (observáveis do objeto) que melhorem a comunicação da informação. Por outro lado, essa ação do sujeito sobre o objeto, modificando-o, age sobre o sujeito também, melhorando suas estruturas da inteligência (coordenações do sujeito). As afirmações de Macedo (s.d.) nos permitiram ousar considerar a construção de gráficos na ótica de interação S ⇔ O, como estruturante. Essa interação (elaborador ⇔ gráfico) pode proporcionar a passagem de um nível de entendimento/ação para o seguinte "melhorado" na produção/leitura de gráficos. E por ser estruturante pode abrir possibilidades para que o sujeito tenha uma estruturação progressiva de "melhoramento" das próprias ferramentas da inteligência.

Ao observar o gráfico como objeto de análise, o sujeito se depara com a sua forma e conteúdo e precisa distingui-los. A dificuldade dessa distinção precisa ser levada em conta na proposta metodológica da "alfabetização" para a leitura de gráficos, porque a criança não conseguirá agir sobre a complexidade da linguagem e do conteúdo simultaneamente. A estrutura operatório-semiótica possibilita à criança dar significado aos significantes, buscando a relação entre conteúdo e forma. Acreditamos que os trabalhos de invenção de símbolos e sua decodificação possam ser auxiliares nesse sentido. Esses trabalhos de codificação precisam ter como ponto de partida o significado que o aluno constrói em sua mente. Nesse sentido, gostaríamos de lembrar também os estudos e propostas de Ferreiro (1992) e Azenha (1994) sobre a importância dos códigos particulares de significados particulares e sua resignificação.

É importante que o aluno *veja* a imagem no gráfico e encontre respostas aos seus questionamentos. A investigação sobre os procedimentos dos alunos mostrou que o aluno *vê* a imagem, mas não busca conteúdo.

Na investigação bibliográfica sobre ensino de gráficos, foram encontrados trabalhos significativos de professores de Matemática, assim como alguns exercícios de livros didáticos de Matemática do ensino básico[3] que mostraram caminhos para uma formulação metodológica de uma proposta de "alfabetização". Alguns livros didáticos de Matemática para as quatro séries iniciais do ensino fundamental são indicadores de caminhos para uma metodologia de alfabetização para produção/leitura de gráficos, porque propõem atividades para o desenvolvimento das operações lógicas: diferenciação, classificação, agrupamentos, utilização de coordenadas.

Acreditamos que as orientações para uma pré-aprendizagem de utilização de gráficos em sala de aula, desde os primeiros anos de escolaridade, sejam de extrema validade para a melhoria da eficácia da leitura de gráficos dos alunos e muitas vezes da comunidade escolar como um todo. Essas orientações deveriam incluir trabalhos sistemáticos como os sugeridos por Paganelli (1985, 1993), Almeida (1994), Almeida & Passini (1989), Passini (1993), Le Sann (1989), Santos (s.d.), Simielli (1993) que desenvolvam:

⇒ a linguagem simbólica (codificação/decodificação);
⇒ a verticalidade e horizontalidade como preparação da leitura das coordenadas;
⇒ a percepção de igualdade e diferença entre elementos observáveis;
⇒ o estabelecimento de ordem entre elementos conhecidos.

Os cursos de Pedagogia e Normal Superior (curso superior de formação de professores) deveriam incluir, em seu currículo, disciplinas que contemplem as questões da alfabetização para produção e leitura de mapas e gráficos. As secretarias da educação em suas várias instâncias devem incluir em seus cursos de capacitação e formação continuada de professores, coordenadores e orientadores questões teórico-metodológicas de construção e leitura de gráficos, fundamentadas nas teorias da semiologia gráfica de Bertin, principalmente na neográfica (1973, 1982, 1986), e nas teorias de Piaget, numa perspectiva que considere o sujeito e o objeto em suas coordenações.

Os subsídios para professores devem incluir manuais de orientação que os instrumentalizem e possibilitem trabalhar com seus alunos na produção e leitura de gráficos, utilizando dados de seu cotidiano, numa verdadeira interação entre sujeito e objeto, considerando as coordenações:

[Obs. S ⇔ Coord S] ⇔ [Obs. O ⇔ Coord O]

O estudo dos esquemas do funcionamento do sistema cognitivo que Macedo (s.d.) utilizou sobre as aquisições da leitura e escrita pela criança tornou clara a possibilidade de articulação Piaget ⇔ Bertin. As etapas de equilíbrio majorante proposto em diferentes níveis de aquisição melhorada (N ao infinito) podem ser aplicadas também aos níveis de leitura das leis da neográfica. Emprestei o esquema que Macedo se utilizou para interpretar as ações do sujeito, principalmente em relação à utilização das suas ferramentas da inteligência (ver esquema anterior).

Figura 3 – Esquema do funcionamento do sistema cognitivo, adaptado de Lino de Macedo.

Conhecimento prévio do sujeito	⇔	Ferramentas da inteligência	⇔	Objeto como ele é	⇔	Estruturas do objeto
Como o aluno passa da primeira leitura às etapas melhoradas		As ações que o aluno exerce desvendando o gráfico		Sempre é o gráfico de chuvas de Cuiabá, o objeto do conhecimento, leitura e aquisição da informação		As simples letras j, f, m são significadas em nome dos meses e depois passam a significar a ordem cronológica. Os quadradinhos são vistos como barras que representam uma quantidade de chuva.

O aluno consegue entrar no gráfico no momento em que passa a entender que existem informações no eixo horizontal (meses) e no eixo vertical (quantidade de chuva). Ele segue os eixos e encontra a terceira informação no cruzamento deles: quantidade de chuva de cada mês, na altura da barra. Ele chegou à estrutura do gráfico e a leitura que faz é de nível elementar: a resposta às duas perguntas: "Quantos milímetros choveu em abril?" ou "Em qual mês choveu 125 mm?".

O aluno pode melhorar seu nível de leitura, se convidado a perceber a ordem cronológica no eixo horizontal e fazer nova leitura das barras para responder às perguntas:

– Em quais meses choveu 125 mm?
– Em quais meses choveu mais e em quais meses choveu menos?

O gráfico pronto é uma representação estática e a ordem cronológica das barras não permite perceber a ordem da quantidade da chuva, pois ela se apresenta em uma não-ordem. Bertin (1986) sugere que o aluno recorte as barras do gráfico e estabeleça uma ordem.

Figura 4 – Gráfico de chuvas da cidade de Cuiabá/MT – barras ordenadas.

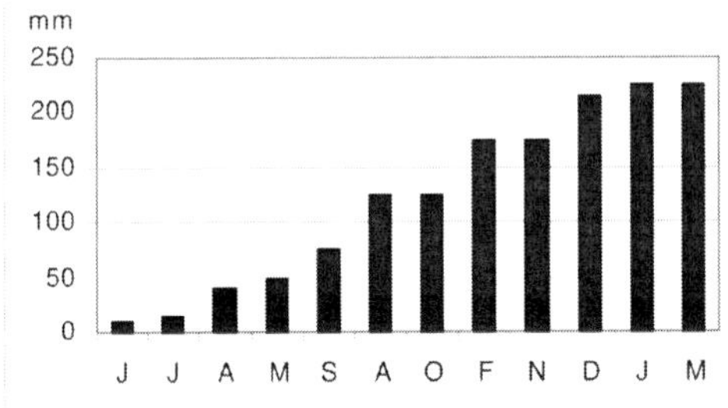

É uma nova leitura que ele consegue fazer, pois ao recortar e ordenar as barras ele percebe a ordem, comparando as barras manualmente. Essa nova forma que o gráfico passa a ter é um passo importante para que o aluno consiga *ver* a informação e processá-la mentalmente após experiência concreta. Solicitado aos alunos que façam grupos de muita e pouca chuva, eles conseguem avançar para leitura de nível avançado, percebendo classes, ou seja, a sazonalidade nas chuvas de Cuiabá.

Figura 5 – Gráfico de chuvas na cidade de Cuiabá/MT – com sazonalidade. Barras ordenadas e barras não-ordenadas.

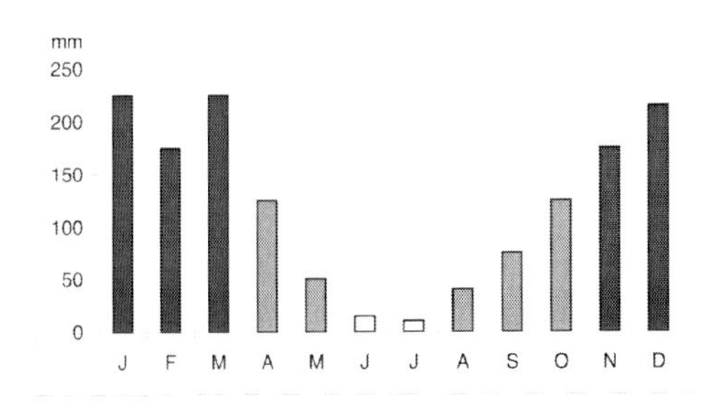

Os alunos podem dividir em quantos grupos conforme sua percepção: muita chuva, pouca chuva e nem tanto, ou apenas dois grupos: muita chuva e pouca chuva. A percepção da sazonalidade é uma importante conquista alcançada com a ação de recortar e agrupar as barras, avançando para o nível avançado, leitura de conjunto.

Ouso afirmar que esse caminho percorrido auxilia também na significação de conceitos de Geografia, porque ao avançar da leitura pontual de uma informação sobre a quantidade de chuva em um dado mês para o entendimento de que há uma sazonalidade, um regime de chuvas, é entender a dinâmica do clima do espaço geográfico. É por isso que este trabalho é estruturante, a leitura de gráficos auxilia na compreensão da Geografia.

Podemos dizer que o avanço nos níveis de leitura do gráfico é simultânea ao melhoramento do nível de significação de conhecimento, porque ao retornar para o gráfico inicial, ele lê o gráfico de "Chuvas na cidade de Cuiabá" nos três níveis:

Quanto choveu em abril? Ou em qual mês choveu 125 milímetros?

Quais os meses menos chuvosos? Ou quais os meses mais chuvosos?

Para a leitura de nível de conjunto: como é o regime de chuvas em Cuiabá?

Figura 6 – As chuvas na cidade de Cuiabá/MT.

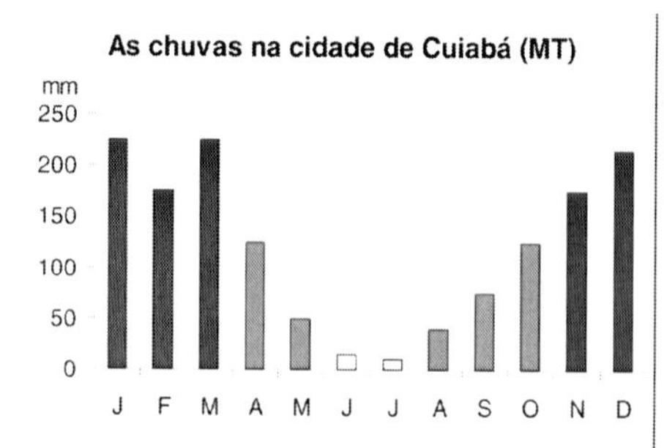

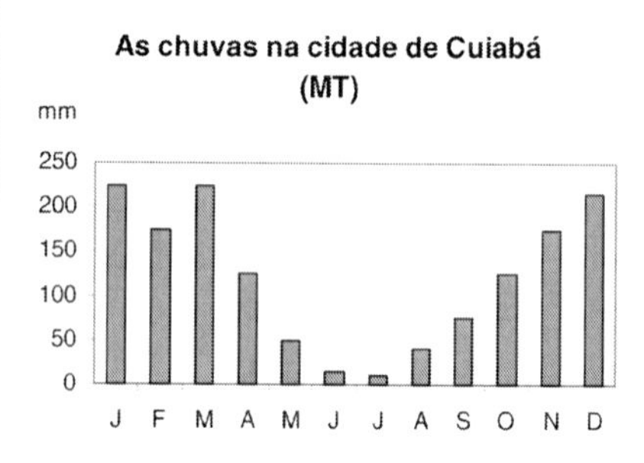

Legenda
Pouca chuva
Média chuva
Muita chuva

O melhoramento do conhecimento em diferentes níveis de N que se dá ao infinito pode levar o aluno a avançar nos níveis de leitura do gráfico, com a interpretação sobre o regime de chuvas de Cuiabá. Esse percurso de significação do gráfico auxilia a utilizá-lo como um recurso para a compreensão dos conceitos de Geografia, deixando de ser mera ilustração.

A passagem pelos níveis de leitura não se dá de forma clara, e podem ocorrer níveis intermediários, mas certamente as aquisições passam por essa sequência.

Tentei colocar as diferentes etapas das ações dos alunos e suas conquistas e a forma como o objeto, inicialmente um amontoado de linhas e quadradinhos, passa a ter conteúdo, no esquema a seguir:

Figura 7 – Como funcionou o esquema de inteligência dos alunos neste trabalho – adaptado de Lino de Macedo.

Conhecimento prévio do sujeito	⇔	Ferramentas da inteligência	⇔	Objeto como ele é	⇔	Estruturas do objeto
Como o aluno passa do conhecimento prévio para etapas melhoradas		As operações do aluno para desvendar o gráfico		É o objeto em seus exteriores		Organização do gráfico: o eixo vertical, o eixo horizontal e a terceira informação no cruzamento deles

Para concluir

Restam muitas indagações; no entanto, as pesquisas que realizei confirmaram a hipótese de que professores e alunos têm dificuldades para produzir e ler gráficos, assim como os gráficos nos livros didáticos pedem uma revisão para melhorar a comunicação das informações.

Persegui as ideias de Piaget (apud Macedo s.d.) e de Bertin (1986) quanto à construção do conhecimento como processo dinâmico, "vivo", de interações entre S ⇔ O. Nesse processo, modifica o sujeito e seu equipamento cognitivo que modifica o seu conhecimento anterior, melhorando-o. Conforme Bertin, o sujeito precisa interagir com o objeto, impor-lhe a forma que melhor comunique a informação. O objeto assim modificado passa a ser "significado" e tem a marca do sujeito.

Acredito que na ótica "Piaget ⇔ Bertin" não há um ponto final nos estudos, mas pretendo colocar aqui algumas constatações como ponto de partida para novas investigações.

Na interação sujeito ⇔ objeto no processo de ressignificação do conhecimento, fundamentada nos estudos de "Piaget ⇔ Bertin", o gráfico parece ser um objeto particularmente significativo por possibilitar ao sujeito interagir em sua elaboração, e assim melhorar a compreensão de conteúdos através da organização lógica dos componentes e formação da imagem. O aluno consegue *ver* a imagem sendo construída, as relações aparecerem ou não. O aluno tem a resposta visual de sua intervenção.

Se idealizado em seus passos metodológicos, considerando as estruturas do sujeito e do objeto, a "alfabetização para produção/leitura de gráficos" pode se tornar um projeto significativo como auxiliar no desenvolvimento cognitivo do aluno e abrir muitas possibilidades de melhoria de compreensão do espaço, seus elementos e as relações nele existentes.

Por outro lado, considerando o sujeito dessa interação, pode-se perceber vários caminhos para a continuidade de investigação, como:

⇒ Trabalhos para os ciclos iniciais do ensino fundamental. A aplicação de trabalhos de vários autores que se dedicam à investigação da cartografia para escolares pode ser um interessante projeto para avançar das sugestões testadas para verificação do grau de "melhoramento" que os alunos apresentam na habilidade de produzir e ler gráficos nas séries subsequentes.

Certamente esse é um projeto coletivo, pois exige um trabalho que considere, além da aplicação, um acompanhamento sistemático e avaliação dos resultados.

⇒ Estudo que considere trabalhos introduzindo o gráfico com mobilidade, utilizando os recursos de informática. Ela muda a velocidade na resolução gráfica, classificação, ordenação, mas o fornecimento de dados, a organização dos parâmetros de classificação e o manejo dos dados ainda é decisão do homem e a máquina é uma ferramenta alternativa para o trabalho do cartógrafo. Uma pesquisa sistemática de *softwares* oferecidos no mercado é nossa obrigação como educadores comprometidos em formar cidadãos preparados para responder com habilidades e competências às transformações do meio técnico científico.

⇒ Divulgação de trabalhos, para que haja socialização das investigações e para que os problemas diagnosticados sejam refletidos coletivamente pela comunidade envolvida na busca de soluções.

⇒ Ênfase nas funções pedagógicas das representações gráficas, na disciplina Metodologia de Ensino de Geografia dos cursos de Pedagogia destinados à formação de professores dos primeiros ciclos do ensino fundamental.

⇒ Análise sistemática de todos os documentos cartográficos: livro didático, atlas, caderno de exercícios, mapas murais, tanto impressos como de mídia. Acredito que esses estudos, que ora proponho, não sejam um projeto individual, mas coletivo, pois a literatura consultada mostra a importância de não nos limitarmos a considerar o gráfico como instrumento apenas da Geografia. Precisamos, sim, de uma discussão sem barreiras, ter humildade em perceber as próprias limitações e buscar parcerias com professores de Matemática, Língua Portuguesa, Geometria e todos quantos se utilizem de gráficos para organizar seu conteúdo.

Acredito que as orientações metodológicas auxiliem os professores a realizar trabalhos com seus alunos para utilizar gráficos de forma eficaz, uma vez que aceita sua importância para o desenvolvimento da inteligência e como ferramenta para participar da comunicação com o mundo, na era de informação/informatização em que vivemos.

Sugiro que os professores levem em conta o sujeito e o objeto em suas coordenações, e não transformem o aluno em mero usuário de gráficos prontos para constatação das informações. Insistimos que as coordenações entre [S ⇔ O] significam "ação sobre" o objeto, modificando-o (elaborando/reelaborando). Essas modificações atuam como "melhoradoras" das estruturas do sujeito, que passa de um estado de equilíbrio a um nível melhorado.

Ousei chamar o trabalho com gráficos de estruturante, no sentido de considerar que ele contribui para equilibração majorante do sujeito. Não devemos esquecer que:

O SUJEITO PODE MAIS.

EXPLORAR ESSE MAIS É NOSSA RESPONSABILIDADE.

Notas

* A tese que deu origem a este capítulo, *Os gráficos em livros didáticos de Geografia de 5ª série: seu significado para alunos e professores*, foi elaborada na Faculdade de Educação da Universidade de São Paulo (FEUSP), Departamento de Metodologia de Ensino e Educação Comparada, sob a orientação da Dra. Olga Molina, a quem agradeço ter sugerido esse desvendamento da linguagem cartográfica como tema das investigações para contribuir na melhoria do ensino de Geografia. Ele foi iniciado em 1992, com subsídio do CNPq, e a defesa ocorreu em junho de 1996.

[1] Entram nessa categoria os mapas e gráficos.

[2] Corresponde a junho/julho, resposta dada pelo aluno na entrevista.

[3] De 1ª a 4ª séries.

Bibliografia

ALMEIDA, Rosângela Doin de. *Uma proposta metodológica para a compreensão de mapas geográficos*. São Paulo, 1994. Tese (doutorado) – FEUSP.

AZENHA, M. G. *De Piaget a Emilia Ferreiro*. São Paulo: Ática, 1994.

BERTIN, Jacques. *A neográfica e o tratamento gráfico da informação*, Curitiba: Editora da Universidade Federal do Paraná, 1986.

__________; GIMENO, Roberto. A lição de cartografia na escola elementar. *Boletim Goiano de Geografia*, 2 (1), 35-56, 1982.

BONIN, Serge. Novas perspectivas para o ensino da Cartografia. *Boletim Goiano de Geografia*, 2 (1): 73-87, 1982.

__________. *Uma outra Cartografia*: A Cartografia na representação gráfica. Tradução mimeo. Prof. Dr. Marcello Martinelli do original: BONIN, S. Une autre cartographie – la cartographie dans la graphique. *Bulletin du comité français de cartographie*, (87): 39-44, 1981.

FERREIRO, Emília. *Alfabetização em processo*. São Paulo: Cortez, 1992.

GIMENO, Roberto. *Apprendre à l'école par la graphique*. Paris: Retz, 1980.

INHELDER, Barber; CELLÉRIER, Guy. *Le cheminement des découvertes de l'enfant*: recherche sur les microgenèses cognitives. Paris: Delachaux et Niestlé, 1992.

LE SANN, Janine Gisele. Os gráficos básicos no ensino de Geografia: tipos, construção, análise interpretação e crítica. *Revista Geografia e Ensino*, 3 (11, 12): 42-57, UFMG, Belo Horizonte, 1991.

LEVY, Pierre. *As tecnologias da inteligência*. São Paulo: Editora 34, 1993.

MACEDO, Lino de. *Ensaios construtivistas*. São Paulo: Casa do Psicólogo, 1994.

__________. *O funcionamento do sistema cognitivo e algumas derivações ao campo da leitura e escrita*. São Paulo: IP, USP, mimeo, s. d.

MARTINELLI, Marcelo. *Curso de cartografia temática*. São Paulo: Contexto, 1991.

__________. Orientações semiológicas para as representações da geografia: mapas e diagramas. *Orientação* (8): 53-62, IG, Departamento de Geografia, USP, 1990.

OLIVEIRA, Lívia de. *Estudo metodológico e cognitivo do mapa*. São Paulo: Universidade de São Paulo, Instituto de Geografia, 1978.

PAGANELLI, Tomoko Iyda. *Estudos Sociais, teoria e prática*. Rio de Janeiro: ACCES, 1993.

__________. A noção de espaço e de tempo – o mapa e o gráfico. *Revista Orientação*, n. 6: 21-38, IG, Departamento de Geografia – USP, São Paulo, 1985.

PASSINI, Elza Yasuko. No espaço da infância, a representação do mundo. *Prática Pedagógica para o Ciclo Básico*, CENP, Secretaria de Educação do Estado de São Paulo, 1993.

__________; ALMEIDA, R. D. *Espaço Geográfico:* ensino e representação. São Paulo: Contexto, 1989.

__________. Gráficos: fazer e entender. *Perspectivas no ensino de Geografia*. São Paulo: Contexto, 2001.

__________. *Graphs: make and understand.* Budapest: s/n, 2000.

__________; Tesche, Alberto Zucoloto. Conceitos matemáticos básicos para estruturar o ensino da Geocartografia. *Boletim de Geografia*, número especial dos trabalhos do iv Colóquio de Cartografia para escolares e i Fórum Latino-Americano. Maringá: Universidade Estadual de Maringá, 2001.

__________; __________ et al. Projeto Aquarela: gráficos, uma linguagem para integrar ciências. *XII Semana de Geografia. Universidade Estadual de Maringá.* Paraná, 2003.

__________. Gráfico: estrutura, conteúdo e forma. *I Simpósio Iberoamericano de Cartografia para Criança, Pesquisa e Perspectiva em Cartografia para Escolares.* Publicação em cd, pp. 48-71, agosto de 2002.

__________. et al. Graphs: a language to integrate Sciences. *International Cartographic Conference.* Durban, South África, agosto de 2003. Em cd, pp. 2431-37.

Piaget, Jean; Inhelder, B. *A representação do espaço na criança.* Porto Alegre: Artes Médicas, 1993.

Ricupero, R. Ser Informado é ser livre. *Folha de S. Paulo*, Opinião Econômica, 1995.

Secretaria do Estado de São Paulo. Secretaria de Educação. Atividades Matemáticas, cenp, 1988.

A SISTEMATIZAÇÃO DA CARTOGRAFIA TEMÁTICA

Marcello Martinelli

Desde o mapa da cidade Çatal Höyük, da Anatólia, Turquia, (6200 a.C), tido como o mapa autêntico mais antigo, e o grafito de Bedolina, da Itália, da Idade do Bronze (2500 a.C.), até os mapas digitais, aqueles da telecartografia[1] ou em realidade virtual de hoje, a história da cartografia temática ocupa um lapso de tempo bastante breve, confirmando-se praticamente em épocas bem recentes.

Entretanto, desde o fim do século XVI já começavam a aparecer mapas que representavam fenômenos particulares com objetivos essencialmente práticos. Eram os mapas hidrográficos, das florestas, das rotas dos correios, dos limites políticos e aqueles administrativos.

Para Lacoste, a cartografia como tarefa de fazer mapas, que era antes da Geografia, se consolidou somente no século XIX, época em que se definiu o então mapa especial reportando certo número de conjuntos espaciais resultantes das classificações dos fenômenos que integram o objeto de estudo de um determinado ramo da ciência (Lacoste, 1977).

Dando ideia até de um anacronismo, a expressão "cartográfica temática", referente a tais mapas, surgiu na Alemanha por volta de 1934, sendo atribuída a R. V. Schumacher. Até mesmo o vocábulo "cartografia" foi um neologismo forjado em 1877 pelo português Visconde de Santarém (Santos, 1991).

De criação mais recente ainda é o conceito de "mapa temático", introduzido por Creuzburg no Congresso de Cartografia de Stuttgart, em 1952.

Entretanto, não se pode ser categórico ao afirmar a clássica consideração de que a cartografia apresentar-se-ia dividida em dois ramos distintos: a cartografia topográfica e a cartografia temática, como aparecem, em geral, nos manuais dessa disciplina.

Pode-se verificar, que num período bastante curto, de 1966 a 1972, autores como Wilhelmy (1966), Rimbert (1968), Witt (1970) e Arnberger (1977) publicaram livros específicos sobre o ramo temático, doutrinando uma nova disciplina que se completava em si mesma, como uma parte da ciência cartográfica.

A cartografia temática* não surge de forma espontânea; é historicamente sucessiva à visão topográfica do mundo, essencialmente analógica. Ela desenvolveu-se a partir do florescimento e sistematização dos diferentes ramos de estudos operados com a divisão do trabalho científico, no fim do século XVIII e início do século XIX.

Essa nova demanda de mapas norteou a passagem da representação das propriedades apenas "vistas" para a representação das propriedades "conhecidas" dos objetos geográficos. O código analógico é substituído paulatinamente por um código mais abstrato. Representam-se, agora, categorias mentalmente e não mais visualmente organizadas. Confirma-se, assim, o mapa como expressão do raciocínio que seu autor empreendeu diante da compreensão da realidade, apreendida a partir de um determinado ponto de vista: sua opção de entendimento do mundo. É a confirmação de uma postura metodológica na elaboração da cartografia temática.

Para uma Geografia que inicialmente se preocupava mais com a descrição, sem explicação, a cartografia tinha como maior incumbência a localização dos objetos geográficos, além de qualificá-los. A mensagem comunicada passava a ser recebida apenas através da mobilização das duas dimensões do plano.

Pode-se considerar como um prenúncio da gradativa transição da representação topográfica para uma representação temática mais específica aquela que se chamou cartografia descritiva (séculos XVII e XVIII), que tinha o propósito de inventariar objetos discerníveis, portanto, percebidos como distintos, compondo o conjunto daqueles que a sociedade em cada época produziu e considerou pertinentes à sua percepção de mundo.

Nos primeiros mapas tidos como temáticos, naqueles elaborados no século XVIII, pode-se perceber já certa transformação: o mapa deixava de se preocupar com o inventário e descrição exaustiva de todos os objetos que podiam ser recenseados à superfície da Terra, para ressaltar apenas um desses elementos, com vistas à maior compreensão e controle do espaço. Consolidava-se, assim, um caráter eminentemente prático para essa cartografia emergente.

Seriam como tais os mapas das rotas dos correios (itinerários e estalagens), com uma preocupação altamente seletiva, deixando de lado os demais registros topográficos de base. Pode-se considerar um começo de explicação, porém, sem ainda uma nítida ruptura da descrição tradicional do mundo visível. São chamados de mapas pré-temáticos (Palsky, 1996).

Figura 1 – Mapa pré-temático. Mapa das rotas dos correios e respectivas estalagens, revelando seu caráter prático (Sanson, *Cartegéographique des postes qui traversent la France*, 1632).

A cartografia temática nasce, assim, essencialmente positivista, pronta a atender a exigência da concepção filosófica e metodológica dos vários ramos científicos da época. Sempre foi seu papel mapear o conhecimento empírico, a aparência dos fenômenos, a partir de observações e mensuração palpáveis da realidade, tendo em vista fornecer um instrumental adequado à descrição, enumeração e classificação dos acontecimentos.

O fato da geografia, nessa concepção tradicional, contar com apenas um único método de interpretação reflete-se, de certa forma, na maneira como a cartografia temática representava questões da natureza e da sociedade. A mesma superfície estatística aplicada às chuvas representada por isolinhas podia ser empregada para mostrar distribuições espaciais vinculadas à sociedade, expressas em isopletas.

Outra questão que perdura até nossos dias, fruto dessa maneira Kantiana de pensar, é a incapacidade da cartografia temática de representar conjuntamente o espaço e o tempo. São considerados separadamente.

A afirmação de que a Geografia, como ciência de síntese, na busca da classificação, fez com que a cartografia temática se encaminhasse para a concretização do mapa de síntese, com o escopo de dar um fecho ao conhecimento científico.

A sistematização dessa Geografia se deu consoante com a emergência do modo de produção capitalista numa Europa que já se havia preparado para promover a passagem do feudalismo para o capitalismo, momento em que a cartografia forneceu bases seguras para desencadear o processo de transição (Moraes, 2005).

A crescente vocação da cartografia em busca de uma especialização aconteceu notadamente no século XVIII. Isso foi se operando com uma gradativa libertação do registro eminentemente analógico, passando a considerar temas que paulatinamente se acrescentaram à topografia. Essa nova construção mental na cartografia ficou evidente com a preocupação do mapeamento do uso do solo: o mapa topográfico foi sendo enriquecido com acréscimos temáticos (Robinson, 1982).

Embora possa parecer ultrapassada, consideramos aquela dada em 1973, por Salichtchev para a Cartografia, em termos gerais, uma definição que ainda hoje, mesmo com as inovações trazidas pela informática e pelas novas concepções metodológicas da geografia, pode ser considerada válida para a especificidade da cartografia temática: "Cartografia é a ciência da representação e do estudo da distribuição espacial dos fenômenos naturais e sociais, suas relações e suas transformações ao longo do tempo, por meio de representações cartográficas – modelos icônicos – que reproduzem este ou aquele aspecto da realidade de forma gráfica e generalizada" (Salichtchev, 1973).

A colocação desse autor mostra claramente que a cartografia não é simplesmente uma técnica, como hoje se enaltece, indiferente ao conteúdo que está sendo veiculado. Se ela pretende representar e investigar conteúdos espaciais por meio dos citados modelos não poderá fazê-lo sem o conhecimento da essência dos fenômenos que estão sendo representados nem sem o suporte das ciências que os estudam.

Os mapas temáticos, na sua multiplicidade, muitas vezes são considerados como da geografia, ao mesmo tempo em que o geógrafo é tido como o especialista mais competente para esta tarefa. Na realidade, os mapas temáticos interessam à geografia na medida em que não só abordam conjuntamente um mesmo território, como também o consideram em diferentes escalas.

A pluralidade dos mapas temáticos para um mesmo território pode participar da abordagem geográfica, para a qual não só se conjugam as interseções dos diferentes conjuntos espaciais que cada tema desenha, como, também, articulam-se os diversos níveis escalares de representação condizentes com a ordem de grandeza da manifestação dos fenômenos considerados.

Assim, de acordo com essa concepção, teremos uma significativa definição para o mapa temático dada por Lacoste em 1976: "Ele reportaria certo número de conjuntos espaciais resultantes da classificação dos fenômenos que integram o objeto de estudo de determinado ramo específico, fruto da divisão do trabalho científico" (Lacoste, 1976).

Consoante com o momento da nossa atualidade, não se pode falar de Cartografia, nem de cartografia temática, sem se referir ao mapa, ao processo através do qual ele é criado e ao contexto social no qual ele se insere. Nesse intento, a Conferência Internacional da ICA/ACI de Budapeste de 1989 recomendou a seguinte definição para cartografia: "Organização, apresentação, comunicação e utilização da geoinformação nas formas visual, digital ou tátil que inclui todos os processos de preparação de dados, no emprego e estudo de todo e qualquer tipo de mapa" (Taylor, 1994).

A consolidação dos métodos

O marco inicial do estabelecimento dos métodos de representação para a cartografia temática teria sido o dos trabalhos realizados por Edmund Halley. Ao fazer o *Mapa dos ventos oceânicos e das monções*, em 1686, em escala de planisfério, o cientista teria lançado as bases para o que, depois, veio a se cristalizar como *Método dos fluxos*. Ao compor o *Mapa das declinações magnéticas para o Oceano Atlântico*, em 1701, já teria inventado o *Método isarítmico*, que se confirmaria bem mais tarde.

Um método de representação que teria sido desenvolvido especificamente para acréscimos ao mapa topográfico fora o *método corocromático*, bem simples na sua concepção. É um método para representações eminentemente qualitativas para ocorrências em área. Deixando de lado os mapas das diferentes divisões territoriais, das hierarquias administrativas, civis ou religiosas, que são apenas inventários sinóticos, que originaram os atuais mapas políticos, as verdadeiras representações corocromáticas se deram com o registro da vegetação e dos dados mineralógicos.

Apesar dessas iniciativas, é tido como o primeiro mapa corocromático aquele desenhado por Milne, em 1800, para a região de Londres e seus arredores. É original por codificar os usos da terra por cores. Entretanto, com o objetivo de coordenar categorias dentro de uma lucubração científica, o que já se configurava como um raciocínio a caminho de uma cartografia temática, temos que considerar prototiposos mapas mineralógicos de Buache, de 1746, e de Dupain-Triel, de 1781, para a França, sem deixar de lado aquele da região norte da Inglaterra, elaborado por William Smith, além do mapa da vegetação de Schow, de 1823. Podemos perceber que com essas representações, deu-se claramente o início da ruptura com o mundo visível e a busca da exploração da variação perceptiva em terceira dimensão visual, dissociada do espaço em duas dimensões, intrínseca ao mapa como figura do terreno, como é feito na cartografia topográfica.

Figura 2 – Halley, o primeiro artífice da cartografia temática. Mapa das declinações magnéticas em isolinhas, invenção dele. Halley é considerado o primeiro cartógrafo da cartografia temática.

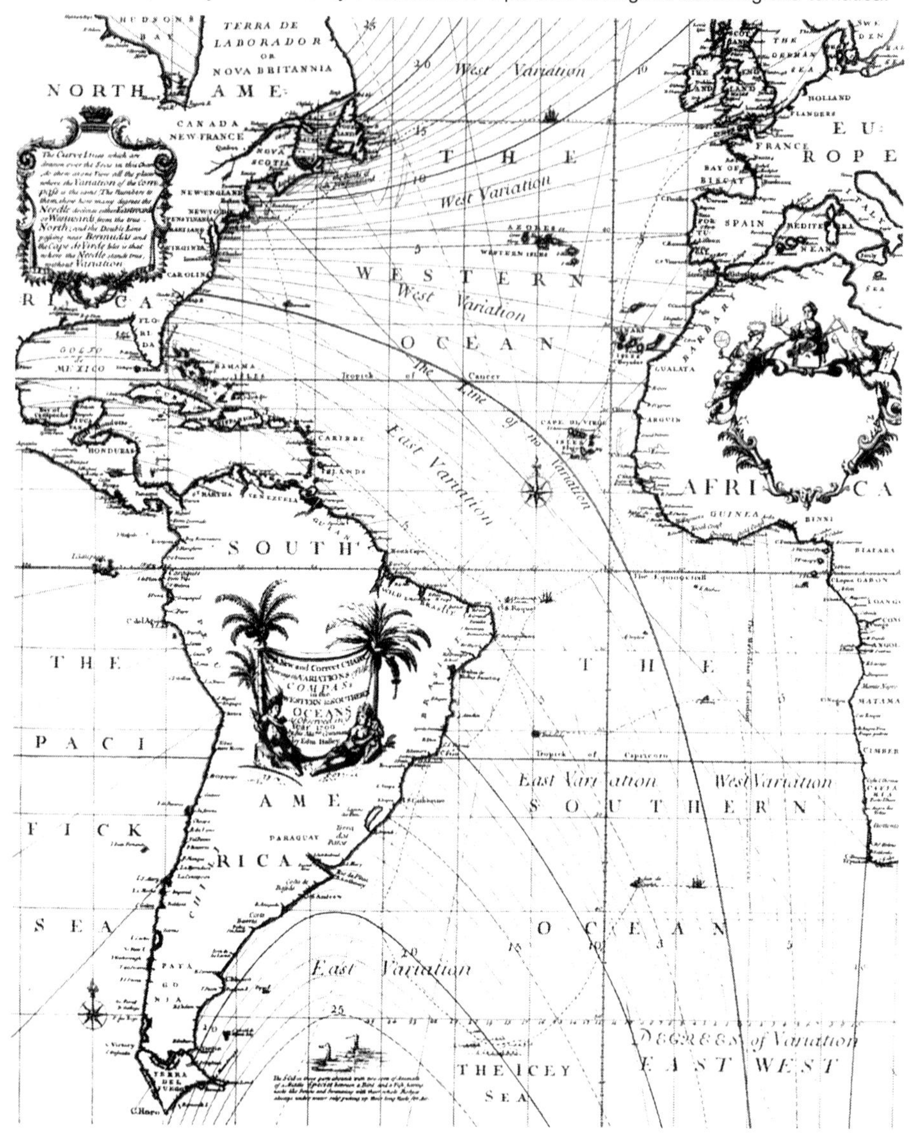

A mobilização do método corocromático significa aplicar cores diferenciadas para as distintas rubricas em suas áreas de manifestação. De fato, sabemos que a variação de cor tem maior eficácia na discriminação de objetos. Na impossibilidade de contar com a cor empregamos texturas compostas por elementos puntiformes ou lineares; os primeiros, diferenciando-se principalmente na forma, e os segundos, na orientação ou granulação, tomando-se o cuidado de conseguir resultados de mesmo valor visual.

Figura 3 – Método corocromático. Protótipo de mapa com acréscimos temáticos sobre base topográfica exaustiva. (Bauche, *Carte minéralogique où l'on voit la nature et la situation des terrains qui traversent la France et l'Angleterre*, 1746).

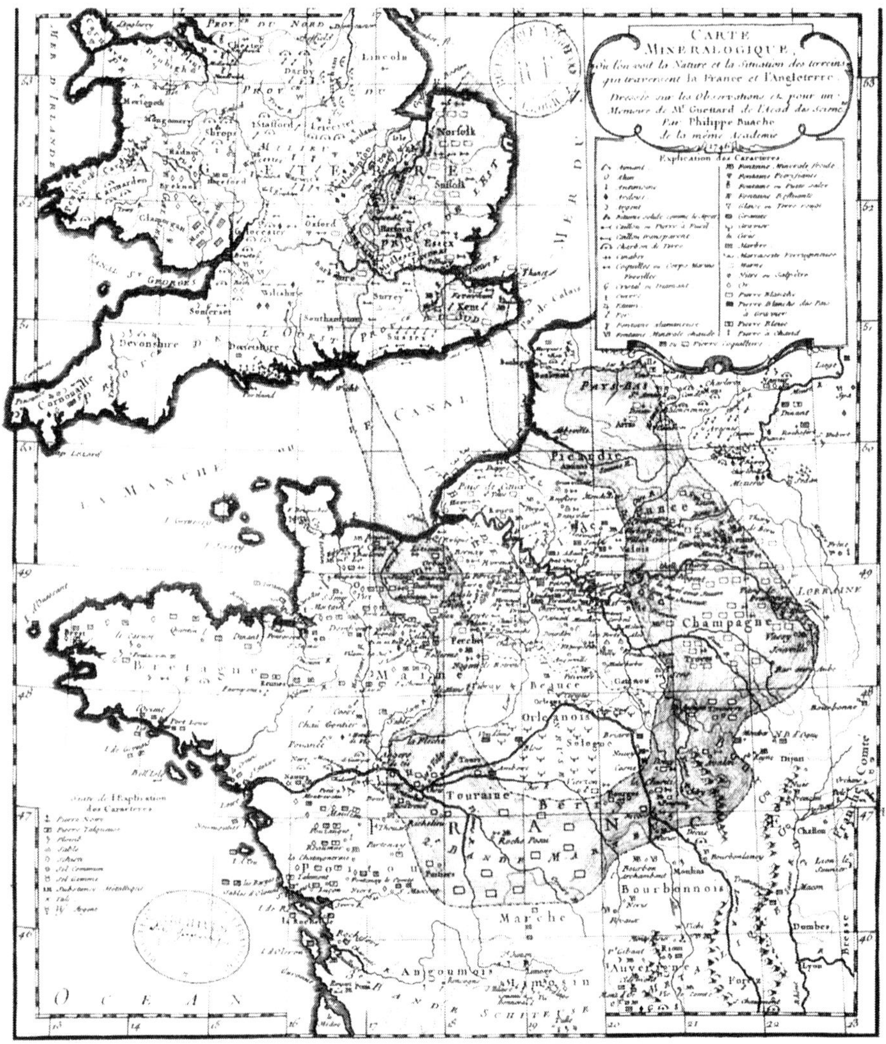

O mesmo método pode ser explorado para ocorrências que aceitam uma classificação ordenada. Essa ordem será transcrita por uma sequência de cores, das claras para as escuras ou vice-versa.

Dentre as representações ordenadas, levamos em conta, também, aquelas que transcrevem duas ordens opostas de ocorrências com manifestação em área.

A realidade uso da terra e cobertura do solo pode ser vista como a oposição que existiria entre o espaço natural e o produzido pela sociedade humana, tentando captar a ideia de que a relação do homem com a natureza vai mudando com o tempo, movimento como fruto da história. A evolução do homem em sociedade passaria a exigir cada vez mais formas diferentes de relações com a natureza. Produzir-se-ia, assim, o território usado, o espaço geográfico.

Para o entendimento dessa "oposição" de movimentos, em permanente tensão, caberia explorar as cores frias em oposição às quentes, atentando também para o aspecto, sensorial, psicológico, místico e simbólico das cores: a sequência das cores frias estaria associada à ordem das situações mais naturalísticas, enquanto a sequência das cores quentes ficaria vinculada à ordem dos acréscimos mais condizentes ao meio técnico-científico-informacional (Santos, 1994).

A forma de expressão essencialmente temática passou a se confirmar com mais propriedade na cartografia, com a passagem das representações eminentemente qualitativas e ordenadas para a percepção e expressão das quantidades.

Até o fim do século XVIII, as quantidades eram representadas apenas mobilizando sua manifestação embutida nas duas dimensões do plano, isto é, não se mostrava a quantidade da população, apenas a extensão dos lugares habitados.

As primeiras realizações da cartografia temática quantitativa foram feitas inscrevendo-se diretamente sobre o mapa, nos lugares de ocorrência, as quantidades referentes à população, à economia e à produção, extraídas das estatísticas oficiais.

Dainville aponta o mapa anônimo "Carte Générale de Sévennes", de 1726, como o primeiro mapa a introduzir uma quantificação da população. Não o fez pelo número de pessoas, mas, sim, pelo número de habitações, as quais foram representadas mediante símbolos figurativos de valores unitários cumulativos: uma casinha para cada 10 habitações.

Nessa mesma época, entrou em cena William Playfair, que inventou a "aritmética linear" para ilustrar suas obras, trabalhos de cunho político e econômico. Tratava-se de um sistema de gráficos estatísticos que foram desenvolvidos para o *Commercial and political atlas*, de 1786, e para o *The statistical breviary*, de 1801.

Ele idealizou, assim, formas de visualização quantitativa dos dados. Estabeleceu metodologia para a aplicação de gráficos de linhas e de colunas às estatísticas financeiras. Ele explica seu método: se no fim de cada dia empilhássemos as moedas ganhas, cada pilha corresponderia a um dia de trabalho e a sua altura seria proporcional à respectiva receita. Por esse método, muita informação pode ser obtida em poucos instantes de observação. Sem ele, contando apenas com a tabela, seria necessário muito mais tempo para se chegar ao mesmo entendimento.

Foi do mesmo autor a construção de um gráfico de linhas para representar a balança comercial da Inglaterra no período de 1770/1782, ressaltando o saldo positivo com vermelho e o negativo com azul. Com isto, Playfair, em 1786, não só tratou os dados, como também revelou o conteúdo da informação, dando através de uma visão de conjunto transparência instantânea à verdadeira situação daquela realidade. A escolha da oposição entre a cor azul e vermelho mostra com clareza a oposição entre as operações.

Figura 4 – Playfair e as representações quantitativas. Com esta representação quantitativa, o autor mostra que o gráfico tem a capacidade de tratar os dados e revelar a informação (Playfair, *Chart of imports and exports of England to and from all North América, from the year 1770 to 1782*).

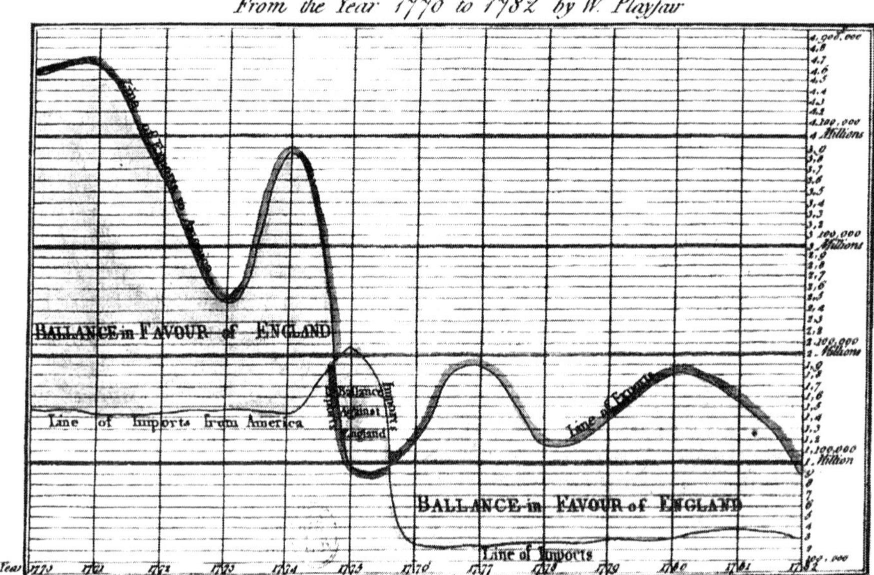

Em 1805, inventou o setograma, apoiado no sistema estabelecido por Bernouilli, o sistema polar – círculos concêntricos e raios equidistantes que convergem para um polo. O setograma de Playfair serviu para ilustrar o relatório *Statistical account of the United States of America*, de autoria de Donnant. Tal gráfico representava, nessa obra, a proporção das superfícies dos estados americanos em relação ao país como um todo. O círculo era dividido, portanto, em setores condizentes (Holmes, 1991).

O primeiro método para representações temáticas quantitativas a ser estabelecido foi o *método coroplético*. Esse método é resolvido fazendo-se corresponder a uma série estatística de dados agrupados em classes significativas uma sequência de cores ou texturas que vão do claro para o escuro. Deveu-se, assim, a Dupin, com a *Carte figurative de l'instruction populaire de la France*, datada de 1826, a elaboração de um primeiro mapa estatístico. Com sua idealização tivemos uma primeira forma de representar quantidades por variações visuais sensíveis dissociadas do significado da localização nas duas dimensões do plano do mapa.

O mais importante a ser ressaltado nessa proposta foi o fato de colocar às claras a relação entre a instrução popular e o desenvolvimento econômico. A oposição claro/escuro tornou-se símbolo, colocando em oposição uma França já esclarecida contra uma França ainda no obscurantismo. Portanto, passando à representação de uma escala de valores morais. Assim, esse mapa constituiu uma imagem eloquente em favor da indústria e das doutrinas inglesas de civilização e de economia política. Essa cartografia temática pioneira se associou, dessa maneira, ao discurso do capitalismo industrial e liberal emergente. Fixaram-se, assim, as bases para uma progressiva evolução do sistema gráfico de signos em direção à sua autonomia. (Palsky, 1996)

Figura 5 – Método coroplético. A oposição claro/escuro no mapa, representando dados relativos, revela o contraste entre uma França esclarecida, ao norte, e uma França obscura, ao sul (Dupin, *Carte figurative de l'instruction populaire de la France*, 1826).

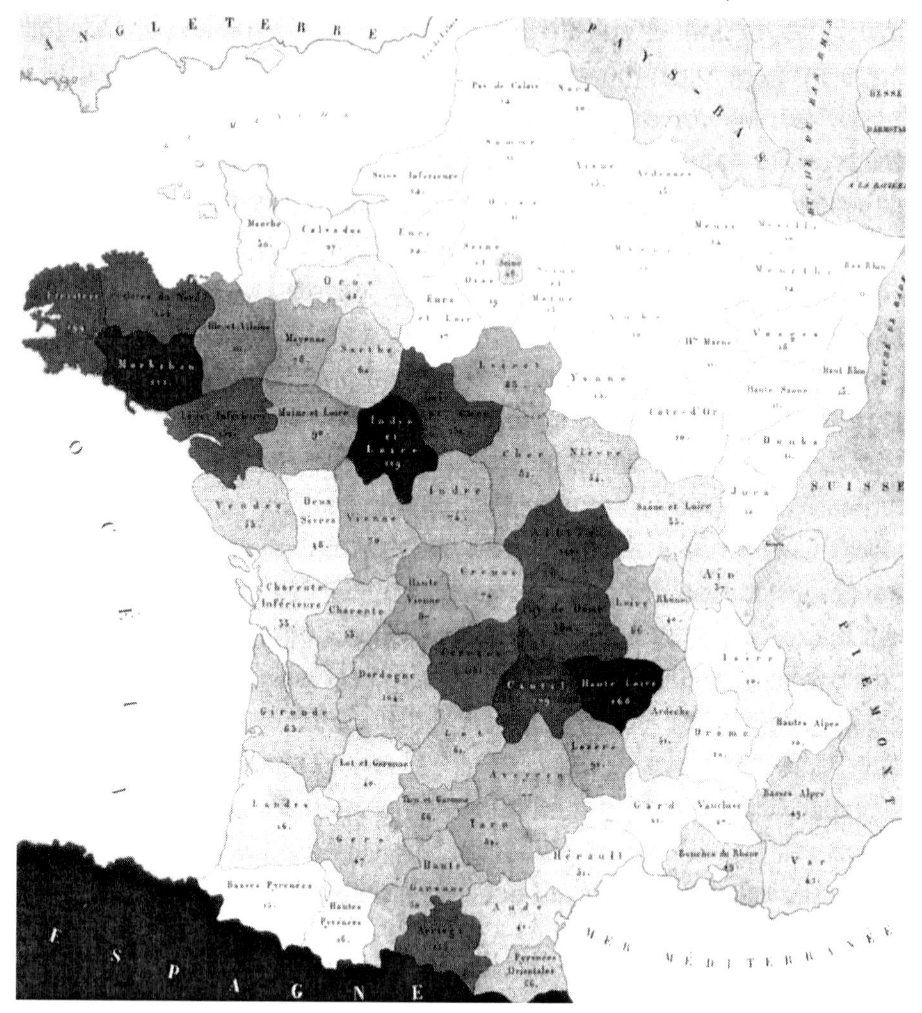

O método coroplético encontrará firme aplicação, mais tarde, na geografia do fim do século XIX, com Levasseur, sendo recomendado para valores relativos, com ampla difusão na representação da densidade demográfica, que será tema clássico da geografia da população. Outros valores relativos, como os índices e as taxas, seriam igualmente apresentados dessa forma. Variações relativas no tempo encontrariam também representação segura na *Cartografia dinâmica*, quando se faria corresponder aos agrupamentos de dados, positivos se opondo aos negativos, cores frias se contrapondo às quentes.

Outra representação quantitativa inventada, também no início do século XIX, primeira no gênero, fugindo da tradição estabelecida por Dupin, foi o *método dos pontos de contagem*. Foi definido por Frère de Montizon ao realizar o mapa "Carte philosophique figurant la population de la France", em 1830, para mostrar a distribuição do seu efetivo em valores absolutos.

Figura 6 – Método dos pontos de contagem. É a primeira representação quantitativa para mostrar a distribuição da população em valores absolutos (Frère de Montizon, *Carte philosophique figurant la population de la France*, 1830).

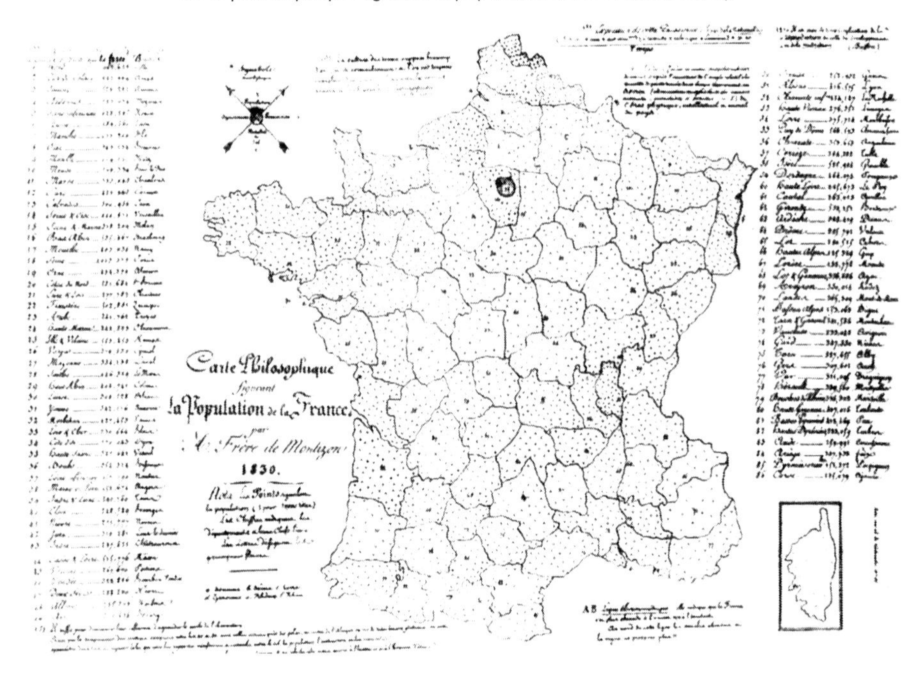

A solução gráfica para essa representação consiste em considerar a variação do número de pontos de tamanho e forma constantes distribuídos regularmente ou não pela área de ocorrência.

Cada ponto sintetizaria determinado valor unitário: 1 ponto = 200 pessoas.

Esse método é adequado para a representação de fenômenos com um padrão de distribuição disperso, dado em valores absolutos, como, por exemplo, a população rural e o rebanho bovino. Ele mobiliza apenas as duas dimensões do plano. Essas dão as posições dos pontos, todos semelhantes e de mesma significação. O mapa resultante permite-nos uma dupla percepção: a das densidades, obtidas pela relação entre o preto dos pontos em contraste com o fundo branco do papel, e a das quantidades, constatadas através da contagem dos pontos, os quais se adicionam visualmente, com grande facilidade.

Entretanto, esse método irá se confirmar apenas no início do século XX, com as contribuições de Finch e Baker, ao publicarem o atlas *Geography of the world's agriculture*, em 1917. Essa obra mostrou a destreza de se representar, com apreciável precisão, populações com efetivos reduzidos, em números absolutos e padrão de distribuição disperso.

Por sua vez, Sten de Geer, também em 1917, idealizou acoplar a representação por pontos de contagem à representação por esferas proporcionais: os pontos para a população rural e as esferas para a população urbana. As esferas já tinham sido experimentadas por ele para a representação da população da Suécia.

Essa solução foi sugerida para a elaboração da *Carta da população do mundo*, na escala 1:1.000.000, por obra da União Geográfica Internacional – UGI. Esferas e pontos foram lançados sobre um fundo hipsométrico.

Outra reflexão importante que deve ser levada em conta na estruturação da linguagem da cartografia temática foi a contribuição dada por Lalanne em 1843.

Figura 7 – Gráfico de Lalanne. Aplicação de suas teorias: *Courbes d'égale température myenne à Halle*, 1843.

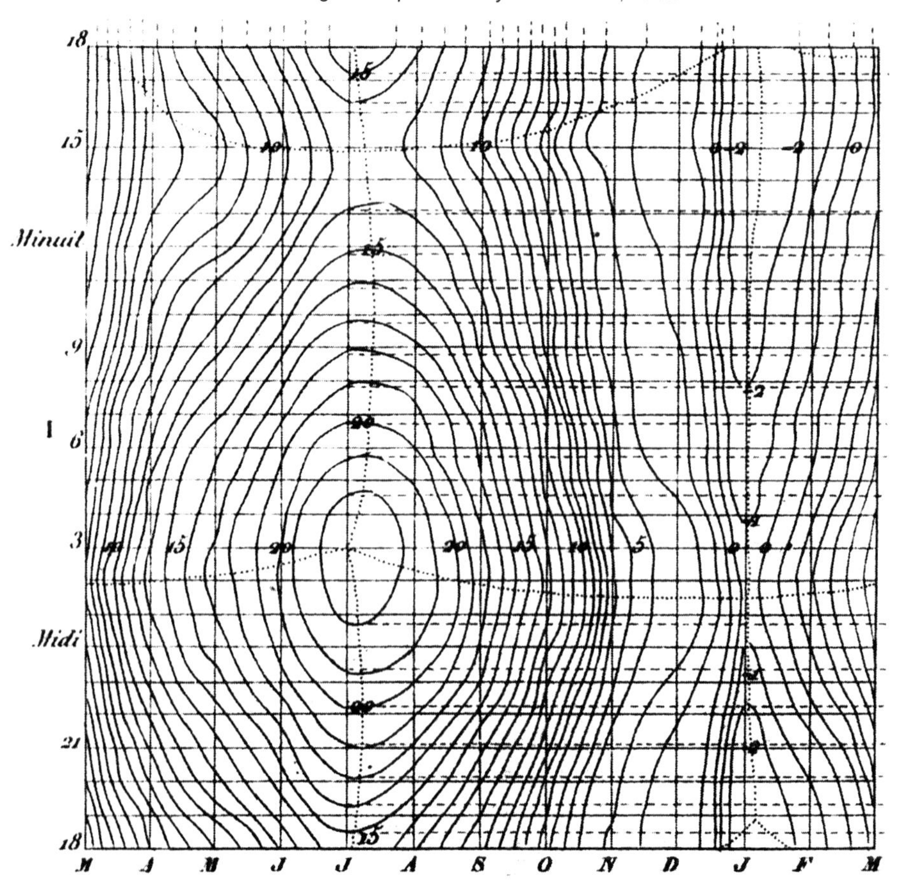

Em base à sua teoria sobre a representação gráfica das leis que levam em conta três variáveis, estabeleceu o que hoje chamamos de *gráfico isoplético*, com a aplicação das linhas de igual valor provindas dos trabalhos de Halley, de 1701, e das isotermas de Alexander von Humboldt, de 1817. Foi concebido, assim, o *método isarítmico.*

A aplicação do método isarítmico considera que cada valor que exprime a intensidade do fenômeno, tomado em pontos localizados e identificados em (X, Y), constitui uma terceira dimensão (Z). O conjunto desses pontos com valor Z será visto como uma superfície tridimensional contínua. Sua representação no plano é a projeção ortogonal das linhas, interseções da superfície com planos paralelos e equidistantes ao primeiro.

Para construir um mapa isarítmico temos que contar com dados referentes aos pontos, cuja localização e identificação são conhecidas. A partir dos valores, devemos considerar quais e quantas seriam as isolinhas significativas, tomando o cuidado de se conseguir uma boa visualização. O traçado das isolinhas leva em conta uma interpolação linear que pode ser feita por vários procedimentos, desde os mais simples até os computacionais de hoje.

Depois de aplicadas a várias variáveis, como a densidade demográfica, tais linhas foram confirmando o citado método.

É preciso lembrar que as primeiras tentativas de concepção de linhas de igual valor, especificamente para a representação geométrica do relevo, foram empreendidas séculos antes. Tiveram início na forma de linhas de igual profundidade, para o rio Spaarne, nos Países Baixos, por obra de Bruinsz, em 1584. O ensaio seguinte também foi no mesmo país, 145 anos depois, realização trabalhada por Ancellin. Em 1729, Cruquius editou um mapa das profundidades do rio Merwede (NL) empregando isolinhas.

Em particular, a história da representação do relevo teve início mais precisamente em 1780, bem antes das teorias de Lalanne. Foi com Dupain-Triel, que publicou um volume sobre a proposta de Du Carla, o primeiro a sugerir o uso das linhas de igual valor, tidas como curvas de nível, para a representação do relevo emerso.

Em 1791, o mesmo Dupain-Triel publicou um mapa em curvas de nível da França, em escala pequena, porém deficiente, por não contar com uma boa densidade de dados e por apresentar poucas linhas. Essa realização mereceu aperfeiçoamento numa publicação posterior, na qual a configuração do terreno foi confiada à aplicação de cores entre as curvas, preconizando, assim, a representação hipsométrica.

Porém, só foi com o advento da litografia, permitindo a impressão em cores, a partir de 1872, e com avanços tecnológicos dessa segunda metade do século XIX, exigindo uma representação geométrica precisa do relevo em grande escala, que puderam emergir novas gerações de mapas. Esses confirmaram, no início do século XX, o emprego das curvas de nível, com ampla difusão, substituindo as hachuras na representação do relevo nos mapeamentos sistemáticos de detalhe nacionais da Europa.

Com a Revolução Industrial deflagrada no século XVIII, dotada de um ápice de desenvolvimento científico e tecnológico, da metade para o final do século XIX, assistiu-se ao início da busca da avaliação da mobilidade dos homens e das mercadorias. As vias de circulação constituíram um fator básico na geração de riqueza e desenvolvimento. É nesse contexto econômico que Minard, em 1845, propôs uma *Cartografia dinâmica*, abordando os movimentos no espaço e no tempo. Quando da passagem da representação por gráficos para a cartografia dos movimentos, instituiu o *método dos fluxos*. É a largura do corpo das flechas que percorrem os caminhos estabelecidos que faz saltar aos olhos as relações de proporção entre os dados numéricos das quantidades em movimento e assim oferecer um instrumental daquela cartografia, com pronta aplicação nas questões de planejamento. Tais representações refletiam a lógica da economia política ao revelar as dinâmicas espaciais e temporais dos fenômenos.

Figura 8 – Método dos fluxos. Derivado dos gráficos de Playfair, este mapa de fluxos é um exemplo claro da aplicação da Cartografia dinâmica dos movimentos para o planejamento (Minard, *Carte de la circulation des voyageurs par voitures publiques sur les routes de la contrée, où sera placé le chemin de fer de Dijon à Mulhouse*, 1845).

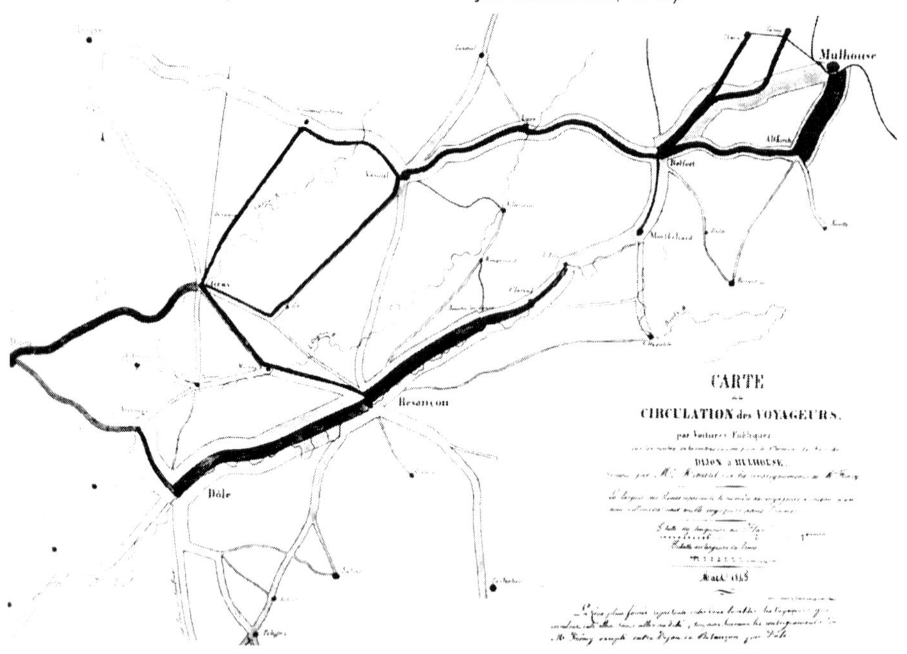

Apesar de a primeira expressão quantitativa por tamanhos proporcionais ser creditada a Charles de Fourcroy, com seu *Tableau Poléométrique*, de 1782, representando e comparando as superfícies urbanas das cidades da França, dispostas num gráfico, e confirmada por Playfair, com seus gráficos de círculos proporcionais de 1801, a sua aplicação aos mapas foi levada a efeito pioneiramente por Harness e Bollain, para a cartografia da população entre 1837 e 1844.

Entretanto, o crédito definitivo da efetivação do *método das figuras geométricas proporcionais* foi dado a Minard em 1851, ao aplicá-lo a fenômenos econômicos, como à própria contagem da população na representação em mapas. Minard explorou o método na confecção de sua "Carte figurative des principaux mouvements des combustibles minéraux en France en 1845".

A aplicação desse método considera o traçado de figuras geométricas, geralmente círculos, com áreas proporcionais aos valores absolutos que quantificam determinado aspecto, lançados nos locais dos acontecimentos ou centrados nas áreas que contabilizam suas quantidades.

Figura 9 – Mapa com círculos divididos (Minard, *Carte figurative et aproximative de l´importance des ports maritimes de l´Empire français*, 1859).

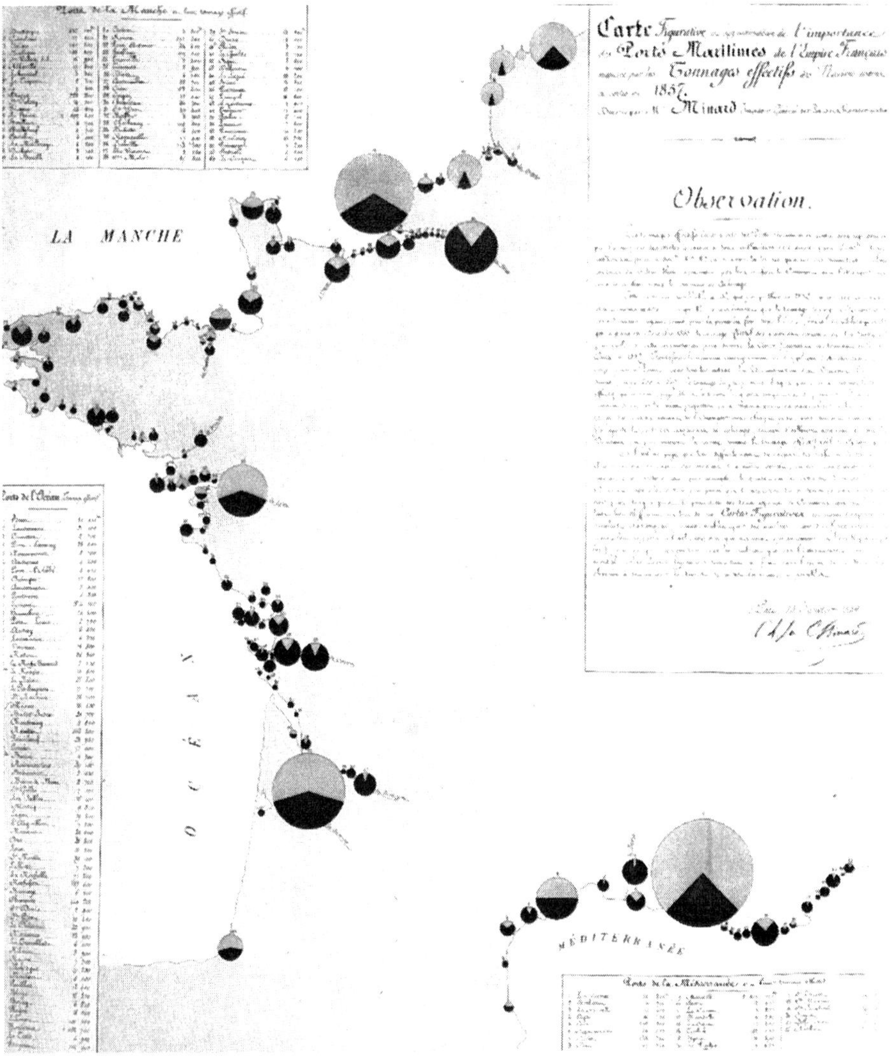

Um pouco mais tarde, o mesmo Minard apresentou uma variante do método das figuras geométricas proporcionais. Explorou a representação com a divisão do círculo em setores proporcionais às parcelas do total, coloridos seletivamente conforme a espécie dos componentes considerados. Essa proposta acabou concretizando a aplicação da ideia do setograma de Playfair ao mapa. Com a divisão do círculo proporcional oferecer-se-ia a oportunidade para a representação analítica de inúmeras estruturas.

Podemos considerar como movimento que deslanchou a cristalização de uma metodologia para a cartografia temática o da apresentação de uma primeira classificação dos métodos de representação, até então estabelecidos. Ela foi exposta ao Terceiro Congresso Internacional de Estatística realizado em Viena, em 1857, idealizado, como outros, por Quételet.

Nessa comunicação, os métodos de representação foram organizados em correspondência às grandes categorias do conhecimento em resposta às questões – "o quê?", "quanto?", "onde?" e "quando?" Ela contemplou como formas de representação tanto mapas como gráficos, abarcando, além das representações estatísticas, as demais formas gráficas, inclusive aquelas eminentemente topográficas.

Em 1874, Mayr apresentou uma contribuição fundamental para a clareza da cartografia temática. Ele classificou as representações gráficas distinguindo, de forma cristalina, aquelas que são feitas mediante gráficos daquelas realizadas através de mapas.

Nos anos 1950, a cartografia como um todo, e a cartografia temática, em particular, ganhou uma intrigante contribuição, sendo colocada num contexto paralelo ao da linguística de Saussure, ciência da linguagem verbal humana, sistema de signos, sistematizada bem no início do século XX, portanto, dentro do pensamento estruturalista. O artífice desse feito foi o professor Bertin, na época diretor do Laboratoire de Graphique da École des Hautes Études en Sciences Sociales de Paris, que desde então vinha lucubrando tal realização. Ele estabeleceu a *representação gráfica* ou, simplesmente, *gráfica*, como gramática da linguagem para os mapas, os gráficos e as redes,[2] apoiada nas leis da percepção visual. Portanto, ao instituir uma linguagem gráfica confirmou também uma *Sémiologie graphique*, título dado à sua obra de 1967.

A *representação gráfica* é um domínio bastante específico. Ele se inclui no universo da comunicação visual, que por sua vez faz parte da comunicação social. Participa, portanto, do sistema de sinais que o homem construiu para se comunicar com os outros. Compõe uma linguagem gráfica bidimensional, atemporal, destinada à vista. Tem supremacia sobre as demais, pois demanda apenas um instante de percepção. Se expressa mediante a construção da imagem – forma, em seu conjunto, captada num lapso mínimo de apreensão – porém –, distinta do grafismo, da imagem figurativa, como a fotografia, a pintura, a publicidade, de características polissêmicas (significados múltiplos). Integra, ao contrário, o sistema semiológico monossêmico (significado único).

Sua especificidade reside essencialmente no fato de estar fundamentalmente vinculada ao âmago das relações que podem se dar entre os significados dos signos. Interessa, portanto, ver instantaneamente as relações que existem entre os signos que significam relações entre objetos, deixando para um segundo plano a preocupação com a relação entre o significado e o significante dos signos. Dispensa qualquer convenção constituída. É o domínio das operações mentais lógicas.

Figura 10 – A imagem figurativa é polissêmica: o que nos diz a imagem?

Para cada um de nós, ela conota algo. Há, portanto, ambiguidade.

A *representação gráfica* é monossêmica. Há somente uma maneira de se dizer visualmente que a indústria "A" emprega quatro vezes mais trabalhadores que a indústria "B". A indústria "A" é um quadrado quatro vezes maior que aquele que representa a indústria "B". Não há ambiguidade.

Portanto, a tarefa essencial da *representação gráfica* é transcrever as três relações fundamentais – de diversidade, de ordem e de proporcionalidade – que se podem estabelecer entre objetos por relações visuais de mesma natureza. A transcrição gráfica será universal, sem ambiguidade.

Assim, a diversidade será transcrita por uma diversidade visual, a ordem, por uma ordem visual e a proporcionalidade, por uma proporcionalidade visual. Saber coordenar tais orientações significa dominar a sintaxe dessa linguagem (Bertin, 1973, 1977; Bonin, 1975; Gimeno, 1980; Bord, 1984; Bonin e Bonin, 1989; Blin e Bord, 1993; Martinelli, 1990, 199l, 1998, 1999, 2003).

Figura 11 – A gráfica é monossêmica: a indústria "A" emprega quatro vezes mais trabalhadores que a indústria "B". A representação gráfica transcreve relações entre objetos por relações visuais da mesma natureza.

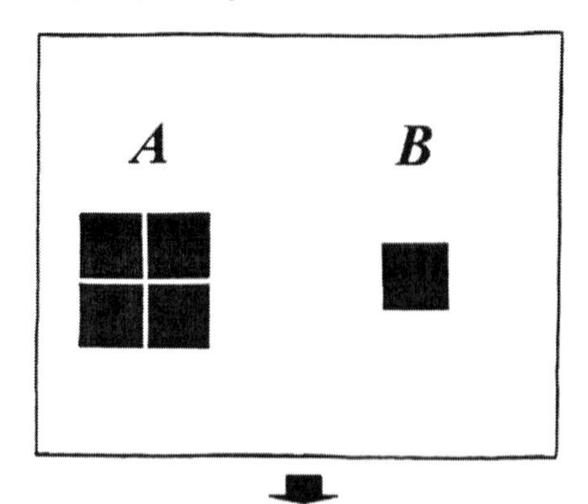

RELAÇÕES ENTRE OBJETOS			*CONCEITOS*	*TRANSCRIÇÃO GRÁFICA*
CADERNO	*LÁPIS*	*BORRACHA*	≠	▲ ● ✚
MEDALHA DE OURO	*MEDALHA DE PRATA*	*MEDALHA DE BRONZE*	O	● ◍ ⊙
1 kg DE ARROZ	*4 kg DE ARROZ*	*16 kg DE ARROZ*	Q	▪ ■ ■

RELAÇÕES ENTRE OBJETOS

A construção de mapas dentro desse entendimento exigirá ainda atentarmos para duas questões básicas: quais são as *variáveis visuais* de que dispomos e quais são suas respectivas *propriedades perceptivas*?

Ao cair um pingo de tinta sobre uma folha de papel branco, imediatamente percebemos que ele está em determinado lugar em relação às duas dimensões do plano.

Essa marca visível, além de ter uma posição, pode assumir modulações visuais sensíveis. As duas dimensões do plano, mais seis modulações visuais possíveis que a mancha visual pode assumir, constituem as *variáveis visuais*.

Ao considerarmos as duas dimensões do plano e variando-as na terceira dimensão visual construiremos a imagem.

As *variáveis visuais* são: tamanho (do grande ao pequeno), valor (do claro para o escuro), granulação (da textura fina à grosseira), cor (as cores puras, espectrais), orientação (horizontal, vertical e oblíqua) e forma (quadrado, círculo, triângulo etc.).

As duas dimensões do plano, o tamanho e o valor são ditos Variáveis da Imagem, pois constroem a imagem.

Em contrapartida, a granulação, a cor, a orientação e a forma são ditas Variáveis de Separação, pois separam apenas os elementos da imagem, sem revelar a figura que seu conjunto constrói.

Essas seis variáveis visuais mais as duas dimensões do plano, portanto, num total de oito, têm *propriedades perceptivas* que toda transcrição gráfica deve levar em conta para traduzir adequadamente as três relações fundamentais entre objetos: relações de diversidade (≠), de ordem (O) e de proporcionalidade (Q):

- Percepção *dissociativa* (=/) – a visibilidade é variável: afastando da vista, as categorias somem sucessivamente (tamanho, valor).
- Percepção *associativa* (=) – a visibilidade é constante: as categorias se confundem; afastando-as da vista não somem (forma, granulação, orientação).
- Percepção *seletiva* (≠) – o olho consegue isolar os elementos (cor, tamanho, valor, granulação, forma).
- Percepção *ordenada* (O) – as categorias se ordenam espontaneamente (valor, tamanho).
- Percepção *quantitativa* (Q) – a relação de proporção visual é imediata (só o tamanho).

As duas dimensões (X, Y) do plano identificam a posição do lugar. Constituem a referência. Respondem ao *"onde?"*. Caracterizam a ordem geográfica: a localização de São Paulo não pode ser permutada com a de Rio Claro. É o domínio da cartografia topográfica.

Mas os mapas podem mostrar algo mais do que apenas a posição dos lugares, isto é, fazer mais que responder à questão *"onde?"*. Eles podem dizer muita coisa sobre os lugares, caracterizando-os. Entra-se, assim, no domínio da cartografia temática.

A fim de representar o *tema*, seja no aspecto qualitativo (≠), ordenado (O) ou quantitativo (Q), com manifestação, seja em pontos, linhas ou áreas, temos que explorar a terceira dimensão visual (Z) mediante variações visuais sensíveis com propriedades perceptivas compatíveis.

O aspecto qualitativo (≠) responde à questão *"o quê?"*, caracterizando relações de diversidade entre os conteúdos dos lugares ou conjuntos espaciais. O aspecto ordenado (O) responde à questão *"em que ordem?"*, caracterizando relações de ordem entre os conteúdos dos lugares ou conjuntos espaciais. O aspecto quantitativo (Q) responde à questão *"quanto?"*, caracterizando relações de proporcionalidade entre os conteúdos dos lugares ou conjuntos espaciais.

Deve-se também a Bertin a invenção de um único método de representação realizada nesse mesmo século. Ele o apresentou em 1967, como solução ideal para a expressão quantitativa de fenômenos com manifestação em área. Mostra uma similaridade com o método dos pontos de contagem idealizado por Montizon e o das

Figura 12 – A cartografia temática representa os aspectos qualitativo, ordenado ou quantitativo mediante variações visuais sensíveis com propriedades perceptivas compatíveis.

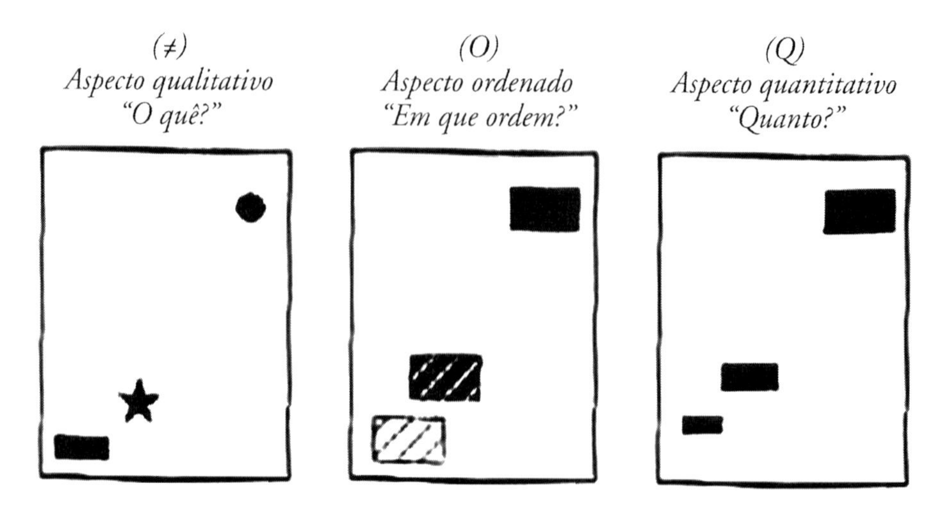

figuras geométricas proporcionais proposto por Minard. É o *método da distribuição regular de pontos de tamanhos crescentes*, que os coloca regularmente dispostos em toda a extensão da superfície de ocorrência. Apesar de hoje não apresentar dificuldades de construção, quando executado por *software* convenientemente concebido, não teve grande difusão como os outros métodos.

Esse procedimento leva imediatamente a uma dupla percepção: a das densidades, dada pela imagem binária construída mediante a relação entre o preto dos pontos em contraste com o fundo branco do papel, e a das quantidades, obtidas multiplicando-se o valor numérico do ponto pelo número deles existentes no interior de cada unidade espacial. Tem a grande vantagem de excluir completamente a interferência do tamanho da área de observação. É nesse tópico que Bertin defende a supremacia desse método de representação quantitativo para fenômenos com ocorrência em área, sobre os demais inventados até então. A legenda será dupla. Os tamanhos escolhidos como referenciais se reportarão seja às quantidades, seja às densidades.

Em plena revolução tecnológica operada de forma mais incisiva na passagem do final do século XX para o início do século XXI, já podemos vislumbrar certas orientações para a consolidação de uma cartografia temática mais consistente. A própria concepção de cartografia, hoje dita geomática, tem incorporado o conceito de visualização científica, já aplicada com sucesso em outras áreas do conhecimento. A visualização cartográfica tornou-se conceito central para a moderna cartografia. Não equivale à cartografia, porém afeta seus três aspectos fundamentais: novas técnicas de produção cartográfica, comunicação e cognição. Visualização tem a ver com o conteúdo, portanto, deverá ser considerada no contexto sociocultural no qual a informação cartográfica será empregada.

Figura 13 – Método de distribuição regular de pontos de tamanhos crescentes.

REGIÃO DE GOVERNO DE CAMPINAS – SP
POPULAÇÃO RESIDENTE TOTAL – 1980

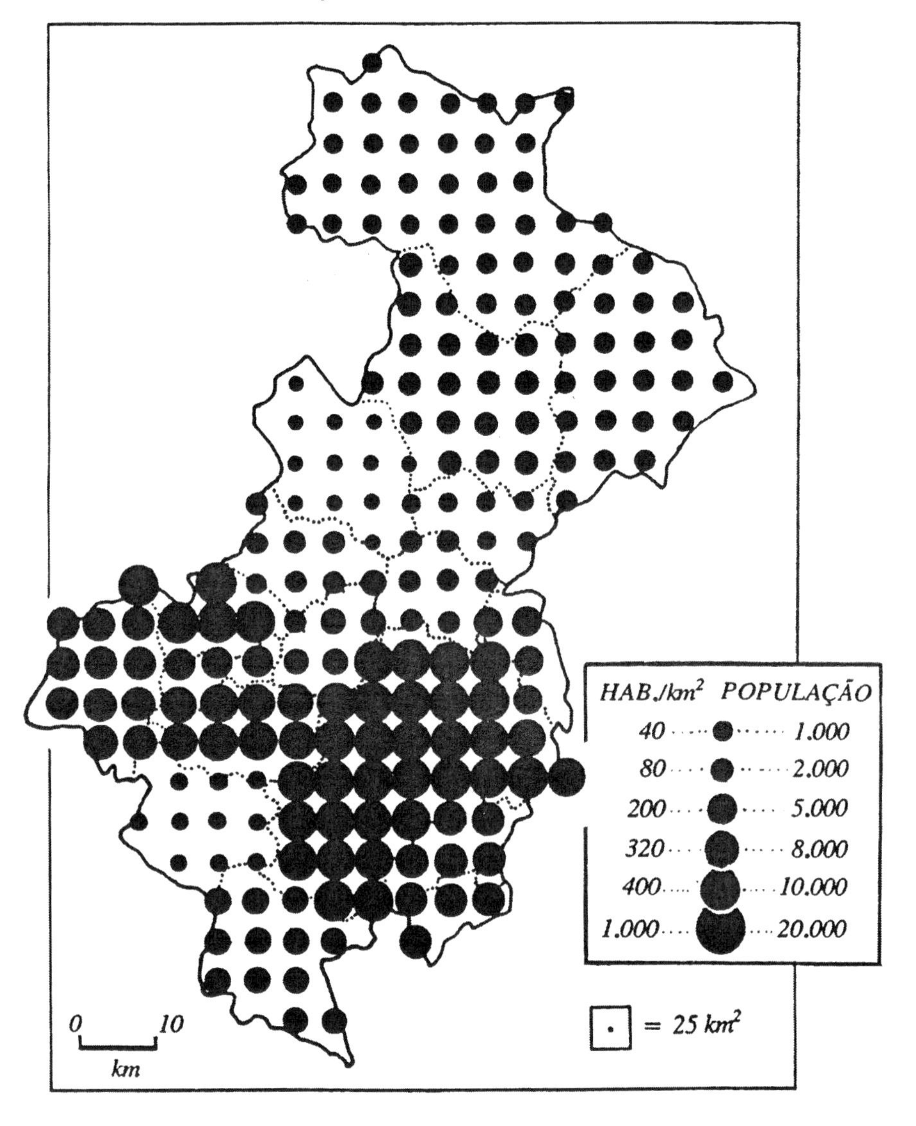

Figura 14 – A visualização cartográfica como conceito central para a cartografia moderna.

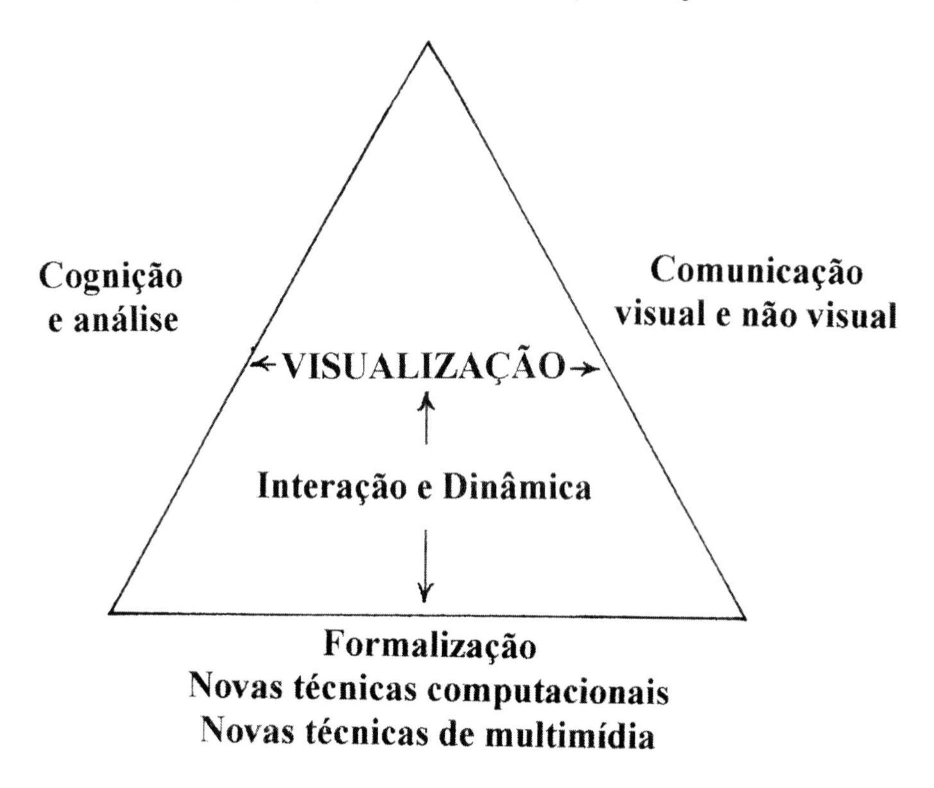

Sem dúvida, todos avanços possibilitarão à cartografia grande agilidade e barateamento na obtenção de seus produtos. Mas muito mais importantes serão os acréscimos qualitativos, que permitirão interações com incontestável incremento na compreensão de ampla gama de assuntos. Daí emerge uma cartografia, mais dinâmica, flexível, multidimensional e interativa, na qual a manipulação dos dados espaciais promoverá consistentes mudanças nessa ciência.

Assim, pode-se dispor, principalmente em ambiente multimídia, de dois novos e essenciais modos de expressão: a interação e a animação. A interação requer um tempo para que o analista planeje uma mudança desejada na representação. A animação, por seu turno, exige um tempo para expressar mudanças de posições e/ou de atributos dos elementos gráficos, numa sequência de exposições (Di Biase, D. et al., 1994).

Na animação cartográfica, acrescenta-se à dimensão espacial o tempo de manifestação. Assim, uma série de variáveis pode ser aplicada para controlar a animação. Algumas delas, chamadas de *variáveis de visualização dinâmica*, foram propostas ensejando estabelecer uma sintaxe apropriada (Di Biase, D. et al., 1992; Mac Eachren, A. M., 1994; 1995).

Contamos, assim, com as seguintes variáveis de visualização dinâmicas:

- Data da manifestação (data em que se inicia a mudança);
- Duração (intervalo de tempo entre dois estados identificáveis);
- Frequência (número de estados distintos por unidade de tempo);
- Ordem (sequência de cenas);
- Taxa da mudança (diferença na magnitude da mudança por unidade de tempo para a sequência de cenas);
- Sincronização (correspondência temporal entre duas ou mais séries temporais);
- Forma de transição (modo de a mudança ocorrer: em área, linha, ponto, insular.).

Por outro lado, Lobben, de uma forma clara e didática, considera quatro categorias de animação: *Animação por séries temporais* (para mudanças ao longo do tempo), *Animação das áreas* (para variações da posição do observador, vislumbrando a representação que é fixa), *Animação temática* (para variações de tempo e de variáveis, com localizações fixas), *Animação de processo* (para apreciar o movimento e as trajetórias, ensejando apreciar a evolução de processos) (Lobben, 2003).

A multimídia interativa tem a vantagem de integrar imagem, texto, som e movimento, com grande potencial de aplicação na educação, na pesquisa e no entretenimento. Para a apresentação da informação espaço-temporal, a multimídia tem hoje, como poderoso aliado, o uso da animação. A animação acústica também pode vir complementarmente.

As aplicações da multimídia podem ser implementadas empregando a hipermídia. Ela inclui a navegação em material armazenado em várias mídias: texto, grafismos, efeitos sonoros, música, vídeo.

A possibilidade de uma cartografia virtual, por sua vez, se insere no domínio da realidade virtual. Ela estaria no contexto dos sistemas computadorizados dotados de ampla série de aplicações tridimensionais e de multimídia, que passariam a ter a habilidade de combinar, com grande impacto sobre os sentidos dos usuários, uma interação entre a experiência com o mundo real e o material gerado por computador (Artimo, 1994).

A telecartografia se apresenta como uma inovação que, graças à internet, colocará em rede mundial mapas acessíveis a todos. Da mesma forma, os atlas eletrônicos possibilitarão ao grande público um acesso dotado de animação, interatividade, análise e simulação.

Como questão metodológica se coloca, também, a problemática da concepção do mapa de síntese. A *cartografia de síntese* tem sido aplicada à geografia desde o início de sua sistematização, quando colocada como ciência empírica, principalmente ao se preocupar com a conclusão de trabalhos científicos, no afã de classificar os fatos referentes ao espaço, propondo tipologias formais. Estas eram obtidas a partir de análises por indução da realidade que se expõe ao domínio dos sentidos em seus aspectos visuais, mensuráveis, palpáveis.

Na proposta de Vidal de La Blache, da década de 1870, os estudos de geografia regional, após um encaminhamento completo de análise, como monografias em capítulos, culminariam com uma tipologia, uma síntese. A conclusão era constituída por uma série de mapas temáticos referentes a cada capítulo, os quais, por sobreposição, desenhavam a síntese das relações entre os componentes da vida regional.

No mapa de síntese, não podemos mais ter os elementos em superposição ou em justaposição, e sim a fusão deles em *tipos* – unidades taxonômicas. Isso significa que deveremos identificar agrupamentos de lugares caracterizados por agrupamentos de atributos ou variáveis.

Figura 15 – O mapa de síntese identifica agrupamentos de lugares caracterizados por agrupamentos de atributos ou variáveis.

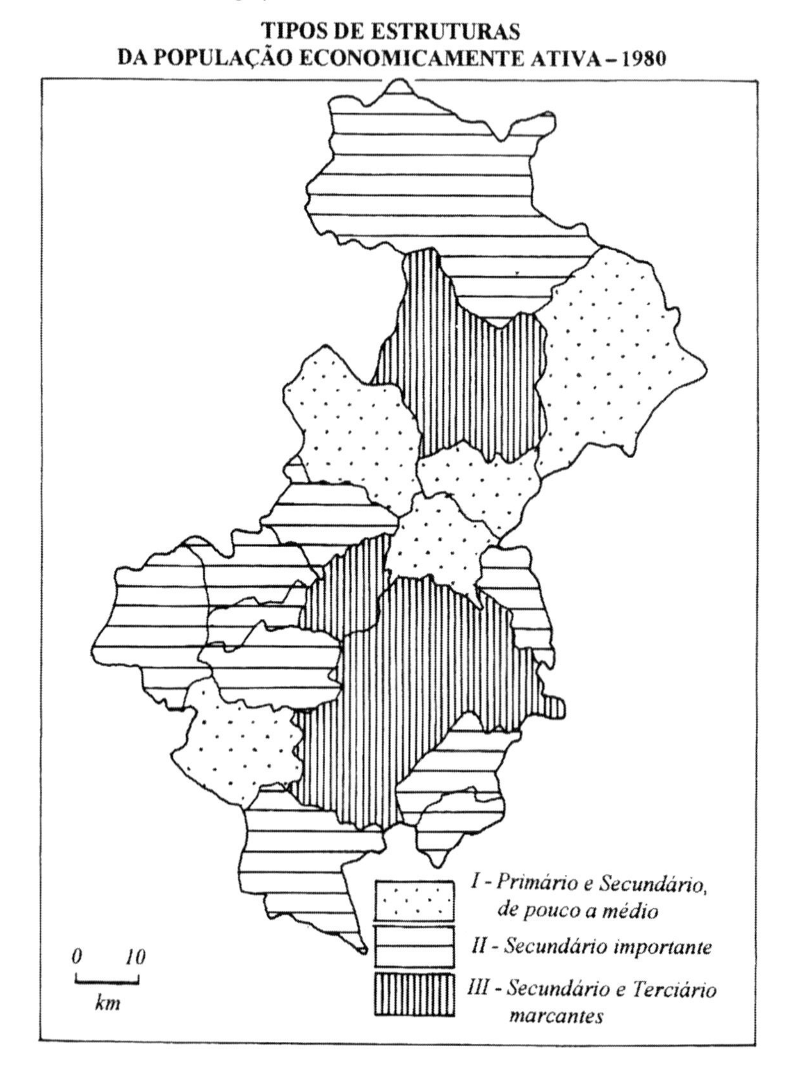

Hoje, a cartografia de síntese conta com um grande aliado – os Sistemas de Informação Geográfica. Eles apresentam um conjunto de funções voltadas à integração de dados. Cada mapa analítico do conjunto de componentes da realidade é um *layer* distinto que entra no sistema. O passo seguinte se dá já dentro do ambiente de trabalho do SIG. No processamento dos dados mapeados, deve ser feito um controle de redundância entre mapas para eliminar o mesmo dado referente a um mesmo conjunto de pixels, o que será feito pela *análise dos componentes principais*. Os mapas que significam os componentes principais escolhidos submeter-se-ão a uma *análise de agrupamento*, fornecendo os grupos mais importantes de pixels que irão corresponder aos tipos espaciais (Ferreira, 1997).

Em geral, a cartografia de síntese é pensada em relação a situações estáticas. Mas se pode elaborá-la também para abordagens dinâmicas. Pode-se considerar o caso que leva ao estabelecimento de tipos de evoluções no tempo de algum fenômeno.

Para se chegar a essa síntese é necessário fazer um tratamento dos dados. Ele poderá ser elaborado a partir da coleção de gráficos evolutivos.

Todos os gráficos evolutivos construídos em nível analítico serão classificados visualmente, aproximando aqueles que mais se assemelham, procurando formar grupos com características similares de evolução. Cada grupo constituirá um "tipo" que será qualificado na legenda por epítetos específicos e concisos.

Considerações finais

Temos convicção de que, em base a todas as contribuições que vieram desde o Terceiro Congresso Internacional de Estatística de 1857 até a atualidade, pode-se assumir uma proposta de orientação metodológica para a cartografia temática, com uma estrutura lastreada na seguinte postura: os mapas temáticos podem ser construídos levando-se em conta vários métodos, cada um mais apropriado às características e às formas de manifestação (em pontos, em linhas, em áreas) dos fenômenos considerados em cada tema, seja a abordagem qualitativa, a ordenada ou a quantitativa. Pode-se também empreender uma apreciação sob o ponto de vista estático, constituindo a cartografia estática, ou sob o dinâmico, estruturando a cartografia dinâmica. Devemos salientar, ainda, que os fenômenos que compõem a realidade a ser representada em mapa podem ser vislumbrados dentro dos níveis de raciocínio, de análise ou de síntese. Nesse sentido, vamos ter, de um lado, uma cartografia analítica – abordagem dos temas em mapas analíticos, atentando para seus elementos constitutivos, mesmo que cheguem à exaustão, através de justaposições ou superposições –, e de outro, uma cartografia de síntese – abordagem temática em mapas de síntese, tendo em vista a fusão dos seus elementos constitutivos em "tipos". Por fim, depois de prontos, os mapas podem propiciar, em termos de apreensão, ou uma leitura em nível elementar ou uma visão de conjunto.

Apresentamos, assim, a estrutura que articula as representações da cartografia temática, de maneira a possibilitar a indicação dos métodos apropriados que deverão ser adotados:

1. Formas de manifestação dos fenômenos
   - Ponto
   - Linha
   - Área
2. Apreciação dos fenômenos
   - Estática
   - Representações qualitativas
   - Representações ordenadas
   - Representações quantitativas
   - Dinâmica (aceita animação cartográfica)
   - Representações das variações no tempo
   - Representações dos movimentos no espaço e no tempo
3. Nível de raciocínio
   - Representações analíticas: representação dos elementos constitutivos
   - Lugares caracterizados por atributos
   - Representações de síntese: representação da fusão dos elementos em tipos – agrupamentos de lugares caracterizados por agrupamentos de atributos
4. Nível de apreensão
   - Mapa exaustivo: todos os atributos sobre o mesmo mapa – leitura em nível elementar
   - Coleção de mapas: um mapa por atributo – visão de conjunto

Notas

* Este capítulo tem como base o trabalho *As representações gráficas da Geografia: os mapas temáticos*. Tese de Livre Docência apresentada na Faculdade de Filosofia, Letras e Ciências Humanas da Universidade de São Paulo, em 1999.

[1] Cartografia a distância.

[2] Redes: representações gráficas específicas, como os organogramas, os dendrogramas, os fluxogramas e os cronogramas.

Bibliografia

André, Y. et al. *Représenter l'espace*: L'imaginaire spatial à l'école. Paris: Anthropos, 1989.

Anson, R. W.; Ormeling, F. J. *Basic cartography for students and technicians*. London: Elsevier Applied Science Publishers, v. 4, 1993.

Arnberger, E. *Thematische Kartographie*. Braunschweig: Georg Westermann, 1977.

Artimo, K. The bridge between cartographic and geographic information sistems. In: Mac. Eachren, A. M.; Taylor, D. R. F. (ed.). *Visualization in modern cartography*. London: Elseiver Science, 1994.

Béguin, M.; Pumain, D. *La représentation des données géographiques*: statistique et cartographie. Paris: Armand Colin, 1994.

Bertin, J. *Éléments d'une grammaire du langage graphique*. Paris: École Estienne, 1957.

__________. *Sémiologie graphique: les diagrammes, les réseaux, les cartes*. Paris: Mouton, Gauthier-Villars, 1967 (1. ed.); 1973 (2. ed.).

__________. *La graphique et le traitement, graphique de l'information*. Paris: Flammarion, 1977.

BLIN, E.; BORD, J-P. *Initiation géo-graphique ou comment visualiser son information*. Paris: SEDES, 1993.

BONIN, S.; BONIN, M. *La graphique dans la presse*: informer avec des cartes et des diagrammes. Paris: CFPJ, 1989.

__________. *Initiation à la graphique*. Paris: ÉPI, 1975.

BORD, J-P. *Initiation géo-graphique: ou comment visualiser son information*. Paris: SEDES, 1984.

BRUNET, R. *Le croquis de géographie regionale et économique*. Paris: SEDES, 1967.

__________. *La carte mode d'emploi*. Paris: Fayard/Reclus, 1987.

CLAVAL, P.; WIEBER, J-C. *La cartographie thématique comme méthode de recherche*. Paris: Les Belles Lettres, 1969.

CLUTTON, A. On the nature of thematic maps and their history. *The Map Collector*, 1983, (22), pp. 42-3.

CUENIN, R. *Cartographie générale*. Paris: Eyrolles, 1972, t. 1.

DENT, B. D *Principles of thematic map design*. California: Addison – Wesley Publishing Company, 1985.

DI BIASE, D. et al. Animation and the role of map design in scientific visualization. *Cartography and Geographic Information Systems*, 1992, 19(4), pp. 201-14; 265-6.

__________ et al. Multivariate display of geographic data: applications in earth science. In: MAC. EACHREN, A. M.; TAYLOR, D. R. F. (ed.). *Visualization in modern cartography*. Oxford: Elseiver, 1994.

FERREIRA, M. C. Mapeamento de unidades de paisagem em sistemas de informação geográfica: alguns pressupostos. *Geografia*, 1997, 22(1), pp. 23-35.

GIMENO, R. *Apprendre à l'école par la graphique*. Paris: Retz, 1980.

GOULD, P.; BAILLY, A. *Le pouvoir des cartes. Brian Harley et la cartographie*. Paris: *Anthropos*, 1995.

HARLEY, B. Maps, knowledge and power. In: COSGROVE, D.; DANIELS, S. *The iconography of landscape*: essays on the symbolic representation, design and use of past environments. New York: Cambridge University Press, 1988.

HOLMES, N. *Charts & diagrams*. New York: Watson – Gruptill Publications, 1991.

IMHOF, E. *Tematische Kartographie*. Berlim: Groyter, 1972.

JOLY, F. *La cartographie*. Paris: PUF, 1976.

KISH, G. *La carte, image des civilisations*. Paris: Seuil, 1980.

KONVITZ, J. Remplir la carte. *Cartes et figures de la terre*. L'édition Artistique, 1980, pp. 304-15.

LACOSTE Y. *La géographie, ça sert, d'abord, à faire la guerre*. Paris: Maspero, 1976.

LAWRENCE, G. R. P. *Cartographic methods*. London: Methuen, 1979.

LIBAULT, A. *Geocartografia nacional*. São Paulo: USP, 1975.

LOBBEN, A. Classification and application of cartographic animation. *The Professional Geographer*, 2003, 55(3), pp. 318-28.

MAC. EACHREN, A. M.; TAYLOR, D. R. F. (ed.). *Visualization in modern cartography*. Oxford: Elsevier, 1994.

__________. *How maps work, representation, visualization and design*. New York: The Guiford Press, 1995.

MARTINELLI, M. Orientação semiológica para as representações da Geografia: mapas e diagramas. *Orientação*, 1990, (8), pp. 53-62.

__________. *Cartografia temática*: caderno de mapas. São Paulo: Edusp, 2003.

__________. *Curso de cartografia temática*. São Paulo: Contexto, 1991.

__________. *Mapas e gráficos*: construa-os você mesmo. São Paulo: Moderna, 1998.

__________. *As representações gráficas da geografia*: os mapas temáticos. São Paulo: Edição do Autor, 1999.

__________. *Atlas geográfico*: natureza e espaço da sociedade. São Paulo: Editora do Brasil, 2003.

__________. *Mapas da geografia e cartografia temática*. São Paulo: Contexto, 2003.

MORAES, A. C. R. *Geografia*: pequena história crítica. 20. ed. São Paulo: Annablume, 2005.

MUEHRCKE, Ph. C. *Map use*: reading, analysis and interpretation. 2. ed. New York: New York Madison, J. P. Publications, 1983.

ORLANDI, E.P. *O que é linguística*. 2. ed. São Paulo: Brasiliense, 1987.

PALSKY, G. Des représentations topographiques aux représentations thématiques. Recherches historiques sur la communication cartographique. *Bulletin Association des Géographes Français*, 1984, (506), pp.389-98.

_________. *Des chiffres et des cartes:* la cartographie quantitative au XIXe siécle. Paris: Comité des Travaux Historiques et Scientifiques, 1996.

PASLAWSKI, J. *Jak opracowaæ Kartogram.* Warszawa: Wydzial Geografii i Studiów Regionalnych, 1998.

PETCHENIK, B. B. From place to space: the psychological achievement of thematic mapping. *The American Cartographer*, 1979, 6(1), pp. 5-12.

PLAYFAIR, W. *The statistical breviary; shewing, on a principle entirely new, the resources of every state and kingdom in Europe.* London: Wallis, 1801.

RANDLES, W. G. L. *De la terre plate au globe terrestre.* Paris: Seuil, 1980.

RATAJSKI, L., *Metodyka kartografii spoleczno-gospodarczej.* Warszawa: PPWK, 1989.

RIMBERT, S. *Cartes et graphiques.* Paris: SEDES, 1964.

_________. *Leçons de cartographie thématique.* Paris: SEDES, 1968.

_________. *Carto-graphies*, Paris: Hermes, 1990.

ROBINSON, A. H.; SALE, R. D. *Elements of cartography.* 3. ed. New York: John Wiley & Sons, 1969.

_________. *Early thematic mapping in the history of cartography.* Chicago: The University of Chicago Press, 1982.

RUS, I.; BUZ, V. *Geografie tehnica: cartografie.* Zalau: Editura Silvania, 2003.

SALICHTCHEV, K. A. Some reflections on the subject and method of cartography after the Sixth International Cartographic Conference. *The Canadian Cartographer*, 1973, 10 (2), pp. 106-11.

_________. *Cartografia.* La Habana: Pueblo y Educación, 1979.

_________. *Kartografia ogólna.* Warszawa: Panstwowe Wydawnictwo Naukowe. 1984.

SANTOS, M. *Técnica, espaço, tempo*: globalização e meio técnico-científico informacional. São Paulo: Hucitec, 1994.

SANTOS, V. L. Cartografia temática e seu desenvolvimento: algumas considerações. Coletânea de Trabalhos Técnicos. *XV Congresso Brasileiro de Cartografia* (2), 1991, pp. 357-62.

SAUSSURE, F. *Curso de linguística geral.* São Paulo: Cultrix, 1995

TAYLOR, D. R. F. Perspectives on visualization and modern cartography. In: MAC. EACHREN, A. M.; TAYLOR, D.F. (ed.). *Visualization in modern cartography.* London: Elseiver Science, 1994.

WHITFIELD, P. *The image of the world.* London: The British Library, 1994.

WILHELMY, H. *Kartographische Begriffe.* Kiel, 1966.

WITT, W. *Thematische Katographie.* Hannover, 1970.

A ORGANIZADORA

Rosângela Doin de Almeida

Mestre e doutora pela Faculdade de Educação da Universidade de São Paulo (USP), é livre-docente em Prática de Ensino de Geografia pela Unesp. Lecionou Geografia em escolas de ensino fundamental e médio, em São Paulo, durante 12 anos, e Prática de Ensino de Geografia na Unesp. Publicou artigos em revistas científicas nacionais e estrangeiras, sendo coautora do livro *O espaço geográfico: ensino e representação* e autora de *Do desenho ao mapa: iniciação cartográfica na escola*, ambos da Editora Contexto.

OS AUTORES

Elza Yasuko Passini

Mestre e doutora pela Faculdade de Educação da USP. Lecionou Geografia em escolas estaduais do Estado de São Paulo por 25 anos. Atualmente, leciona Prática de Ensino de Geografia e Metodologia de Ensino de Geografia na Universidade Estadual de Maringá. Publicou diversas obras na área, como *Espaço geográfico: ensino e representação*, publicada pela Contexto.

Janine G. Le Sann

É graduada e mestre em Geografia pela Université de Rouen e doutora em Geografia pela École des Hautes Études en Sciences Sociales. Foi professora do Departamento de Cartografia da Universidade Federal de Minas Gerais. Atualmente, desenvolve consultorias em Ensino de Geografia e formação continuada de professores e é professora do mestrado em Turismo e Meio Ambiente do Centro Universitário UNA (Belo Horizonte). Publicou diversos atlas escolares e livros didáticos na área.

Lívia de Oliveira

Professora titular do Departamento de Geografia da Unesp, é doutora pela Faculdade de Filosofia, Ciências e Letras de Rio Claro (então integrante da Unicamp) e livre-docente pelo Instituto de Geociências e Ciências Exatas da Unesp, Rio Claro. Escreveu inúmeros artigos nas mais diversas revistas brasileiras sobre educação geográfica, percepção e cognição do meio ambiente e cartografia escolar.

Marcello Martinelli

Professor associado do Departamento de Geografia da Faculdade de Filosofia, Letras e Ciências Humanas da USP, é doutor em Geografia Humana e livre-docente em Cartografia Temática. Atualmente desenvolve pesquisas de cunho metodológico e orienta graduandos e pós-graduandos em mestrado e doutorado, com especial atenção à cartografia temática, ambiental, do turismo e para atlas geográficos para escolares. É autor de atlas geográficos e livros sobre cartografia temática, entre eles, *Mapas da geografia e cartografia temática*, publicado pela Contexto.

Maria Elena Simielli

Mestre e doutora pelo Departamento de Geografia da USP, é livre-docente pela mesma Universidade, onde também lecionou disciplinas na área de Cartografia. Atualmente, permanece como professora da pós-graduação, orientando nas áreas de Cartografia e Ensino de Cartografia. Tem diversos livros publicados na área, entre eles, é coautora de *Geografia na sala de aula*, publicado pela Contexto.

Regina Araújo de Almeida

Professora doutora da USP, desenvolve suas atividades de docência, pesquisa e extensão no curso de Lazer e Turismo da Escola de Artes, Ciências e Humanidades da USP-LESTE e de pós-graduação, pesquisa e extensão no Departamento de Geografia da Faculdade de Filosofia, Letras e Ciências Humanas da USP. Tem trabalhos publicados em revistas e anais de congressos, com destaque para obras didáticas.

Tomoko Iyda Paganelli

Mestre em Educação pela Fundação Getúlio Vargas e doutora em Geografia pela Faculdade de Filosofia, Letras e Ciências Humanas da USP. É professora de Didática e Prática de Ensino de Geografia da Faculdade de Educação da UFF e do Laboratório de Ensino de Geografia (UFF/LEGEO). É também coautora de livros didáticos.